高等学校**电气工程及其自动化专业**应用型本科系列教材

通用电工电子项目化教程

主　编　王　许　梁　刚　廖益龙
副主编　孔金超　李元会　蔡　江
　　　　向泓兴

重庆大学出版社

内容简介

本书以生活用电基本常识与基本技能为知识目的导向，强化“教、学、做”相统一原则，以目前工科院校电工实习条件和考核为基础，以生活用电知识培训为抓手编写本书。

本书以电工实操动手能力与思考能力为落脚点，共包括六个项目。项目一安全用电常识与应急处理，项目二常用工具综合应用，项目三电子常用元件识别与参数测量，项目四家庭照明配电线路安装与检测，项目五低压电器安装与调试，项目六电子产品识图与安装。

本书可作为电气工程及其自动化专业、自动化专业的专业教材，也可作为其他专业的基本用电安全常识与电工培训的参考用书。

图书在版编目(CIP)数据

通用电工电子项目化教程 / 王许，梁刚，廖益龙主编. -- 重庆 : 重庆大学出版社，2024.2

高等学校电气工程及其自动化专业应用型本科系列教材

ISBN 978-7-5689-4360-4

Ⅰ. ①通… Ⅱ. ①王… ②梁… ③廖… Ⅲ. ①电工技术—高等学校—教材②电子技术—高等学校—教材 Ⅳ. ①TM②TN

中国国家版本馆 CIP 数据核字(2024)第 015562 号

通用电工电子项目化教程

主　编　王　许　梁　刚　廖益龙

副主编　孔金超　李元会　蔡　江　向泓兴

责任编辑:范　琪　　版式设计:范　琪

责任校对:关德强　　责任印制:张　策

*

重庆大学出版社出版发行

出版人:陈晓阳

社址:重庆市沙坪坝区大学城西路 21 号

邮编:401331

电话:(023) 88617190　88617185(中小学)

传真:(023) 88617186　88617166

网址:http://www.cqup.com.cn

邮箱:fxk@cqup.com.cn (营销中心)

全国新华书店经销

重庆升光电力印务有限公司印刷

*

开本:787mm×1092mm　1/16　印张:17　字数:406 千

2024 年 2 月第 1 版　　2024 年 2 月第 1 次印刷

印数:1—4 000

ISBN 978-7-5689-4360-4　定价:59.00 元

本书如有印刷、装订等质量问题，本社负责调换

前言

在“新工科”背景下，社会对高校学生的综合实践能力和团队合作能力的需求日益凸显，教学必须围绕服务好企业和学生“两个客户”的理念，以适应市场的形式和需求为抓手，强化基于生活实践过程中实操能力与理论教学并重，促进学生学习知识的目的是指导生活，通过将自我技术技能融入生产实际，增强学生自我生存本领，以期达到学生自我就业与创业本领，服务他人与社会，最终达到个人、学校、家庭、企业与社会五位一体的共生共荣和谐模式。

本书以强调学生的基本生活常识与基本生活技能为编写目的，以实际生活案例推动学生解决生活中遇到的生活用电常识问题、发现用电过程中尚未解决的问题为目标导向，以培养学生日常生活中电工实操动手能力与思考能力为落脚点。通过上述措施打破原有的理论验证型、实操演示型的培养模式，重构原有的电工实训课程体系，将项目化实操与指导实践理论相融合并贯穿于教学实施的整个过程，同时强调授课过程中的案例来源于生活、取决于生活，保证案例在课程中具有灵活性、适应性、针对性和可操作性，本书吸收了国内同类教材的优点并加以融合，其本身特点如下：

第一，注重课程育人与育才相统一，思政元素进教材。

本书通过挖掘专业课程中丰富的思政元素，并与课程专业建设的内容有机融合起来，使思政元素融入每个项目过程。在实验过程中引入勤奋求实的思维习惯、严谨的科学态度、专业的责任担当，使科学育人与学科育人相结合；通过电工实操案例培养学生敢于拼搏，甘于奉献的精神，在探索专业技术应用的过程中厚植爱国主义情怀。通过电气火灾事例引入爱国主义和民族自豪感，树立安全意识和责任意识，使学生具有奉献精神和高尚的职业道德。

第二，注重应用性，强化实操。

本书以理论知识的实际应用为根本，以重视学生实践动手能力为培养方向，避免复杂的理论推导，书中的案例均来源于学生生活工作场景，教材体系对接工作过程，并始终紧紧围绕工程应用实践情景去构建教材体系，强化学生“教、学、做”相统一，以期达到“做中学、学中做”的工学一体化系统人才培养模式。同时，本书学习目标对接“电工证”资格考试大纲，通过学习本课程，实现“课证”融通。

第三，以项目化为导向，采用探索式引导学习模式。

本书采用项目化教学与工作过程导向教学相结合的思想，引导学生通过“任务”引出相关知识，通过“任务”培养学生的实践能力，通过“任务”培养学生的团队合作意识和观察、思维等方面的综合能力。

本书由王许、梁刚、廖益龙任主编，孔金超、李元会、蔡江、向泓兴任副主编。其中，王许负责编写绪论和附录，梁刚负责编写项目一，廖益龙负责编写项目二，孔金超负责编写项目三，蔡江负责编写项目四，向泓兴负责编写项目五，李元会负责编写项目六。另外，马震、张宁、马雄位、徐国垒、徐坤财、张晓敏参与了本书的编写工作。全书由王许负责统稿。同时，在编写过程中得到了我校领导、同事及兄弟院校老师的支持与帮助，在此由衷感谢。本书在编写过程中，参阅了相关教材与资料，在此向其编著者表示谢意。

由于编者水平有限，书中难免有疏漏之处，敬请广大读者批评指正。

编　者

2023 年 10 月

目 录

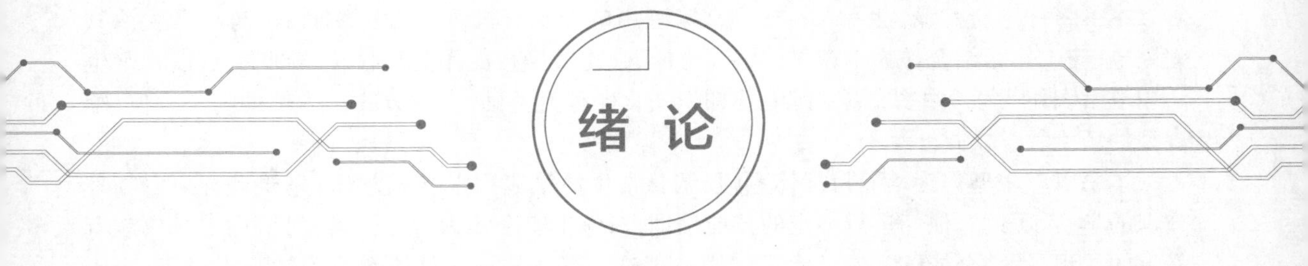

绪论

常用电工技能是人们日常生活中必须掌握的一项重要的生活技能，也是工科类专业学生重要电工实训课程。本书以日常生活中的家庭用电常见问题为导向，通过生活案例解决日常生活用电常见的困惑，达到培养学生熟悉安全用电常识、掌握电工基本操作、提高工程意识和实践能力的目的。本书以培养学生实践动手能力及解决问题能力为核心，遵循理论易懂，操作易会的原则，通过理论知识、安全知识、基本操作等循环模式，不断强化学生的综合能力。

本书在学习过程中要求的学习目标。

1. 践行“校企合一”与“知行合一”的“双元”育人教学模式

电工实训作为大学生主要的通识实践课程，教材体系对接工作过程，紧紧围绕日常家庭用电实际场景这一主线去构建教材体系，实训内容对接实际生活用电问题进行案例设计，通过“教、学、做”的一体化训练模式，完成教育教学设计从虚拟问题、模拟问题、真实问题的无缝衔接。同时在教学中引入企业培训员工模式，按照常用家庭用电工艺流程规范操作，将实操电工作业流程按照技能培训进行，电工实操按照学生与企业员工双重身份对学生进行规范管理，实现知识学习到技能培训的转变。

2. 理解常用电工实操的含义

电工一般分为低压电工、高压电工与防爆电工。本书讲授低压电工实操知识，即主要从事 1 000 V 以下电气行业基础操作相关的电气设备设计、布局安装、运行、故障维修等操作。

作为高等院校工科学生，除了了解常用电子产品、电气火灾及其防护知识、电器件材料与元件知识、安全用电常识、触电与防雷知识、常用的仪表使用知识等外，还应具备日常家庭常用电气产品的选择、安装、调试、运行、维护等综合能力。

3. 开设电工实操课程的目的

常言道：“学好电工安全技术会使您化险为夷。”电工作为一门需要特别注意操作安全的工种，在刻苦耐劳的同时还必须遵守电工操作规程。例如，电器火灾发生时，我们能用水去灭火吗？这就需要强化学生的安全常规意识，特别是机电与电气专业类的学生应该把“电工实训”作为实践必修课。试想一名大学生如果连家里的常用电器更换、用电安全等都不会，那对学生谈论创新创业肯定是空中楼阁，更谈不上今后的个人发展与专业规划。

4. 本课程的特点及学习方法

电工实操课程作为“校企合一”与“知行合一”的“双元”育人教学模式有别于传统的教

学。本书将理论与实践、学习内容与日常家庭用电知识有机统一，强调将教学与日常生活家庭用电、与工作相结合作为本教材的编写方向，强化实操技能作为项目化培训重点，以日常生活用电常识作为教学主线，以基础专业知识文化课程为基础，自学方式作为辅助的全方位、综合型的新型教学模式。

本书以应用型作为培养目标体系，强调日常生活家庭用电基础常识，只要具有一定物理知识的学生，通过对他们进行一定的技能培训，对电工安全知识进行了解，对所用工具仪表有一定的认识，就完全能够掌握日常家庭用电理论与操作知识。具体在电工教与学过程中，主要有以下几个环节。

（1）理论讲解。在学生实操前，教师首先应对该项目任务的工作要求、安全注意事项、操作过程与要点进行理论讲解，讲解内容本着实用、够用的原则，紧扣实际生活实例进行。其目的是让学生了解安全，强化工作过程实操要领，做到动手前心中有数。

（2）示范操作。本书在于强化常识的实践运用，针对学生基本生活常识，强调日常生活用电安全与操作知识，教师在授课时应对主要环节的工艺进行介绍，并且进行示范操作，在示范操作过程中结合电气相关知识与操作要点进行剖析。实操示范要求教师做到步骤过程清晰、工艺流程规范、动作操作到位、分解讲解合理。

（3）学生自我操作与考核同步。实践既是发现问题的唯一途径，也是提高学生创造力的主要路径。项目实操要求每个学生亲自动手操作，由学生按照日常生活用电模式进行安装调试，并且在实操老师的监督下完成项目运行调试，以便在实操过程中及时发现问题，教师及时纠正、及时解答。教师应针对学生的安装调试情况和操作过程，特别是实操安全问题及时进行现场总结、讲评、讨论，并根据同学们实操和回答问题得出考核成绩评价依据。

（4）安全知识。通过实操培训，让学生懂得一般家庭日常用电的安全常识，懂得保护自身安全、仪器安全、设备安全以及常见的触电保护知识，并具有一定的日常电器安装、运行与维护知识。

5. 本课程获取的知识点

（1）职业道德与安全用电常识。

（2）常用的电工使用材料和使用工具的使用方法。

（3）电工基本操作工艺。

（4）常用测量仪表的使用方法。

（5）常见通用电器元件的参数测量。

（6）家庭用电线路安装及其工艺。

（7）常用低压电器的选择和使用。

（8）过压保护和电流生产常用的安全措施。

项目一 安全用电常识与应急处理

知识目标

(1)掌握安全用电的基本知识和预防触电的安全措施。
(2)了解触电事故发生的原因和对人身安全的危害。
(3)了解电气火灾的防范及扑救常识。
(4)掌握应急措施及急救知识。
(5)了解生活中的用电规则与常识。

能力目标

(1)培养学生自我防范与保护意识。
(2)培养学生日常生活电气突发事件应急处理的能力和紧急避险的能力。
(3)培养学生遵章作业、规范操作、互相保安的能力。

素养目标

挖掘思政元素理论“法制是治本之策,底线思维,人民至上的理想信念”。通过用电安全知识,增强忧患意识,防范化解风险,强调纪律是一切的高压线,坚决不能碰。通过教授触电急救知识,强化健康中国行,大众健康建设,让学生感悟“生命至上、举国同心、舍生忘死、尊重科学、命运与共”的新时代精神。

离开安全,一切归零。任何一次安全事故的出现,都伴随着制度的不健全、监管不到位、操作人员的麻痹大意、操作不规范、不遵守工艺流程等。因此,懂得电气安全知识,规范用电行为是减少电气安全事故的唯一途径。

任务一　安全用电常识

电力安全责任重大，经过几十年的实践、总结与提炼，电力系统形成了一整套系统而规范的安全管理制度，并把安全作为生产经营的头等大事，然而在实际的生产过程中，电力事故仍时有发生，尤其是人身伤亡事故给人民群众生命财产造成了巨大损失。对各类安全事故进行分析、总结得出，对规章制度与责任制落实的不同步是发生事故的主要根源，而人身伤亡事故又是电力事故的频发点。

一、安全警示牌式样

（一）安全色

在生产活动中，常有各式各样的标志牌以提醒、警告、指导人们的行为规范。安全色按照国家标准中行业规定的颜色进行设置，不同的颜色包含了不同的安全信息，通过安全标志的不同颜色提示人们执行相应的安全要求，防止事故发生。例如，常见的交通信号灯采用不同的安全色提醒、警告行人与车辆“红灯停，绿灯行，黄灯等一等”。

在电力安全中常用红、黄、蓝、绿四种颜色，分别表示禁止、警告、指令和提示信息。由于红色是标准色中相当引人注目的一种颜色，辨识性极好，用红色和白色条纹组成安全醒目标识牌，常用于紧急停止和禁止信息；黄色对于人眼而言，明亮度高于红色，常用来表示警告或其他必须引起注意的信息，用黄色和黑色条纹组成，使人眼产生最高的视认性，能够引起人们高度警觉，常用来做警告色；蓝色在光线的照耀下非常明晰，适用于传递指示信息；绿色给人的心理感觉是舒适、安全、恬静，适宜传递安全信息。

（二）安全标志牌

安全标志牌是由安全色、几何图形和图形符号组成的告示牌。不同的标志牌传递不同的安全信息。安全标志牌按其包含的信息分类有禁止、警告、指令、提示四种。

1. 禁止标志牌

禁止标志就是禁止人们不安全行为的图形标志。

禁止标志牌的基本形式是带斜杠的圆边框。圆形斜杠为红色，标志符号为黑色；文字辅助标志为矩形边框，红底白字，字体为黑体字。常见的禁止标志牌如图 1-1 所示。

图 1-1　常见禁止标志牌

2. 警告标志牌

警告标志的含义是提醒人们对周围环境引起注意，以避免可能发生危险的图形标志。

警告标志牌的基本形式是正三角形边框。正三角形及标志符号为黑色，衬底为黄色；文字辅助标志为矩形边框，白底黑字，字体为黑体字。常见的警告标志牌如图 1-2 所示。

图 1-2　常见警告标志牌

3. 指令标志牌

指令标志的含义是强制人们必须做出某种动作或采用防范措施的图形标志。

指令标志的基本形式是圆形边框。标志符号为白色，衬底为蓝色。文字辅助标志为矩形边框，蓝底白字，字体为黑体字。常见的指令标志牌如图 1-3 所示。

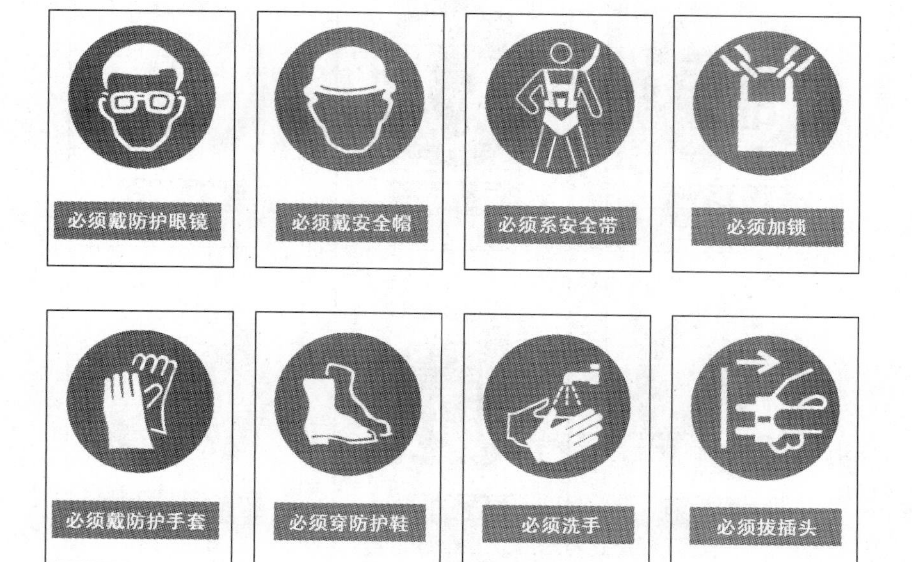

图 1-3　常见指令标志牌

4. 提示标志牌

提示标志的含义是向人们提供某种提示信息(如标明安全设施或场所等)。

提示标志的基本形式是正方形边框。标志符号为白色，衬底为绿色。提示标志提示目标的位置时要加方向辅助标志。按实际需要指示左向时，辅助标志应放在图形标志的左方；如指示右向时，则应放在图形标志的右方。常见的提示标志牌如图 1-4 所示。

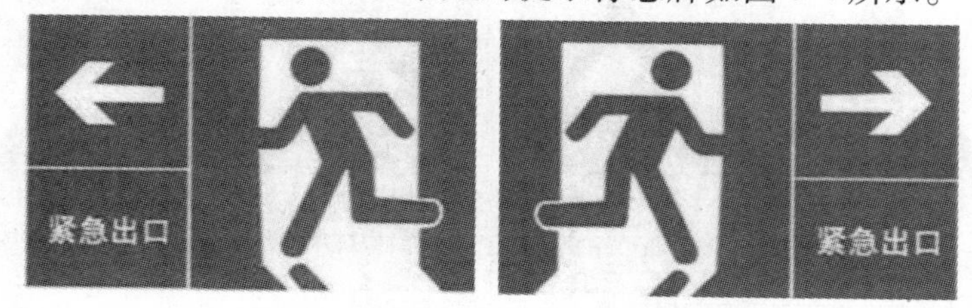

图 1-4　常见提示标志牌

二、安全用电及措施

(一)人身直接触电的防护

人身触电的形式多种多样，常见的触电方式有直接触电和间接触电两种。针对不同的触电事故，应采取不同的安全防护措施。本书项目任务只针对日常生活中常见的直接触电的防止措施。在日常家庭用电中，直接触电事故总是经常、突然地发生，然而无论发生哪种触电事故，都可能会在极短的时间内造成难以挽回的严重后果。因此触电事故的防范强调以预防为主。

为了预防常见直接触电事故的发生，要求正确选用电工器材，严格按照电气安装规程的有关规定正确架设安装,以及除使用者必须遵守有关操作安全规程以外,还要求电工产品的设计、结构、制造质量也要符合国家有关部门制定的一系列技术条件、行业标准和技术规范。常见的直接触电防护措施主要有以下五个安全保护措施。

1. 绝缘

绝缘是用绝缘材料把带电体隔离起来,实现带电体之间、带电体与其他物体之间的电气隔离,使设备能长期安全、正常地工作,同时可以防止人体触碰带电部分而发生触电事故,所以绝缘在电气安全中有着十分重要的作用。良好的绝缘既是设备和线路正常运行的必要条件,也是防止触电事故的重要措施。绝缘具有很强的隔电能力,被广泛地应用在许多电器、电气设备、装置及电气工程上。例如,胶木、塑料、橡胶、云母及矿物油等都是常用的绝缘材料。

绝缘是防止直接触电的最基本措施之一。为保证人身安全,一方面要选用合格的电器设备或导线;另一方面要加强设备常规检查,掌握设备绝缘性能,发现问题及时处理,防止发生触电事故。

电气工作人员在工作中应尽可能停电操作,操作前要验电,防止突然来电,并与附近未停电的设备保持安全距离。如确实需要低压带电作业,要遵守带电作业的相关规定。特殊情况下,手持电动工具的操作者必须戴绝缘手套、穿绝缘鞋(靴)或站在绝缘垫(台)上工作,采用这些绝缘安全用具可使人与地面,或使人与工具的金属外壳隔离(其中包括与相连的金属导体隔离),是目前最简便可行的安全措施之一。同时,电气工作人员为了防止机械伤害,使用手电钻时不允许戴线手套。绝缘安全用具应按有关规定进行定期耐压试验和外观检查,凡是不合格的安全用具严禁使用,绝缘安全用具应由专人负责保管和检查。常用的绝缘安全用具有绝缘手套、绝缘鞋、绝缘靴、绝缘垫和绝缘台等。

2. 屏护

屏护是指遮栏、护罩、护盖或围栏等,用于将危险的带电体与外界隔离,以防止工作人员无意识的触碰或过于接近带电体而引起触电事故。

屏护的作用如下:①防止工作人员意外碰触或过于接近带电体;②作为检修部位与带电体的距离小于安全距离时的隔离措施;③保护电气设备不受机械损伤。

屏护主要用于电气设备不便于绝缘或绝缘不足的场合以保证安全。例如,开关电器的可动部分一般不能采取绝缘措施,因此需要屏护。对于高压设备,由于全部绝缘往往有困难,如果人接近到一定距离时,就会发生触电事故。因此,不论高压设备是否绝缘,均应采用屏护或其他防止接近高压设备的措施。室内外安装的变压器和配电装置应装有完善的屏护。当作业场所临近带电体时,在作业人员与带电体之间、过道、入口等处均应装设可移动的临时性屏护。

实践中往往根据工作环境的具体情况,采用遮栏、栅栏和板状屏护。遮栏与设备带电体部分的距离应满足有关规定值。为防止意外带电而造成触电事故,对金属材料制成的屏护必须实行可靠的接地措施。

为了便于检查,一般室内配电装置宜装网状遮栏。其网眼应不大于 20 mm×20 mm,以防止工作人员在检查时将手或工具伸入遮栏内。网状遮栏的高度不低于 170 cm,以保证个子高的人也不可能将手伸过遮栏上端。遮栏一般装在户外配电装置周围。栅栏的高度在户外应不低于 150 cm,在户内应不低于 120 cm,栅栏与栏杆间的距离和最下一层与地面的距离一般不应超过 10 cm。

3. 漏电保护器

漏电保护器是一种在规定条件下电路中漏(触)电流值达到或超过其规定值时能自动断开电路或发出报警的装置。漏电是指电器绝缘损坏或其他原因造成导电部分碰壳时,如果电器的金属外壳是接地的,那么电就由电器的金属外壳经大地构成通路,从而形成漏电电流,也称为接地电流。当漏电电流超过允许值时,漏电保护器能够自动切断电源并报警,以保证人身安全。漏电保护器动作灵敏,切断电源时间短,因此只要能够合理选用和正确安装、使用漏电保护器,除了保护人身安全以外,还有防止电气设备损坏及预防电气火灾的作用。

4. 安全电压

在人们容易触碰带电体的场所,动力、照明电源采用安全电压是防止人体触电的重要措施之一。

把可能加在人身上的电压限制在某一范围之内,在这种电压下,使得通过人体的电流不超过安全允许的范围,通常把这种电压称为安全电压,也称为安全特低电压。需要特别注意的是,任何情况下都不能把安全电压理解为绝对没有危险的电压。安全电压是为防止触电事故而采用的由特定电源供电的电压系列。通过人体的电流取决于加于人体的电压和人体电阻。安全电压就是根据人体允许通过的电流值(30 mA)与人体电阻值(1 700 Ω)的乘积确定的。具有安全电压的设备属于Ⅲ级设备。我国规定的安全电压有五个等级,其额定值等级为42 V、36 V、24 V、12 V、6 V。通常要求空载交流电压的最大值是50 V,直流安全电压的上限是72 V。

安全电压规定基准:

(1)特别危险环境中使用的手持电动工具应采用42 V安全电压。

(2)在有电击危险环境中,使用的手持式照明灯和局部照明灯应采用36 V或24 V安全电压。

(3)在金属容器内、特别潮湿处等特别危险环境中使用的手持式照明灯应采用12 V安全电压。

(4)在水下作业等场所工作应使用6 V安全电压。

采用安全电压,必须具备以下条件:

(1)安全电压的供电电源要使用隔离变压器,使其输入电路与输出电路实现电路上可隔离,或采用独立电源。

(2)隔离变压器的低压侧出线端不准接地。

(3)设备本身及其附近没有被人体触及的带电体(低于25 V时不要求)。

(4)使用超过24 V的安全电压时,必须采取防止直接触及带电体的保护措施。

5. 安全间距

安全间距是指带电体与地面之间、带电体与其他设备和设施之间、带电体与带电体之间必要的安全距离。凡易于接近的带电体,与其距离应保持在伸出手臂时所能触及的范围之外。正常操作时,凡使用较长工具者,间距应加大,间距应将可能触及的带电体置于可能触及的范围之外。在间距的设计选择时,既要考虑安全要求,同时也要符合人机功效学的要求。

(二)人身间接触电的防护

安全接地是防止接触电压触电和跨步电压触电的根本方法。安全接地包括电气设备外壳(或构架)保护接地,保护接零或零线的重复接地。我们把电气设备的某一金属部分通过导体与土壤间良好的电气连接称为接地。

接地装置是由接地体和接地线组成的。埋入土壤并直接与大地土壤接触的金属导体或金属组体称为接地体。接地体示意图如图 1-5 所示。

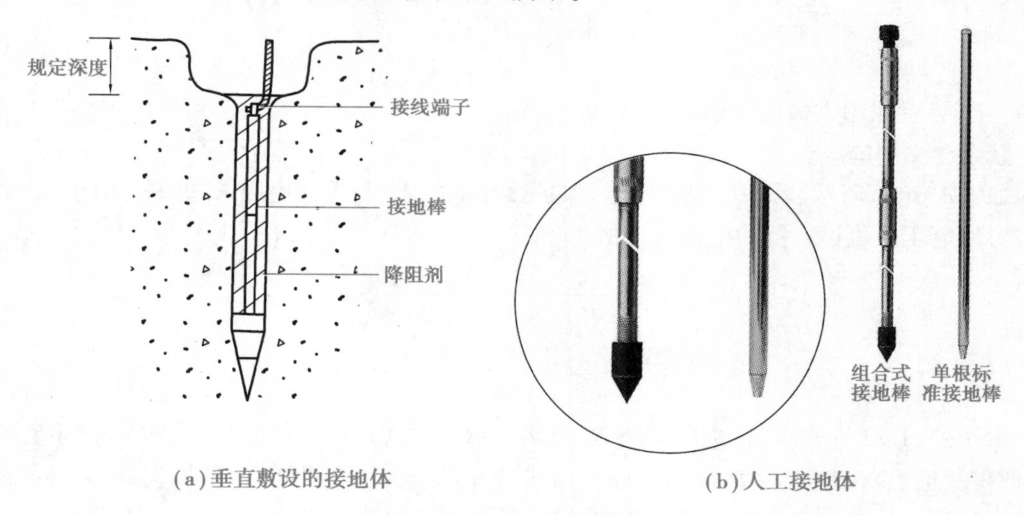

(a)垂直敷设的接地体　　(b)人工接地体

图 1-5　接地体示意图

接地装置本质上是安全装置,对于防止间接接触触电事故的发生有着十分重要的意义,在机械强度、导电能力和热稳定性上来说要求十分严格。安装接地装置时,应该对其作防腐蚀处理、埋入适当的深度(不得小于 0.6 m)、联结可靠、防止机械损伤。

接地电阻是指电流经过接地体进入大地,并向周围扩散时遇到的电阻。接地电阻包括接地线电阻、接地体电阻、接地体与土壤间的接触电阻以及土壤中的散流电阻。散流电阻指接地电流自接地体向周围大地流散时所遇到的全部电阻。其中,接地线电阻、接地体电阻相对较小,故通常近似以散流电阻作为接地电阻。

1. 保护接地

为防止电气设备外露的不带电导体意外触及带电体造成危险,将电气设备外露金属部分及其附件经保护接地线与深埋在地下的接地体紧密连接起来,称为保护接地。它是防止接触电压触电的一种技术措施。

设备采用保护接地后,若设备发生碰壳事故,人触及设备带电的外壳,因为人体电阻和接地电阻相互并联,人体电阻比接地电阻大得多,根据并联电阻分流的原理,可知流过人体的电流较小,当接地电阻足够小时,流过人体的电流就会小于安全电流,从而保证用电安全,达到防止接触电压触电的目的。

(1)中性点不接地系统的保护接地。在中性点不接地系统中,用电设备一相绝缘损坏,外壳带电,如果设备外壳没有接地,如图 1-6(a)所示,则设备外壳上将长期存在着电压(接近于相电压),当人体触碰电气设备外壳时,就有电流流过人体,其值为

$$I_r=\frac{3U_{ph}}{3R_r+Z_c} \tag{1-1}$$

式中　I_r——流过人体电流,A;

R_r——人体电阻,Ω;

Z_c——电网对地绝缘阻抗,Ω;

U_{ph}——电源相电压,V。

接触电压为

$$U_{jc}=\frac{3U_{ph}R_r}{3R_r+Z_c} \tag{1-2}$$

式中 U_{jc}——作用人体的接触电压,V;

其余含义同前。

如图 1-6(b)所示,若采用保护接地,保护接地电阻 R_b 与人体电阻 R_r 并联, 由于 $R_b \ll R_r$,设备对地电压及流过人体的电流可近似为

$$U_{jc}=\frac{3U_{ph}R_b}{3R_b//R_r+Z_c}\approx\frac{3U_{ph}R_b}{3R_b+Z_c} \tag{1-3}$$

$$I_r=\frac{U_{jc}}{R_r}=\frac{3U_{ph}R_b}{(3R_b+Z_c)R_r} \tag{1-4}$$

由于式(1-2)与式(1-3)中的 $Z_c \gg R_r$ 且 $Z_c \gg R_b$,所以其分母近似相等,而分子因 R_r 小于 R_b,使得接地后对地电压大大降低。同样由式(1-1)与式(1-4)得知,保护接地后,人体触及设备外壳时流过的电流也大大降低。由此可见,只要适当地选择 R_b 即可避免人体触电。

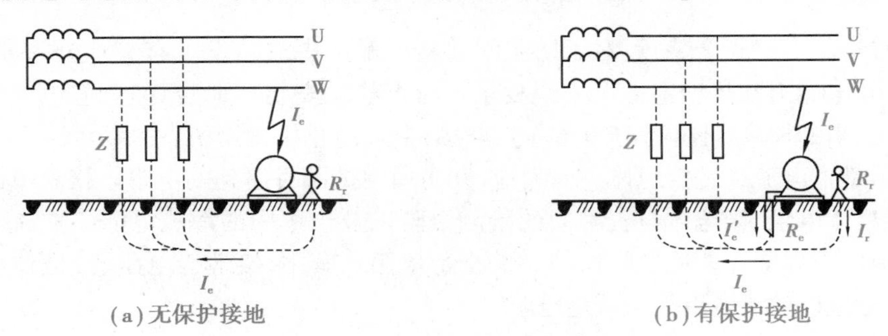

图 1-6 中性点不接地系统的接地

例如,220/380 V 中性点不接地系统,对地接地绝缘阻抗 Z_c 取绝缘电阻 7 000 Ω,有设备发生单相碰壳。若没有保护接地,有人触及该设备外壳,人体电阻 R_r = 1 000 Ω,则流过人体电流约为 66 mA;但如果该设备有保护接地,接地电阻为 R_b = 4 Ω,则流过人体电流约为 0.26 mA。显然,该电流不会危及人身安全。

同样,即使在 6 ~ 10 kV 中性点不接地系统中,若采取保护接地,尽管其电压等级较高,也能减少设备发生碰壳而人体触及设备时流过人体的电流,减小触电的危险性。如果进一步采取相应的防范措施,增大人体回路的电阻,例如穿胶鞋,也能将人体电流限制在 50 mA 之内,保证人身安全。

(2)中性点直接接地系统的保护接地。在中性点直接接地系统中,若不采取保护接地,当人体接触一相碰壳的电气设备时,人体相当于发生单相触电(图 1-7),流过人体的电流及触及电压为

$$I_r=\frac{U_{ph}}{R_r+R_0} \tag{1-5}$$

$$U_{jc}=\frac{U_{ph}}{R_r+R_0}R_r \tag{1-6}$$

式中　R_0——中性点接地电阻，Ω。

其余含义同前。

以 380/220 V 低压系统为例，若人体电阻 $R_r = 1\ 000\ \Omega$，$R_0 = 4\ \Omega$，则流过人体电流 $I\approx$ 220 mA，作用于人体电压 $U\approx220$ V，足以致死。

如图 1-7 所示，若采用保护接地，电流将经人体电阻与 R_b 的并联支路、中性点接地电阻、电源形成回路，设保护接地电阻 $R_b = 49\ \Omega$，流过人体的电流及接触电压为

$$U_{jc}=I_bR_b=U_{ph}\frac{R_b}{R_0+R_b//R_r}\approx U_{ph}\frac{R_b}{R_0+R_b}=110(\text{V}) \tag{1-7}$$

$$I_r=\frac{U_{jc}}{R_r}=\frac{U_{ph}}{R_r}\frac{R_b}{R_0+R_b}\approx110(\text{mA}) \tag{1-8}$$

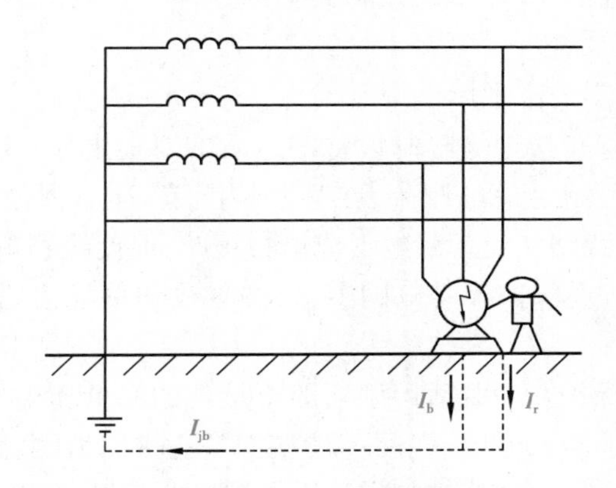

图 1-7　中性点直接接地系统的保护接地

电流 110 mA 虽比未装保护接地时的电流值小，但对人体安全仍有致命的危险。所以，在中性点直接接地的低压系统中，电气设备的外壳采用保护接地仅能减轻触电的危险程度，并不能保证人身安全；在高压系统中，其作用就更小。

2. 保护接零及零线的重复接地

（1）保护接零。保护接零简称为接零，就是将电气设备在正常情况下不带电的金属部分（外壳），用导线与低压配电网的零线（中性线）直接连接，以保护人身安全，防止触电事故的发生。保护接零一般与熔断器、脱扣器等配合，作为低压中性点直接接地系统和 380/220 V 三相四线制系统[在国际电工委员会（International Electrotechnical Commission，IEC）标准中称为 TN-C 系统]的防触电措施。

采用保护接零时，当电气设备某相绝缘损坏发生碰壳短路时，短路电流就由相线流经外壳到零线，再回到变压器的中性点。由于接地中性线阻抗很小，接地短路电流较大，足以使线路上（或电源处）的低压断路器或熔断器以很短的时间将设备从电网中切除，使故障设备停电；另外，人体电阻远大于接零回路，也使流过人体的电流接近于零，确保人身安全。

虽然保护接地和保护接零都可以作为防触电事故发生的措施，但是保护接零较保护接地而言更具有优越性，因为零线的阻抗小、短路电流大，从而克服了保护接地要求其电阻值很小

的局限性。

(2)零线的重复接地。运行经验表明,在保护接零的系统中,只在电源的中性点处接地还不够安全,为了防止发生零线断线而失去保护接零的作用,还应在零线的一处或多处通过接地装置与大地连接,即零线重复接地。

在保护接零的系统中,若零线不重复接地,当零线断线时,只有断线处之前的电气设备的保护接零起作用,人身安全才能得以保障;在断线处之后,若某一台设备一相绝缘损坏碰壳时,会使断线处之后所有设备外壳带有危险的相电压;即使相线不碰壳,在断线处之后的负荷群中,如果出现三相负荷不平衡(如一相或两相断开),也会使设备外壳出现危险的对地电压,危及人身安全。采用了零线的重复接地后,即使发生零线断线,断线处之后的设备外壳相当于进行了保护接地,其危险性相对减小。

在工作现场,人们对电气设备的外壳接地或接零的重复接地线不太重视,有时检修后忘记将其恢复,发现其断线也不及时处理,或将其剪断,平时也不注意检查,这些都可能带来严重的后果。

3. 保护接地与保护接零的区别

(1)保护原理不同。保护接地是限制设备漏电后的对地电压,使之不超过安全范围。在高压系统中,保护接地除限制对地电压外,在某些情况下,还有促使电网保护装置动作的作用。保护接零是借助接零线路使设备漏电形成单相短路,促使线路上的保护装置动作达到切断故障设备的电源。此外,在保护接零电网中,保护零线和重复接地还可限制设备漏电时的对地电压。

(2)适用范围不同。保护接地既适用于一般不接地的高低压电网,也适用于采取了其他安全措施(如装设漏电保护器)的低压电网;保护接零只适用于中性点直接接地的低压电网。

(3)线路结构不同。在线路结构中如果采用保护接地措施,电网中可以无工作零线,只设保护接地线;如果采用保护接零措施,则必须设工作零线,利用工作零线作接零保护,零线不应接开关、熔断器。当在工作零线上装设熔断器等开断电器时,必须另装设保护接地线和接零线。

4. 安全接地的注意事项

电气设备的保护接地、保护接零及零线的重复接地都是为了保证人身安全,故统称为安全接地。为了使安全接地切实发挥作用,应注意以下问题。

(1)在同一电力系统中,只能采用一种安全接地的保护方式,否则,当保护接地的设备相线漏电碰壳时,接地电流经保护接地体、电流中性点接地体构成回路,使零线上带危险电压,从而危及人身安全。另外,混用安全接地保护方式还可能导致保护装置失灵。

(2)应将接地电阻控制在允许范围内。例如,3 ~ 10 kV 高压电气设备单独使用的接地装置的接地电阻一般不超过 10 Ω;低压电气设备及变压器的接地电阻不大于 4 Ω;当变压器容量不大于 100 kV · A 时,接地电阻不大于 10 Ω,重复接地的接地电阻每处不大于 10 Ω;变压器总容量不大于 100 kV · A 的电网,每处接地电阻不大于 30 Ω,且重复接地不应少于 3 处;高压和低压共用同一接地装置时,接地电阻不大于 4 Ω 等。

(3)零线的主干线不允许装设开关或熔断器。

(4)各设备的保护接零线不允许串接,应各自与零线的干线直接相连。

5. 电气设备应进行保护接地或接零的金属部分

凡是在正常情况下不带电的电气设备，在绝缘损坏、碰壳短路或发生其他故障时，有可能带电的电气设备金属部分及其附件都应实行接地或接零。这些金属部分或附件包括：

(1) 电机、变压器、断路器和其他电气设备的金属外壳或基座。

(2) 照明灯具、电扇及电热设备的金属底座和外壳，起重机的轨道。

(3) 导线、电缆的金属保护管和金属外皮，交/直流电力电缆的接线盒和终端盒的金属外壳，母线的保护罩和保护网等。

(4) 配电屏(盘)和控制屏(台)的框架，变、配电所的金属构架及靠近带电部分的金属遮栏和金属门，钢筋混凝土构架中的钢筋。

(5) 电流互感器和电压互感器的二次绕组。

(6) 架空地线和架空线的金属杆塔，以及装在杆塔上的开关、电容器等的外壳和支架。

(7) 电气设备的传动装置。

(8) 避雷器、保护间隙、避雷针和耦合电容器的底座。

(9) 超过安全电压而未采用隔离变压器的手持电动工具或移动式电气设备。

三、事故调查与分析

安全事故发生以后，要对事故按轻重进行分类，给事故定性，同时要成立调查小组，邀请技术专家和相关当事人参加。事故调查要公平公正，采用团队工作方式进行，不能由个人单独进行调查，否则调查结果不可信。

在调查过程中，需要重点注意的是小组成员要避免相互推卸责任，要明确调查的目的是寻找原因进行改进，而不是兴师问罪。这一点是需要反复强调的，并且要根据事实说话，同相关涉事人员的交谈要保持愉快的氛围，尽量让相关人员讲真话、讲实话，要动之以情，晓之以理，而不是一味地威胁恐吓。此外，在交谈过程中技巧的把握也相当重要，要找到相关的证据、照片、记录和影像等。现在国家提倡摄像头公共部位全覆盖，在安全技术方面，摄像头起到了重要的作用。

为了贯彻“安全第一、预防为主、综合治理”的方针，加强电力企业的安全监督管理，落实安全事故责任追究制度，必须开展事故调查与处理工作。通过对人身、电网、设备事故的调查和统计分析、总结经验教训，研究事故规律，采取预防措施，防止和减少安全事故。

安全事故调查应坚持实事求是、尊重科学、分级负责的原则，及时、准确地查清事故经过、原因和损失，查明事故性质，认定事故责任主体，总结事故教训，提出整改措施，并对事故责任者提出处理意见。做到事故原因未查清不放过、责任人员未处理不放过、整改措施未落实不放过、有关人员未受到教育不放过(简称“四不放过”)。

(一)事故调查分析的目的和任务

事故调查分析的目的主要是弄清事故情况，从思想、管理和技术等方面查明事故原因，分清事故责任，提出有效的改进措施，从中吸取教训，防止类似事故的重复发生。

事故调查分析的主要任务：

(1) 查清事故发生经过，即通过现场留下的痕迹及空间环境的变化，对事故见证人及受伤者的询问、对有关现象的仔细观察，以及进行必要的科学实验等方式或手段来弄清事故发生的前后经过，并用简短的文字准确地表达出来。

(2)找出事故原因，从人为因素、管理因素、环境因素，以及机器设备本身的安全因素等方面进行综合分析，找出事故发生的直接原因和间接原因是事故调查分析的中心任务。

(3)分清事故责任，通过事故调查，划清与事故事实有关的法律责任，并对有关责任者提出处理建议，包括行政处分、经济处罚，构成犯罪的，由司法机关依法追究其刑事责任。

(4)吸取事故教训，提出预防措施，防止类似事故的重复发生。这是事故调查分析的最终目的。

(二)调查组织

1. 调查组

事故发生后，按相关的规定成立事故调查组。事故调查组的组成应当遵循精简、高效的原则。根据事故的具体情况，事故调查组由有关人民政府、安全生产监督管理部门、负有安全生产监督管理职责的有关部门、监察机关、公安机关以及工会派人组成，并应当邀请人民检察院派人参加。事故调查组可以聘请有关专家参与调查。

事故调查组的成员履行事故调查的行为是职务行为，代表其所属部门、单位进行事故调查，事故调查组成员都要接受事故调查组的领导，事故调查组聘请参与事故调查的专家也是事故调查组的成员。事故调查组成员应当具有事故调查所需要的知识和专长，并与所调查的事故没有直接或间接的利害关系。

事故调查组组长主持事故调查组的工作。由政府直接组织事故调查组进行事故调查的，其事故调查组组长由负责组织事故调查的人民政府指定；由政府委托有关部门组织事故调查组进行事故调查的，其事故调查组组长也由负责组织事故调查的人民政府指定；由政府授权有关部门组织事故调查组进行事故调查的，其事故调查组组长确定可以在授权时一并进行，也就是说事故调查组组长可以由有关人民政府指定，也可以由授权组织事故调查组的有关部门指定。

2. 事故调查组的职责

事故调查组的成立是为了对安全事故进行调查分析，其职责主要有以下几点。

(1)查明事故发生的过程。

①事故发生前，事故发生单位生产作业状况。

②事故发生的具体时间、地点。

③事故现场状况及事故现场保护情况。

④事故发生后采取的应急处置措施情况。

⑤事故报告经过。

⑥事故抢救及事故救援情况。

⑦事故的善后处理情况。

⑧其他与事故发生经过有关的情况。

(2)查明事故发生的直接原因,事故发生的间接原因与事故发生的其他原因。

(3)查明事故人员伤亡情况。

①事故发生前,事故发生单位生产作业人员分布情况。

②事故发生时人员涉险情况。

③事故当场人员伤亡情况及人员失踪情况。

④事故抢救过程中人员伤亡情况及最终伤亡情况。

⑤其他与事故发生有关的人员伤亡情况。

(4)查明事故经济损失情况。

①人员伤亡后所支出的费用。如医疗费用、丧葬及抚恤费用、补助及救济费用、歇工工资等。

②事故善后处理费用。如处理事故的事务性费用、现场抢救费用、现场清理费用、事故罚款和赔偿费用等。

③事故造成的财产损失费用。如固定资产损失价值、流动资产损失价值等。

(5)确定事故责任者。

①通过事故调查分析,对事故的性质要有明确结论。其中对认定为自然事故(非责任事故或者不可抗拒的事故)的可不再认定或者追究事故责任人。

②对认定为责任事故的,要按照责任大小和承担责任的不同分别认定直接责任者、主要责任者、领导责任者。

(6)提出事故处理意见、总结事故教训及提出防范措施的建议。

①提出处理意见。通过事故调查分析,在认定事故的性质和事故责任的基础上,对责任事故者提出行政处分、纪律处分、行政处罚、追究刑事责任、追究民事责任的建议。

②总结事故教训。通过事故调查分析,在认定事故的性质和事故责任者的基础上,认真总结的事故教训,主要是在安全生产管理、安全生产投入、安全生产条件等方面存在哪些薄弱环节、漏洞和隐患,要认真对照问题查找根源、吸取教训。

③提出防范措施建议。防范和整改措施是在事故调查分析的基础上针对事故发生单位在安全生产方面的薄弱环节、漏洞、隐患等提出的,要具备针对性、可操作性、普遍适用性和时效性。

(7)提交事故调查报告。

①事故调查报告在事故调查组全面履行职责的前提下由事故调查组完成,事故调查报告是事故调查工作成果的集中体现。事故调查报告在事故调查组组长的主持下完成。

②事故调查报告的内容应当符合国家事故调查《中华人民共和国治安管理处罚法》的规定,并在规定的提交事故调查报告的时限内提出。事故调查报告应当附具有关事实证据材料,事故调查组成员应当在事故调查报告上签名。事故调查报告应当包括事故发生单位概况、事故发生经过和事故救援情况、事故造成的人员伤亡和直接经济损失、事故发生的原因和事故性质、事故责任的认定以及对事故责任者的处理建议、事故防范和整改措施。事故调查报告报送负责事故调查的人民政府后,事故调查工作即告结束。事故调查的有关资料应当归档保存。

3. 事故调查程序

(1)事故的通报。

(2)事故调查小组的成立。

(3)事故现场处理。事故发生后,事故发生单位首先要做的是迅速抢救伤员,疏散有关人员,并派专人严格保护事故现场,迅速采取措施防止事故蔓延扩大。同时,未经调查和记录的事故现场,要认真保护,不得破坏与事故有关的物体、状态及痕迹等。事故发生单位应立即对事故现场和损坏的设备进行照相、录像、绘制草图、收集资料。在现场如需移动某些物件,必须做出相应标示,并详细记录,妥善保存。

(4)事故有关物证收集。事故调查获取的第一手资料是事故现场所留下的各种物证,如受到破坏的部件、碎片、残留物等。现场所搜集到的各种物证均应标注地点、时间、物件管理人等内容。

(5)事故事实材料收集。在获取现场物证后,应对事故发生前的有关事实及有利于事故鉴别和分析事故的各种材料进行搜集。

(6)事故人证材料收集记录。在获取物证及事实材料后,应尽快找到事故的目击者和有关人员搜集证明。可以通过交谈、访问及询问等方式来获取人证材料,但在询问时应避免提一些具有诱导性的问题。此外,还应通过多方调查、前后对比等多种手段核实人证口述材料的真实性,并且认真考证。

(7)事故现场摄影及拍照。在调查事故现场时,对于一些不易较长时间保存、有可能被消除或毁灭的证据,如各种碎片残骸、现场痕迹、事故现场全貌,应利用相机拍摄或录像等手段记录下来,为随后的事故调查和分析提供最原始最真实的信息。

(8)事故图(表)的绘制。为了直观地反映事故的情况,还应将事故的有关情况绘制出来。如伤员位置图,事故现场重要线索图片。

(9)事故原因的分析。分析事故原因时,应从直接原因入手,即从机械、物质或环境的不安全状态和人的不安全行为入手。确定导致事故的直接原因后,逐步深入间接原因方面进行分析。

(10)事故调查报告编写。事故调查结束之后,调查小组成员要编写事故调查报告,事故调查报告经组织事故调查组的机关同意,事故调查工作即结束;委托事故发生单位调查的一般事故,事故调查报告应当报经事故发生地电力监管机构同意。

事故调查报告书由事故调查的组织单位以文件形式向上级主管单位报送,上级主管单位接到事故调查报告后以文件形式批复给事故调查的组织单位。

(11)事故调查结案归档。事故调查完全结束之后,最后一项工作是将有关事故调查资料归档,资料必须保存完整。

任务二　生活触电及触电急救

在日常生活中，漏电事故时常发生，相关人员应系统掌握心肺复苏和现场紧急救援处理的相关技能，增强应急安全意识，提高应对突发事件的现场救护能力，使之人人学急救，急救为人人。本任务的目的在于提升学生急救知识技能，有效支撑起主动施以援手的社会责任感，为保障人民生命安全做出贡献，充分展现时代新青年的责任与担当。

一、触电伤害

《中华人民共和国安全生产法》中规定，从业人员在作业过程中，应当严格落实岗位安全责任，遵守本单位的安全生产规章制度和操作规程，服从管理，正确佩戴和使用劳动防护用品。电力从业人员在进行电力作业时，如果不懂得防护安全知识，不采取可靠的防护措施或者违反有关的安全规程和规定，就极易发生人身触电事故。触电事故的特点是事故发生突然、时间短、后果严重。

触电事故的主要原因是：电气设备安装不符合要求，会直接发生触电事故；电气设备运行管理不当使绝缘损坏而漏电，安全管理措施不健全也会发生触电事故。

触电事故是人们生活和整个社会都应重视和预防的问题，也是电力安全技术工作的重点。在电力安全生产工作中，务必掌握触电事故规律，制订有效的安全措施，从而预防触电事故的发生。

通过本任务的学习，了解电流对人体的作用，充分认识电对人体的伤害形式，知道触电的严重后果，一边提高警惕性，一边学习触电的原因和形式，了解触电事故是如何发生的，增强防范意识，积极采取防范措施，避免发生触电伤害。

下面通过采用案例分析法，学习电流对人体的作用。总结经验，加强自我责任意识，时刻谨记“安全第一，预防为主”，认真执行电业相关安全规程，将安全规程理解并掌握，并在工作中认真落实，一切事故都可以预防，同样的错误就不会再发生。

（一）案例内容

某电力公司运行人员发现#7 机除尘 C 变压器温控仪故障，通知检修人员处理。10 时 37 分，变配电班组工作人员刘某开具工作票，16 时 20 分，办理开工手续。19 时 40 分，变配电班刘某（工作负责人）和钟某（死者，男，32 岁）到现场开始工作。由于该变压器温控器和 4 个冷却风机共用一个 16 A 空气开关，初步判断某个冷却风机故障造成空气开关跳闸，温控器面板电源失电。为便于今后检修和故障判断，将 4 台冷却风机电源改为由 4 个 4 A 空开分别控制。工作中进一步确认，一台冷却风机风扇卡死，电机线圈开路。21 时 20 分许，刘某回班组找风机备用品，离开时向钟某交代让其休息等待。22 时 10 分，刘某回到配电室，发现钟某趴倒在地，面部周围有血迹，左手拿一根导线，身下压有一根导线。刘某判断其触电，立即切断电源并打呼救电话,随后同赶到现场的运行人员轮流用心肺复苏的方法进行抢救。22 时 23 分,公司值班医生和救护车到达现场进行急救,并随即送往医院,经医院抢救后,确认钟某已无生命体征,确认死亡。

(二)原因分析

现场勘查发现,事故地点位于#7 机除尘配电室走廊,距离工作地点除尘 C 变压器温控仪约 2.5 m。钟某左手握着一根试验导线的接线柱,手心有坑状电击伤,接线柱有烧焦痕迹;右胸前压有带鳄鱼夹的另一根试验导线,右手握拳在右胸,右胸有电击伤。导致触电的导线为临时试验用导线,一侧通过硬导线插入临时电源插座孔,另一侧分别为接线柱和鳄鱼夹,临时电源取自附近的检修电源箱。从现场情况判断,该导线用来接取变压器冷却风机试验电源。

(1)当事人钟某违章作业,违反先接线后送电的作业程序,在取电试验过程中,身体接触导线带电部分形成回路,发生触电。

(2)工作失去监护,工作负责人未按照安全规程和措施要求,将工作班成员撤离作业现场,工作班成员在没有监护的情况下作业,并且在低压带电设备工作环境下,没有按照要求戴手套。

(三)事故的思考

(1)检修工艺标准不高,事故现场接取临时电源的导线不规范。

(2)检修组织管理有差距。除尘 C 变压器温控仪故障于当日早晨发现,工作票计划消缺时间 2 天,本可以充分利用白天进行。但因检修提出的工作内容、措施有误等问题一直拖至晚间进行工作,作业人员于 19 时 40 分才进入现场。车间、班组对回路改造的安全措施及工作准备考虑不充分,没有准备冷却风机备件,致使工作负责人长时间离开现场。回路改造未办理相关设备异动申请手续,工作随意性强。

(3)安全教育有待加强,安全关爱意识不够。班组对员工情绪、状态以及个人问题关心不够,在安排布置任务时,未充分考虑员工的思想动态并采取措施。事故前,钟某婚姻状况发生变化。事故当日,钟某计划在第二天早晨休班返回市区,对当天任务急于完成,最终导致事故发生。

(四)防范措施

(1)严格执行规章制度。认真落实《电业安全工作规程》,严格执行现场监护工作要求。对不认真执行监护制度、不穿戴安全防护用品、未落实安全措施等违章行为,要坚决查处。

(2)加强检修组织和工艺管理。

(3)加强员工安全互保。贯彻“以人为本”理念,安排工作时,要充分尊重人的生物节律,关注员工情绪状态,尽量避开夜间工作。

通过该案例的分析让学生认识电流对人体的危害,并能认识到懂得安全知识的重要意义。

(五)触电伤害形式

触电是指电流通过人体,人体直接接受电流能量所遭到电击,电能转换为热能作用于人体，致使人体受到烧伤或灼伤。人体在电磁波照射下，吸收电磁场的能量也会受到伤害等。

触电是在人体触及带电体并形成电流通路而发生的人身伤害事故。事实上，电对人体作用的机理，是一个复杂的问题，影响因素很多，至今尚未完全探明。在同样的情况下，电对不同的人产生的生理效应不尽相同，即使同一个人，在不同的环境、不同的生理状态下，生理效应也不相同。但国际电工委员会通过大量的事故案例研究表明，电对人体的伤害主要是由于电流引起的伤害。

电流通过人体的途径不同，对人体的伤害也不同。触电者会因肌肉收缩而紧握带电体，不能自主摆脱。通常电流会对人体造成多种伤害。例如，伤害人体的皮肤、肌肉、骨骼、呼吸系统、心脏和神经系统，破坏人体内部器官甚至导致死亡的严重后果。

1. 电流对人的伤害方式

电流对人的伤害可以分为电击和电伤两种类型。

(1)电击。电击是电流流过人体内部，造成人体内部器官的伤害，是最危险的触电伤害。电击主要伤害的是人体的心脏、呼吸系统和神经系统，从而破坏了人的生理活动，甚至危及人的生命。

①电流通过心脏，会引起心室颤动，进而中断血液循环，导致死亡。

②电流通过中枢神经，会引起中枢神经失调而导致死亡。

③电流通过人的头部会使人立即昏迷，如果电流过大，就会对人的大脑造成伤害，甚至死亡。

④电流从左手到胸部心脏的流通路径较短，这是最危险的电流途径。

⑤从手到手或从手到脚也是很危险的电流途径。从脚到脚的电流途径虽然危险性较小，但可能因痉挛而摔倒，导致电流通过全身造成二次触电事故。电流流过人体时，人体会产生不同程度的刺麻、酸疼、打击感，并伴随不自主的肌肉收缩。研究表明“心室纤维性颤动”是致死最根本、占比例最大的原因。

电击是触电事故中后果最严重的一种，绝大部分触电死亡事故都是电击造成的。

(2)电伤。电伤是电流的热效应、化学效应、机械效应及电流本身作用对人体外表造成的局部伤害，造成电伤的电流都比较大。电伤会在机体表面留下明显的伤痕，但其伤害作用可能深入体内。电伤包括电烧伤、电烙印、皮肤金属化、机械损伤、电光眼等多种伤害。

①电烧伤是由电流的热效应造成的伤害，分为电流灼伤和电弧烧伤。

a. 电流灼伤是人体与带电体接触，电流通过人体时电能转换成热能所引起的伤害。由于人体与带电体的接触面积一般都不大，且皮肤的电阻又比较高，产生在皮肤与带电体接触部位的热量就较多，因此，皮肤受到的灼伤比体内严重，且电流越大、通电时间越长、电流途径上的电阻越小，电流灼伤越严重。

b. 电弧烧伤是由弧光放电造成的烧伤，也是最常见、最严重的电伤之一。弧光放电时电流很大，能量也很大，电弧温度高达数千摄氏度，可造成大面积的深度烧伤，严重时能将肌体组织烘干、烧焦。电弧烧伤既可以发生在高压系统，也可以发生在低压系统。在低压系统中，带负荷拉开裸露的刀开关时，产生的电弧可能烧伤人的手部和面部；线路短路，跌落式熔断器的熔丝熔断时，炽热的金属微粒飞溅出来也可能造成灼伤；因误操作引起的短路也可能导致电弧烧伤人体等。在高压系统中，由于误操作会产生强烈电弧，把人严重烧伤；人体过分接近带电体，其间距小于放电距离时，会直接产生强烈电弧对人放电，造成电弧烧伤，严重时会因电弧烧伤而死亡。

②电烙印。当载流导体较长时间接触人体时，因电流的化学效应和机械效应作用，接触部分的皮肤会变硬并形成圆形或椭圆形的肿块痕迹，如同烙印，故称为电烙印。电烙印边缘明显，颜色呈灰黄色；电烙印并不立即出现，而在相隔一段时间后才出现，一般不会发炎或化脓，但往往造成局部麻木和失去知觉。

③皮肤金属化。在电流作用下，产生的高温电弧会使周围的金属熔化、蒸发并飞溅渗透到皮肤表层，使皮肤变得粗糙、硬化并呈现一定颜色（灰黄色或蓝绿色），称为皮肤金属化。金属化的皮肤经过一段时间后方能自行脱落，对身体机能不会造成不良的后果。

④电光眼。电光眼的表现为眼角膜和结膜发炎。弧光放电时辐射的红外线、可见光、紫外线都会损伤眼睛。短暂地照射紫外线是引起电光眼的主要原因。

2. 电磁场对人的伤害方式

电磁场对人的伤害主要是由电磁能量转化的热能引起的。由于热量的影响，使得人体一些器官的功能受到不同程度的伤害。由于电磁场频率不同，伤害的程度也有所不同。

(1)在一定程度的中、短波电磁场辐射下，人体所受伤害主要是中枢神经系统功能失调。表现为神经衰弱症，如头晕、头痛、乏力、记忆力减退、睡眠不好等症状；还表现为自主神经功能失调，如多汗、食欲缺乏、心悸等症状。此外有的人还有脱发、伸直手臂时手指轻微颤抖、皮肤划痕异常、视力减退等症状。

(2)在超短波和微波电磁场辐射下，除神经衰弱症加重外，自主神经功能将严重失调。主要表现为心血管系统症状比较明显，如心动过缓或过速、血压降低或升高、心悸、心区有压迫感和疼痛等。

(3)330 kV 以上超高压高强度工频电磁场有损人体健康，会产生疲倦、乏力、头痛、睡眠不好、心肌疼痛等症状。电磁场对人体的作用主要是功能性的改变，具有可恢复特征，一般在脱离接触数周之内就可消失，但也有在高强度、长时间作用下的人不易恢复健康。因此，经常工作于高频设备附近的人员，常会产生精神疲倦、手抖、手痛、失眠等症状，要在工作结束很长时间后上述症状才能消除，身体才能恢复。

此外，高频电磁场还可能干扰通信、测量等电子设备的正常工作，甚至造成事故。还可能因感应产生高频火花，引起火灾或爆炸事故。

3. 雷电对人的伤害方式

雷击是一种自然灾害，强大的雷电流通过被击物时，产生大量的热量，使物体遭到破坏。雷电对人的伤害方式，归纳起来有直接雷击、接触电压、旁侧闪击和跨步电压四种形式。

(1)直接雷击。在雷电现象发生时，闪电直接袭击到人身体，便是直接雷击。由于人体是一个良好的导体，高达几万到十几万安培的雷电电流由人的头顶部一直通过人体到两脚，流入大地。人因此而遭到雷击，受到雷电的击伤，严重者甚至死亡。

(2)接触电压。当雷电电流通过高大的物体，如高的建筑物、树木、金属建筑物等泄放下来时，强大的雷电电流会在高大的导体上产生高达几万到几十万伏的电压。雷雨天，当人不小心触摸到这些物体时，会受到这种触摸电压的袭击，发生触电事故。

(3)旁侧闪击。当雷电击中一个物体时，强大的雷电电流通过物体泄放到大地，一般情况下,电流最容易通过电阻小的通道穿流。而人体的电阻很小,如果人就在雷击中的物体附近,雷电电流就会在人头顶高度附近,将空气击穿,再经过人体泄放下来,使人遭受袭击。

(4)跨步电压。当雷电从云中泄放到大地时,就会产生一个电位场。电位的分布是越靠近地面雷击点的地方电位越高,越远离雷击点的电位就越低。如果在雷击时,人的两脚站的地点电位不同,这种电位差在人的两脚间就产生了电压,也就有电流通过人的下肢,两脚之间的距离越大,跨步电压也就越大。

当人体遭到雷击时,会立即引起心脏纤维性颤动,并导致死亡,或者人体组织受到严重破坏,所以受雷击触电者下肢皮肤常有焦死或者树枝状的放电痕迹;雷击还可以使人心理上发生变化而引起中毒,有时会在雷击触电发生几小时后突然死亡。如何判断何时雷暴将到达,最简单方法是当看到闪电时,通过计算看见闪电与听到雷声的间隔时间长短,来判断所处位置与落雷的距离。由于光速比声速大约快 100 万倍,所以,在闪电与伴随的雷声之间会有一定的时间差。如果看见闪电后和听见雷声之间,时间间隔 5 s,表示雷击发生在离自己约 1.5 km 左右的位置;如果是 1 s,也就是一眨眼的时间就听见雷声,说明雷击位置就在你附近 300 m 左右。当遇到雷暴天气时,你可以记住每次听到雷声与看见闪电的时间间隔是越来越长,还是越来越短,以此来判断雷暴是逐渐远离,还是处在雷击的风险中,从而采取一定的防范措施。

4. 静电对人的伤害方式

静电现象是一种常见的带电现象,主要是由于不同物质的互相摩擦产生,摩擦速度越高、距离越长、压力越大,摩擦产生的静电越多。另外,产生静电的多少还和两种物质的性质有关。在生产生活中,静电的危害主要有引起爆炸火灾、给人以电击与妨碍生产三个方面。

(1)持久的静电危害。持久的静电可使血液中的碱性升高,血清中钙含量减少,尿中钙排泄量增加。这对正在生长发育的儿童,血钙水平低的老年人,需钙量多的孕妇和乳母非常不利。

(2)静电过多的危害。过多的静电在人体内堆积,会影响中枢神经,从而导致血液酸碱度和机体氧特性的改变,影响机体的生理平衡,使人出现头晕、头痛、烦躁、失眠、食欲缺乏、精神恍惚等症状。

(3)静电引发的其他问题。

①一些冬季多发的心血管疾病也与静电有关。静电会干扰人体血液循环、免疫和神经系统,影响各脏器(特别是心脏)的正常工作,有可能引起心率异常和心脏期前收缩。

②静电能吸附大量尘埃,而尘埃易携带细菌、病毒等有害物质,吸入人体后会影响健康。

③静电一个很大的特点就是静电电量不大而静电电压很高,有时可能高达数万伏,甚至 10 万伏以上。由于电压很高,很容易发生放电,形成静电火花。这样,在易燃易爆的场所,可能因静电火花引起火灾和爆炸。另外,当人体接近带静电物体,或带静电电荷的人体接近接地体时,会产生电击伤害。

(六)影响人身触电伤害程度的因素

为了保证电气作业人员在作业时的人身安全,应让作业人员学习触电原因及触电形式,理解触电是如何发生的,从而增强防范意识,积极采取防范措施,避免触电伤害的发生。

电流对人体伤害的程度与通过人体电流的大小、电流通过的持续时间、电流通过人体的途径、电流的种类等多种因素有关。而且上述各个影响因素相互之间，尤其是电流大小与通电时间之间有着密切的联系。

1. 电流强度度越大，对人体的伤害越大

通过人体的电流越大、人的生理反应和病理反应越明显，引起心室颤动所需的时间越短，致命的危险性越大。在一般情况下，以 30 mA 为人体所能忍受而无致命危险的最大电流，即安全电流。按照人体对电流的反应，习惯上将触电电流分为感知电流、摆脱电流和室颤电流。

(1)感知电流。感知电流是指电流流过人体时可引起感觉的最小电流。人接触这样的电流会有轻微的麻痹。对于感知电流的概率曲线，概率为 50% 时，成年男性平均感知电流约为 1.1 mA，成年女性平均感知电流约为 0.7 mA。感知电流一般不会对人体造成伤害，但可能因不自主反应而导致高处跌落等二次事故的发生。

(2)摆脱电流。当通过人体的电流超过感知电流时，肌肉收缩增加、刺痛感觉增强、感觉部位扩展。当电流增大到一定程度时，由于中枢神经反射和肌肉收缩、痉挛，触电人将不能自行摆脱带电体。在一定概率下，人触电后能自行摆脱带电体的最大电流，称为该概率下的摆脱电流，摆脱电流的最小值称为摆脱阈值。摆脱电流与人体生理特征、电极形状、电极尺寸等因素有关。摆脱电流在概率为 50% 时，成年男性约为 16 mA，成年女性约为 10.5 mA；在概率为 99.5% 时，成年男性约为 22.5 mA，成年女性约为 15 mA。摆脱电流是人体可以忍受而一般不会造成危险的电流。若通过人体的电流超过摆脱电流且时间过长，会造成昏迷、窒息，甚至死亡。因此，人摆脱电源能力随着触电时间的延长而降低。

(3)室颤电流。通过人体引起心室发生纤维性颤动的最小电流称为室颤电流，室颤电流的最小值称为室颤阈值。室颤电流是人体在触电后较短时间内危及生命的最小电流。在低电压触电事故中，心室颤动是触电致命的原因，因此，室颤电流也称为致命电流。室颤电流受电流持续时间、电流途径、电流种类、人体生理特征等因素的影响。大量的实验研究资料表明，当电流大于 30 mA 时才会发生心室颤动的危险。因此，习惯上把 30 mA 作为心室颤动电流的又一极限值。基于此，目前市场上使用的一次用电设备，漏电保护器的漏电脱扣动作电流都设定为 30 mA。当电流持续时间短于心脏搏动周期时，人的室颤电流约为数百毫安；当电流持续时间在 0.1 s 以下时，如电击发生在心脏易损期，30 mA 以上的电流可引起心室颤动。

2. 电流通过人体的持续时间

电流在人体内作用的时间越长，危险性越大，主要原因如下：

(1)人体电阻减小。随着电击持续时间的延长，人体电阻由于出汗、击穿、电解而下降，流经人体的电流必然增加，电击危险性随之增大。

(2)能量增加。电流持续时间越长，则体内累积电荷越多，伤害越严重。

(3)中枢神经反射增强。电击持续时间越长，中枢神经反射越强烈，电击危险性越大。

工频电流对人体的作用见表 1-1。因此，当发现有人触电时，应当迅速使触电者摆脱带电体。

表 1-1　工频电流对人体的作用

电流/mA	电流持续时间	生理效应
0～0.5	连续通电	没有感觉
0.5～5	连续通电	开始有感觉，手指、手腕等处有麻感，没有痉挛，可以摆动
5～30	数分钟	痉挛，不能摆脱带电体，呼吸困难，血压升高，达到可以忍受的极限
30～50	数秒至数分钟	心脏跳动不规则，昏迷，血压升高，强烈痉挛，时间过长即引起心室颤动
50～数百	低于心脏搏动周期	受强烈刺激，但未发生心室颤动
	超过心脏搏动周期	昏迷，心室颤动，接触部位留有电流通过的痕迹
超过数百	低于心脏搏动周期	在心脏易损期触电时，发生心室颤动，昏迷，接触部位留有电流通过的痕迹
	超过心脏搏动周期	心脏停止跳动，昏迷，可能致命的电灼伤

3. 电流通过人体的途径

人体在电流的作用下，没有绝对安全的途径。电流通过心脏，会引起心室颤动乃至心脏停止跳动而导致死亡；电流通过中枢神经及有关部位，会引起中枢神经强烈失调而导致死之；电流通过头部，严重损伤大脑，可能使人昏迷不醒而导致死亡；电流通过脊髓，会使人截瘫；电流通过人的局部肢体，可能引起中枢神经强烈反射而导致严重后果。

但通过心脏的电流越多、电流通过人体路线越短，危险性越大。因此从左手到胸部是最危险的电流途径。

4. 电流的种类和频率

不同种类电流对人体伤害的构成不同，危险程度也不同，但各种电流对人体都有致命危险。

(1)电流的种类不同对人体构成的伤害不同。直流电流在流动期间人体没有感觉，只有在接通和断开瞬间，直流电流感知阈值约为 2 mA。300 mA 以下的直流电流没有确定的摆脱阈值，300 mA 以上的直流电流将导致不能摆脱或数秒至数分钟以后才能摆脱带电体。电流持续时间超过心脏搏动周期时，直流室颤电流为交流的数倍；电流持续时间在 200 ms 以下时，直流室颤电流与交流大致相同。

(2)频率不同对人体的影响也不同。电流的频率对触电的伤害程度有直接影响。不同频率的交流电流对人体的影响也不同。通常 50～60 Hz 的交流电对人体危险最大，低于或高于此段频率的电流对人体的伤害程度要显著降低。当频率为 450～500 kHz 时，触电危险性便基本消失；频率在 20 kHz 以上的交流小电流在医学上用于理疗，对人体已无伤害，但这种频率的电流通常以电弧的形式出现，有灼伤人体的危险。对于直流电来说，它的伤害程度要远比工频交流电小，人体对直流电的极限忍耐电流约为 100 mA。

5. 人体电阻及健康状况

人体电阻有表面电阻和体积电阻之分。表面电阻是沿着人体皮肤表面所呈现的电阻，体积电阻是从皮肤到人体内部所构成的电阻，体积电阻和表面电阻都将对触电后果产生影响。对于电击来说，体积电阻的影响最为显著。表面电阻对触电后果的影响比较复杂，当整个触电回路总的表面电阻较低时，有可能产生抑制电击的积极影响。反之，当人体局部潮湿时，特别是如果仅仅只有触及带电部分处的皮肤潮湿时，会大大增加触电的危险性。这是因为人体局部潮湿，对触电回路总的表面电阻值不产生很大的影响，触电电流不会大量从人体表面分流，而触电处皮肤潮湿，将会使人体体积电阻下降，以致触电的危害性增大。

体积电阻值的变化幅度也很大。当人体皮肤处于干燥、洁净和无损伤的状态下时，人体电阻可高达 40 ~ 100 kΩ；而当皮肤处于潮湿状态如湿手、出汗或受到损伤时，则人体电阻会降到 1 000 Ω 左右；如皮肤完全遭到破坏，人体电阻将下降到 600 ~ 800 Ω。必须注意的是这里所讲的皮肤电阻指的是皮肤沿体内方向的电阻值，不要与前述的表面电阻混淆。

显然，人体电阻是表面电阻和体积电阻的并联值。

人体电阻除了和皮肤的状态有关外，还和触电的状态有关。当接触面积加大，接触压力增加时，人体电阻会降低；通过的电流加大，通电的时间加长，会增加发热出汗，或使皮肤炭化，人体电阻会降低；接触电压增高，会击穿角质层，并增加肌体电解，人体电阻也会降低。

另外，频率变化时，人体电阻将随频率的增加而降低，频率为 100 kHz 时的人体电阻约为 50 Hz 时的 50% 左右。不同条件下的人体电阻见表 1-2。

表 1-2 不同条件下的人体电阻

接触电压/V	人体电阻/Ω			
10	7 000	3 500	1 200	600
25	5 000	2 500	1 000	500
50	4 000	2 000	875	440
100	3 000	1 500	770	375
200	1 500	1 000	650	325

电流对人体的作用，女性比男性更敏感，女性的感知电流和摆脱电流约比男性低 1/3。另外心室颤动电流约与体重成正比，因此小孩遭受电击比成人危险。

人的健康状况和精神状态，对于触电的危害程度也有极大的关系。当人的情绪低落时感受的伤害会加重。患有心脏病、肺病、内分泌失常、中枢神经系统疾病及酒醉者等，其触电的危险性最大。因此，对于电气工作人员，应当定期进行严格的体格检查。

少数受高压电损伤患者可产生胃肠道功能紊乱、肠穿孔、胆囊局部坏死、胰腺灶性坏死、肝脏损害伴有凝血机制障碍、白内障和性格改变等。

二、人身触电

(一)人体触电方式

人体触电方式根据人体与带电体的接触关系,一般可分为直接接触触电(即人体直接接触及或过分靠近正常带电体导致的触电)和间接接触触电(指人体触及正常情况下不带电,而故障情况下变为带电的设备外露导体引起的触电)两种主要触电方式。

1. 直接接触触电

人体直接触及或过分靠近电气设备及线路的带电导体而发生的触电现象称为直接接触触电,单相触电、两相触电等都属于直接接触触电。

根据国内外的统计资料,单相触电事故占全部事故的 70% 以上。因此,防止触电事故的技术措施应将单相触电作为重点。

(1)单相触电。人体接触三相电网中带电体的某一相时,电流通过人体流入大地,这种触电方式称为单相触电。单相触电的危险程度与电压的高低、电网的中性点是否接地、每相对地电容的大小有关,单相触电事故是较常见的一种触电事故。电网可分为大接地电流系统(中性点直接接地系统)和小接地电流系统(中性点不接地系统),由于这两种系统中性点的运行方式不同,发生单相触电时,电流经过人体的路径及大小就不一样,触电危险性也不相同。单相触电如图 1-8 所示。

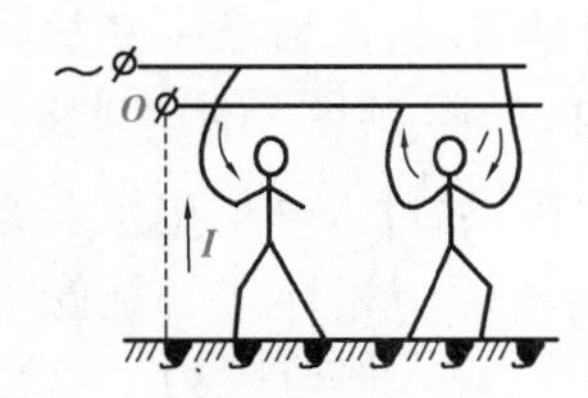

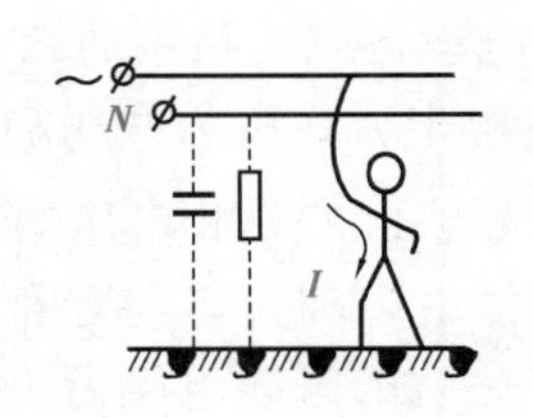

图 1-8　单相触电

①中性点直接接地系统的单相触电。以 380/220 V 的低压配电系统为例,当人体触及某一相导体时,相电压作用于人体,电流经过人体、大地、系统中性点接地装置、中性线形成闭合回路,如图 1-9 所示。由于接地装置的电阻比人体电阻小得多,则通过人体的电流 I_r 约为 220 mA,远大于人体的摆脱阈值,足以使人致命。一般情况下,工作人员穿有鞋子,有一定的限流作用,人体与带电体之间以及站立点与地之间也有接触电阻,所以实际电流小于 220 mA,触电后,有时可以摆脱。但人体触电后由于突然遭受电击,慌乱中易造成二次伤害事故(例如,空中作业触电时坠落到地面等)。因此,工作人员工作时应穿合格的绝缘鞋,在配电室的地面上应垫有绝缘橡胶垫,以防触电事故的发生。

②中性点不接地系统的单相触电。如图 1-10 所示,低压供电系统采用中性点不接地或不直接接地系统。在这种系统中,人体触及一相导线时是否会触电呢? 有人认为,既然是中性点不接地,人体触及一相导线,便无电流回路,故加于人体的仅仅是电位,并不存在接触电压,因此是无危险的。其实这种看法是错误的。因为供电系统的导线与大地之间存在着分布电

容和漏电电阻,所以电流将经过人体和另外两相导线的对地电容和漏电电阻构成回路。该电流也可以危及人身安全,只是程度较轻。如果线路对地的绝缘电阻非常大,人又穿着胶鞋,则不致发生危险。因为电流的通路被隔断,泄漏电流(即通过人体的电流)非常小。但是,如果中性点不接地系统中发生一相接地故障而又未及时发现和处理,该系统就成了类似“两线一地”系统。这时人体触及不接地的一相导线时,便会承受接近线电压(即 380 V)的电压,如同两相触电,是非常危险的。

对于这类中性点不接地系统,为了确保运行的可靠性和工作人员(如矿井中矿工)的人身安全,必须设有绝缘监视及报警装置,以便当发生接地故障时,运行人员可以及时发现并处理。特别是在矿井生产中,所有的机电设备,包括电动机、变压器、配电设备、仪表金属外壳、电气设备、机器设备的金属支架和电缆接线盒等都需要接地。

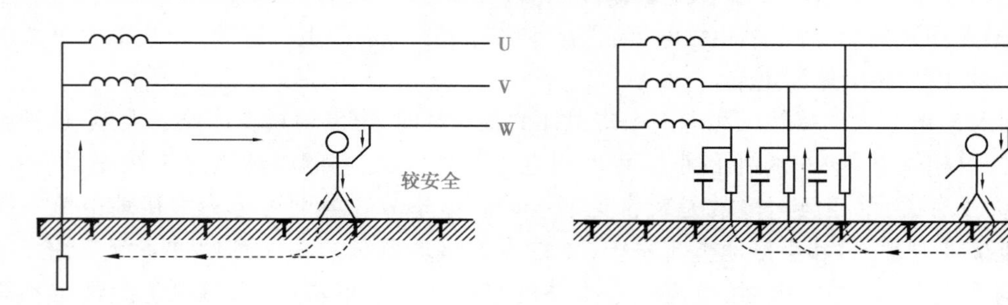

图 1-9　中性点直接接地的供电系统　　图 1-10　中性点不接地的供电系统

综合以上两点,对于单相触电来说,一般接地电网比不接地电网的危险性反而要大一些。

(2)两相触电。当人体同时接触带电设备或线路中的两相导体时,电流从一相导体经人体流入另一相导体,构成闭合回路,这种触电方式称为两相触电,如图 1-11 所示。此时,不论中性点是否接地,加在人体上的电压为线电压,它是相电压的$\sqrt{3}$倍;通过人体的电流与系统中性点运行方式无关,其大小只决定于人体电阻和人体与之相接触的两相导体的接触电阻之和。因此,它比单相触电的危险性更大。例如,若线电压为 380 V,设人体电阻为 1 417 Ω,则流过人体的电流高达 268 mA,大大超过人体的致颤阈值,这样大的电流只要经过 0. 186 s 就可能致触电者死亡,故两相触电比单相触电更危险。根据经验,工作人员同时用两手或身体直接接触两根带电导线的机会很少,因此,两触电事故比单相触电事故少得多。两相触电多在带电作业时发生,由于相间距离小,安全措施不周全,使人体直接或间接通过作业工具同时触及两相导体,造成两相触电。

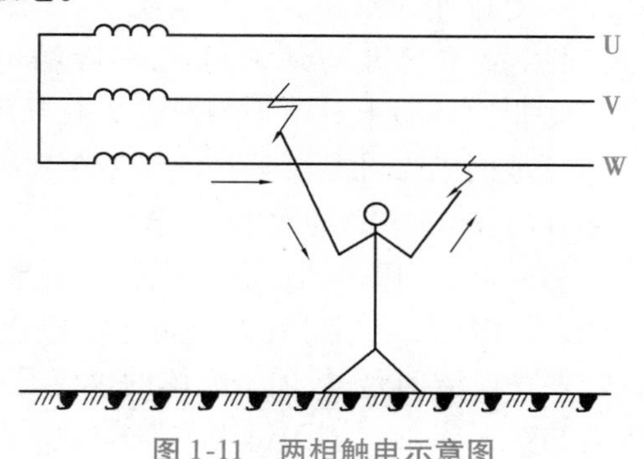

图 1-11　两相触电示意图

2. 间接接触触电

当电气设备绝缘损坏而发生接地是不带电的。当电气设备绝缘损坏而发生接地短路故障（俗称“碰壳”或“漏电”）时，其金属外壳便带有电压，人体触及便会发生触电，此谓间接接触触电。通常所称的接触电压触电即是间接接触触电。跨步电压触电也属于间接接触触电。

（1）跨步电压触电，如图1-12所示。当电气设备或载流导体发生接地故障时，接地电流将通过接地体流向大地，并在地中接地体周围作半球形的散流。一方面，在以接地故障点为球心的半球形散流场中，靠近接地点处的半球面上，电流密度线密，离开接地点的半球面上电流密度线疏，且越远越疏；另一方面，靠近接地点处的半球面的截面积较小、电阻大，离开接地点处的半球面面积大、电阻减小，且越远电阻越小。因此，在靠近接地点处沿电流散流方向取两点，其电位差较远离接地点处同样距离的两点间的电位差大，当离开接地故障点20 m地点处以外时，这两点间的电位差即趋于零。将两点之间的电位差为零的地方称为电位的零点，即所谓的电气地。显然，在该接地体周围，对于电气地而言，接地点处的电位最高，离开接地点，电位逐渐降低，其电位分布呈伞形下降。此时，人在此有电位分布的区域内行走时，其两脚之间（一般为0.8 m的距离）呈现出电位差，此电位差称为跨步电压U_{kb}。

由跨步电压引起的触电叫跨步电压触电。由图1-12可见，在距离接地点故障点8～10 m以内，电位分布的变化率较大，人在此区域内行走，跨步电压高，就有触电的危险；在离接地故障点8～10 m以外，电位分布的变化率较小，人的两脚之间的电位差较小，跨步电压触电的危险性明显降低。人在跨步电压的作用下时，电流将从一只脚经腿、胯部和另一只脚与大地构成回路，虽然电流没有通过人体的全部重要器官，但当跨步电压较高时，触电者有脚发麻、抽筋的症状，会跌倒在地，跌倒后，电流可能会改变路径（如从左手至脚）而流经人体的重要器官，使人致命。因此《电业安全工作规程》规定，发生高压设备、导线接地故障时，人在室内不得接近故障点4 m以内，人在室外不得接近故障点8 m以内。如果要进入此范围内工作，为防止跨步电压触电，进入人员应穿绝缘鞋。

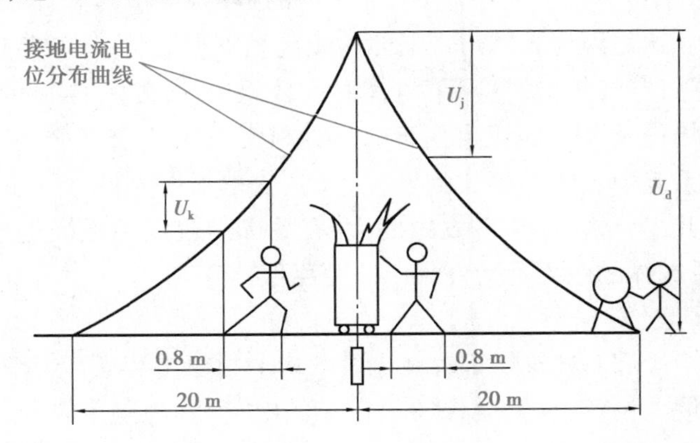

图1-12　跨步电压触电示意图

U_k—跨步电压；U_j—接触电压；U_d—接地短路电压

需要指出，跨步电压触电还可能发生在另外一些场合。例如，避雷针或避雷器动作，其接地体周围的地面也会出现伞形电位分布，同样会发生跨步电压触电。

预防跨步电压触电要注意以下几点：

①在平时工作或行走时,发现设备出现接地故障或导线断线落地时,要远离断线落地区。

②一旦不小心步入断线落地区且感觉跨步电压时,应赶快将双脚并在起或用一条腿跳着离开断线落地区。

③必须进入断线落地区救人或排除故障时,应穿绝缘靴(鞋)。

(2)接触电压触电。在正常情况下,电气设备的金属外壳是不带电的,由于绝缘损坏,设备漏电,使设备的金属外壳带电。接触电压是指人站在发生接地短路故障设备的旁边,触及漏电设备的外壳时,其手脚之间所承受的电压(脚距漏电设备 0.8 m,手触及设备距地面垂直距离 1.8 m)。由接触电压引起的触电称为接触电压触电,如图 1-13 所示。若设备外壳不接地,此时接触电压触电情况与单相触电情况相同;若设备外壳接地,则接触电压为设备外壳对地电位之差。人需要接近漏电设备时,为防止接触电压触电,应戴绝缘手套、穿绝缘鞋。

图 1-13 接触电压触电示意图

3. 弧光放电触电

前面几类触电事故都是人体与带电体直接接触或间接接触时发生的。实际上,当人体与带电体(特别是高压带电体)间的空气间隙小于一定的距离时,虽然人体没有接触带电体,但也可能发生触电事故。这是因为人体与带电体的距离足够近时,人体与带电体间的电场强度将大于空气的击穿场强,空气将被击穿,带电体对人体放电,并在人体与带电体间产生电弧,此时人体将受到电弧灼伤及电击的双重伤害。这种与带电体的距离小于安全距离的弧光放电触电多发生在高压系统中。此类事故的发生,大多数是工作人员误入带电间隔,误接近带电设备所造成的。因此,为防止这类事故的发生,有关标准规定了不同电压等级的最小安全距离,工作人员距离带电体的距离不允许小于此距离值。

4. 剩余电荷触电

电气设备的相同绝缘和对地绝缘都存在电容效应。由于电容效应具有储存电荷的性能,因此在刚断开电源的停电设备上,都会保留一定量的电荷,称为剩余电荷。当人体触及带有剩余电荷的设备时,带有电荷的设备对人体放电所造成的触电事故称为剩余电荷触电。例如,在检修中用摇表测量停电后的并联电容器、电力电缆、电力变压器及大容量电动机等设备时,因检修前没有对设备进行充分放电,造成剩余电荷触电。又如并联电容器因其电路故障而不能及时放电,退出运行后又未进行人工放电,从而使电容器储存着大量的剩余电荷,当作业人员触及电容器或电路时,就会发生剩余电荷触电事故。设备容量越大,电缆线路越长,这种剩余电荷的积累就越高。因此,在设备检修前,必须注意充分放电,以防剩余电荷触电。

5. 感应电压触电

一些不带电的线路由于大气变化(如雷电活动),会产生感应电荷。此外,停电后一些可能感应电压的设备和线路如果未接临时地线,则这些设备和线路对地均存在感应电压。感应电压的大小决定于带电设备电压的高低、停电设备与带电设备两者的平行距离、几何形状等因素。感应电压往往是在电气工作者缺乏思想准备的情况下出现的,因此,具有相当大危险性。在电力系统中,感应电压触电事故屡有发生,甚至造成伤亡事故。

6. 静电触电

静电电位可高达数万伏至十万伏,可能发生放电,产生静电火花,引起爆炸、火灾,也可能造成对人体的电击伤害。由于静电电击不是电流持续通过人体的电击,而是由于静电放电造成的瞬时冲击性电击,能量较小,通常不会因人体心室颤动而致死,但是往往造成二次伤害,如高处坠落或其他机械伤害,因此同样具有相当大的危险性。

(二)触电事故常见原因

在电力生产过程中,发生触电的原因很多,归纳起来,有以下几个方面:

(1)缺乏电气安全知识。如带电拉高压隔离开关;用手触摸破坏的胶盖刀闸;儿童玩耍带电导线等。

(2)违反操作规程。如在高低压共杆架设的线路电杆上检修低压线或广播线;剪修高压线附近树木而接触高压线;在高压线附近施工,或运输大型货物,施工工具和货物触碰高压线;带电接临时照明线及临时电源;火线误接在电动工具外壳上;用湿手拧灯泡;携带式照明灯使用的电压不符合安全电压等。

(3)电气设备不合格。如因闸刀开关或磁力启动器缺少护壳而触电;电气设备漏电;电炉的热元件没有隐蔽;电器设备外壳因没有接地而带电;配电盘设计和制造上的缺陷,使配电盘前后带电部分易于触及人体;电线或电缆因绝缘磨损或腐蚀而损坏;带电拆装电缆等。

(4)维修不善。如大风刮断的低压线路未能及时修理;胶盖开关破损长期不修;瓷瓶破裂后火线与拉线长期相碰等。

(5)偶然因素。如大风刮断的电线恰巧落在人体上等。

从以上触电原因分析中可以看出,除了偶然因素外其他的都是可以避免的。

综上所述,电力生产过程中造成触电事故的原因很多,但大多数是违反安全规程造成的。触电不仅危及人身安全,也影响整个电力系统的安全运行,为此,应采取有效的措施预防人身触电事故的发生。

(三)触电事故规律

(1)农村触电事故多于城市。主要原因是农村用电条件差、设备简陋、技术水平低、缺乏安全用电知识等。

(2)季节性明显。一年当中,春冬两季触电事故较少。夏秋两季,特别是7、8、9三个月,触电事故较多,主要原因是这段时期雷雨多,空气湿度大,降低了电气设备的绝缘性能,并且人体多汗,皮肤电阻下降,易导电,衣着单薄,身体裸露部分较多,增加了触电的机会。

(3)单相触电事故多。统计资料表明,单相触电事故占触电事故的70%以上。触电事故多发生在电气连接部位，如分支线、电缆线、灯头、插头、电线接头、熔断器、接触器等处。

（4）低压触电事故多于高压。主要原因是低压电网广、低压设备多、人们接触的机会多。有些人对低压电气设备有麻痹大意思想，设备一旦有缺陷，就易发生触电事故。据资料统计，低压设备引起的触电事故占触电事故总数的80%以上。

（5）与用电环境有密切的关系。在高温高湿、多粉尘及有腐蚀性气体的用电环境中，触电事故极易发生。

三、触电急救

人身触电事故时有发生，但触电并不等于死亡，采取正确的方法快速对触电者进行施救，多数触电者还是能够幸免于难的。

对触电者的施救属于紧急救护，紧急救护通则如下：

（1）紧急救护的根本原则是在现场采取积极措施保护伤员的生命，减轻伤情，减少痛苦，并根据伤情需要，迅速联系医生救治。急救成功的条件是动作快、操作正确，任何拖延和操作错误都会导致伤员的伤情加重或死亡。

（2）要认真观察伤员全身的情况，防止伤情恶化。发现伤员意识不清、瞳孔放大无反应、呼吸和心跳停止时，应立即在现场就地抢救，用心肺复苏法支持呼吸和循环，对脑、心等重要器官供氧。心脏停止跳动后，只有分秒必争地迅速抢救，救活的概率才较大。

（3）现场工作人员都应定期进行培训，从而掌握紧急救护法，会正确脱离电源、会心肺复苏法、会止血、会包扎、会转移搬运伤员、会处理急救外伤或中毒等。

（4）生产现场和经常有人工作的场所应配备急救箱，存放急救用品，并指定专人经常检查、补充或更换。

（5）触电急救应分秒必争，一经明确心跳、呼吸停止的，立即就地迅速用心肺复苏法进行抢救，并坚持不断地进行，同时及早与急救医疗中心联系，争取医务人员接替救治。在医务人员未接替救治前，不应放弃现场抢救，更不能只根据没有呼吸或脉搏的表现，擅自判定伤员死亡，放弃抢救。只有医生有权做出伤员死亡的诊断。与医务人员交接时，应提醒医务人员在触电者转移到医院的过程中不得间断抢救。

（一）脱离电源

触电急救的要领是：抢救迅速、救护得法。当发现有人触电时，首先应使触电者迅速脱离电源，触电时间越久，危险越大，伤害越严重。

脱离电源就是要把触电者接触的那一部分带电设备的所有开关、隔离开关或其他断路器设备断开，或设法将触电者与带电设备脱离。在脱离电源的过程中，救护人员既要救人，又要注意保护自己。触电者未脱离电源前，救护人员不准直接用手接触带电者。

1. 脱离低压电源

脱离低压电源的方法可用“拉、切、挑、拽、垫”来概括。

（1）拉。如果触电地点附近有电源开关或电源插座（头），可立即拉开开关或拔出插头，断开电源。但应注意到拉线开关或部分墙壁开关等只控制一根线的开关，有可能因安装错误切断中性线而没有切断电源的相线。

(2)切。当电源开关、插座或瓷插熔断器距离触电现场较远时,可用带有绝缘手柄的利器切断电源线。切断时应防止带电导线断落触及周围的物体。多芯绞合线应分相切断,以防短路伤人。

(3)挑。若电线搭落在触电者身上或压在触电者身下时,可用干燥的衣服、手套、皮带、木板、木棒等绝缘物体及其他带有绝缘部分的工具,拉开触电者或挑开电线,使触电者脱离电源。

(4)拽。施救者戴绝缘手套用一只手去拽触电者使其脱离电源。拽的过程中严禁触碰触电者的皮肤。

(5)垫。如果电流通过触电者入地,并且触电者紧握导线时,可设法用干燥的木棒塞到其身下使其与地绝缘而切断电流,然后采取其他方法切断电源。

2. 脱离高压电源的方法

(1)立即打电话通知有关部门断电。

(2)戴上绝缘手套、穿上绝缘靴,用相应电压等级的绝缘工具按顺序拉开开关或熔断器。

(3)往架空线路抛挂裸金属软导线,人为造成线路短路,迫使保护装置动作,从而使电源开关跳闸。抛挂前,将短路线的一端先固定在铁塔或接地引线上,另一端系重物。抛掷短路线时,应注意防止电弧伤人或断线危及人员安全,也要防止重物砸伤人。

(4)如果触电者触及断落在地上的带电高压导线,且尚未确证线路无电之前,救护人不可进入断线落地点 8 ~ 10 m 的范围内,以防跨步电压触电。进入该范围的救护人员应穿上绝缘靴或临时双脚并拢跳跃地接近触电者。触电者脱离带电导线后应迅速将其带至 8 ~ 10 m 以外并立即开始触电急救。只有确认线路已经无电,才能在触电者离开触电导线后就地急救。

3. 脱离电源后救护者应注意的事项

(1)救护者不可直接用手、其他金属及潮湿的物体作为救护工具,而应使用适当的绝缘工具。救护者最好用一只手操作,以防自己触电。

(2)防止触电者脱离电源后可能的摔伤,特别是当触电者在高处的情况下,应考虑防止坠落的措施。即使触电者在平地,也要注意触电者倒下的方向,注意防摔。救护者在救护中也要注意自身的坠落、摔伤措施。

(3)救护者在救护过程中,特别是在杆上或高处抢救伤者时,要注意自身和被救者与附近带电体之间的安全距离,防止再次触及带电设备。电气设备、线路的电源即使已断开,对未做安全措施挂上接地线的电源也应视作有电设备。救护者登高时应随身携带必要的绝缘工具和牢固的绳索等。

(二)采用心肺复苏法现场急救

触电者脱离电源以后,现场救护人员应迅速对触电者的伤情进行判定,对症抢救。同时设法联系医疗急救中心的医生到现场接替救治。要根据触电伤员的不同情况,采用不同的急救方法。

1. 触电特征

当接触较小电流时,受击者面色苍白、惊慌、心悸、四肢软弱、全身乏力,休息后可恢复。触电较重时,受击者声音嘶哑、休克、四肢厥冷、慢而软或充盈而硬、呼吸呈鼾声,继而发生抽搐,或长时间痉挛性强直,昏迷死亡电击后,可以立即死亡,也可以在电流长时间作用于机体之后死亡。但是值得注意的是电击常发生假死,即由呼吸停止引起的“电流性昏睡”。主要表现为窒息,如果及时进行心肺复苏,可以挽回生命。电击后,多数情况下在电流入口与出口处会发生电流斑、电烧伤、局部疼痛。有时在电入口周围发生白色电气性水肿,表皮松解。高压电流击伤时,偶尔也会出现电击纹。

2. 触电者伤情的判断

(1)触电者如神志不清,只是心慌,四肢发麻,全身无力,但没有失去知觉,则应使其就地平躺,严密观察,暂时不要站立或走动。

(2)触电者神志不清、失去知觉,但呼吸和心脏尚正常,应使其舒适平卧,保持空气流通,同时立即请医生或送医院诊治。随时观察,若发现触电者出现呼吸困难或心跳失常,则应迅速用心肺复苏法进行人工呼吸或胸外心脏按压。

(3)如果触电者失去知觉,心跳呼吸停止,则应判定触电者是假死症状。触电者若无致命外伤,没有得到专业医护人员证实,不能判定触电死亡,应立即对其进行心肺复苏。

对触电者应在 10 s 内用看、听、试的方法,判定其呼吸、心跳情况:

看——看触电者的胸部,腹部有无起伏动作;

听——用耳贴近触电者的口鼻处,听有无呼吸的声音;

试——试测口鼻有无呼气的气流。再用两手指轻试一侧(左或右)喉结旁凹陷处的颈动脉,试有无搏动。

若看、听、试的结果,既无呼吸又无动脉搏动,可判定呼吸心跳停止。

3. 心肺复苏法

心肺复苏法就是对因急性心肌梗死、突发性心律失常以及意外事故如触电所引起的心跳呼吸骤停的人,在紧急情况时所采取的急救措施。

4. 心肺复苏法实际操作

(1)实施操作前的步骤。首先,判断触电者意识:轻拍触电者面部或肩部,并大声叫喊:“喂,你怎么样啦?”如无反应,说明意识已丧失。再用“看、听、试”的方法判断触电者的呼吸,如“看、听、试”的结果,既无呼吸又无颈动脉搏动,则可判断触电者呼吸停止或心跳停止或心跳呼吸均停止。

当判断触电者呼吸和心跳停止时,应立即按心肺复苏法就地抢救。所谓心肺复苏法就是支持生命的三项基本措施:一是通畅气道;二是口对口(鼻)人工呼吸;三是胸外按压(人工循环)。

然后,立即高声呼救,目的在于呼唤其他人前来帮助救人,并尽快帮助拨打“120”急救电话,向急救中心呼救,使急救医生尽快赶来。

最后,摆正触电者的体位,让触电者仰卧在坚实的平面上,头部不得高于胸部,应与躯干在一个平面上。

(2)畅通气道。触电者呼吸停止,抢救时重要的一环是始终确保气道畅通。如发现其口内有异物,可将其身体及头部同时侧转,迅速用一个手指或用两手指交叉从口角处插入,取出异物。操作中要防止将异物推到咽喉深处。

然后，打开气道。打开气道的目的是使舌根离开咽后壁，使气道畅通。气道畅通后，人工呼吸时提供的氧气才能到达肺部，人的脑组织以及其他重要器官才能得到氧气供应。一般采用仰头抬颌法通畅气道，如图 1-14 所示。救护人用一只手压住触电者前额，另一只手的手指将其额颌骨向上抬起，两手协同将头部推向后仰，舌根自然随之抬起，气道即可畅通；尽量使头部充分后仰最终使下颌角与耳垂之间的连线与地面垂直即可。严禁用枕头或其他物品垫在触电者头下，头部抬起前倾，会更加重气道阻塞，且使胸外按压时流向胸部的血流减少，甚至消失。

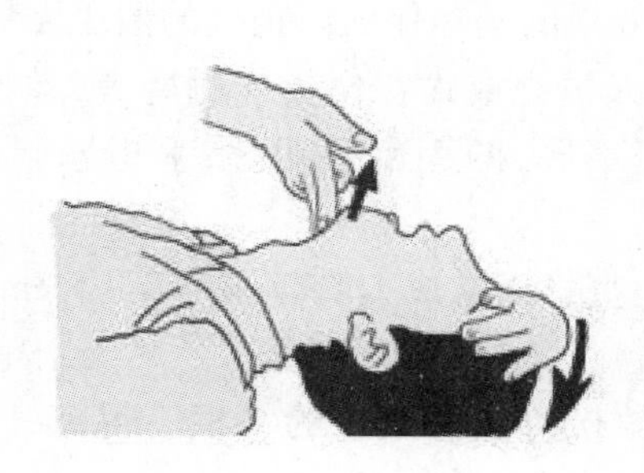

图 1-14　仰头抬颌法

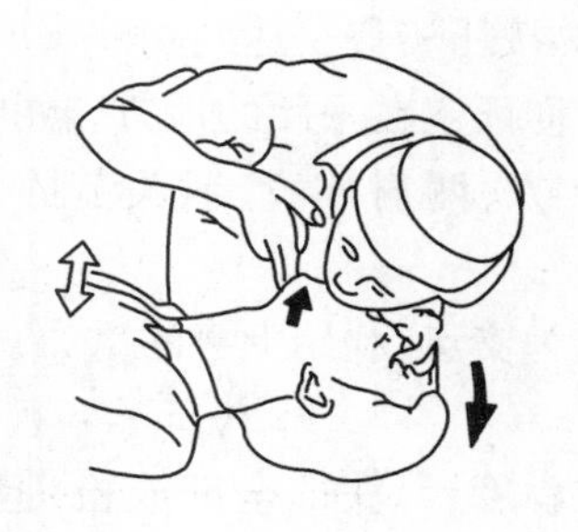

图 1-15　口对口人工呼吸

(3)人工呼吸。在保持触电者气道通畅的同时，救护人员在触电者头部的右边或左边，用一只手捏住触电者的鼻翼，深呼吸，与伤者口对口紧合，在不漏气的情况下，连续大口吹气两次，每次 1～1.5 s，吹气后，口唇离开，并松开捏鼻的手指，使气体呼出，如图 1-15 所示。观察触电者胸部有无起伏，如果吹气时胸部抬起，说明气道畅通，口对口吹气的操作是正确的。如两次吹气后试测颈动脉仍无搏动，可判断心跳已经停止，要立即同时进行胸外按压。

除开始大口吹气两次外，正常口对口(鼻)人工呼吸的吹气量不需过大，但要使触电者胸部膨胀，每 5 s 吹一次(吹 2 s，放松 3 s)；每次吹气量 800～1 200 mL，平均 900 mL，每分钟吹气频率 12～16 次。对触电的小孩，只能小口吹气。

救护人换气时，放松触电者的嘴和鼻，使其自动呼气，吹气时如有较大阻力，可能是头部后仰不够，应及时纠正。

对口腔严重外伤、牙关紧闭的触电者，可采用口对鼻人工呼吸，吹气时要将触电者嘴唇紧闭，防止漏气。

(4)胸外按压。胸外按压是现场急救中使触电者恢复心跳的手段。胸外按压的目的是通过人工的力量，使得心脏被动射血，以带动血液循环。

人工胸外按压法，其原理是用人工机械方法按压心脏，代替心脏跳动，以达到血液循环的目的。凡触电者心脏停止跳动或不规律的颤动可立即用此法急救。

首先，要确定正确的按压位置，如图 1-16 所示。正确的按压位置是保证胸外按压效果的重要前提。确定正确按压位置的步骤：

①右手的食指和中指沿触电者的右侧肋弓下缘向上，找到肋骨和胸骨接合点的中点。

②两手指并齐，中指放在切迹中点(剑突底部)，食指放在胸骨下部。

③左手的掌根紧挨食指上缘，置于胸骨上，即为正确按压位置。

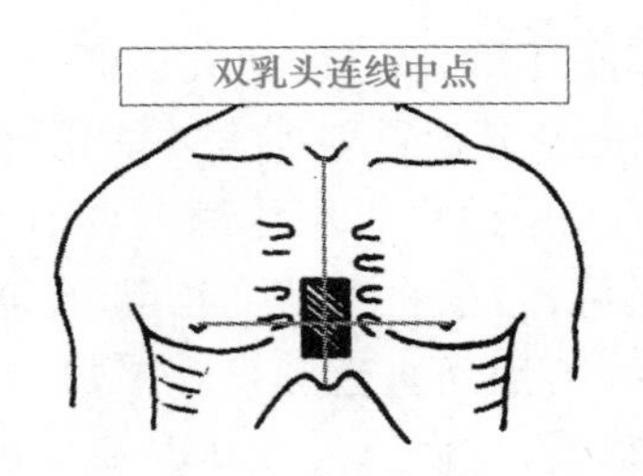

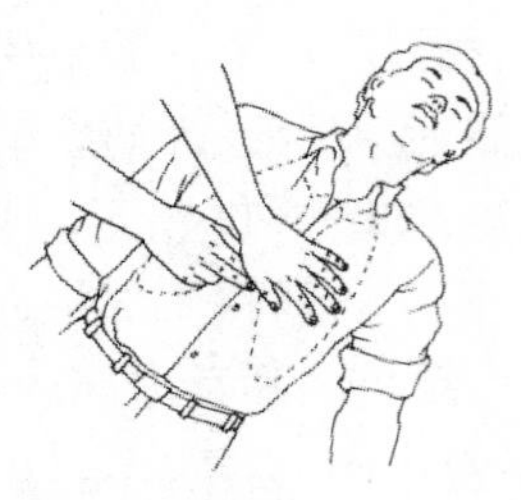

图 1-16　正确的按压姿势

另外，正确的按压姿势是达到胸外按压效果的基本保证。正确的按压姿势为：

①使触电者仰面躺在平硬的地方，救护人员立或跪在伤员一侧肩旁，救护人员的两肩位于伤员胸骨正上方，两肩伸直，肘关节固定不屈，两手掌根相叠，手指翘起，不接触触电者胸壁。

②以髋关节为支点，利用上身的重力，垂直将正常成人胸骨压陷 3～5 cm（儿童和瘦弱者酌减）。

③压至要求程度后，立即全部放松，但放松时救护人员的掌根不得离开胸壁，如图 1-17 所示。

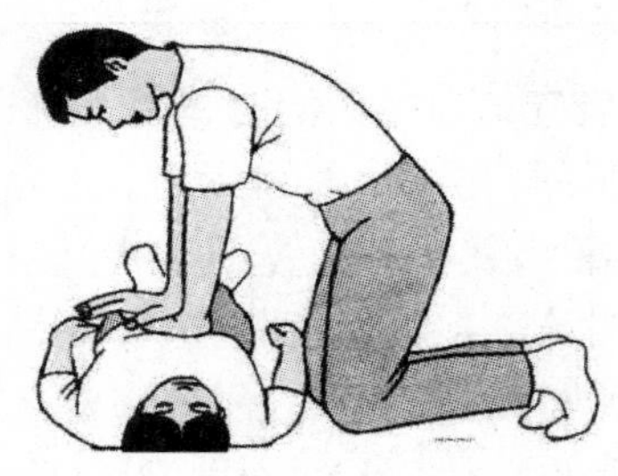

图 1-17　胸外心脏按压的姿势

按压必须有效，有效的标志是按压过程中可以触及颈动脉搏动。其操作频率为：

①胸外按压要以均匀速度进行，每分钟 80～100 次，每次按压和放松的时间相等。

②胸外按压与口对口（鼻）人工呼吸同时进行，其节奏为：单人抢救时，每按压 15 次后吹气两次，反复进行；双人抢救时，每按压 5 次后由另一人吹气 1 次，反复进行。

③按压吹气 1 min 后，应用“看、听、试”的方法在 5～7 s 内完成对伤员呼吸和心跳是否恢复进行判定。若颈动脉已有搏动，但无呼吸，则暂停胸外按压，再进行 2 次口对口人工呼吸，接着每 5 s 吹气 1 次。如脉搏和呼吸均未恢复，则继续坚持心肺复苏法抢救触电者。

（三）现场急救的注意事项

（1）现场急救贵在坚持。

（2）心肺复苏应在现场就地进行。

（3）现场触电急救，对采用肾上腺素等药物应持慎重态度，如果没有必要的诊断设备条件和足够的把握，不得乱用。

（4）对触电过程中的外伤特别是致命外伤（如动脉出血等）也要采取有效的方法处理。

任务三　电气火灾及防护

近几年,国内外时有发生重特大火灾事故,深刻吸取火灾事故教训,切实认清消防安全形势势在必行。消防安全知识培训旨在提高学生的安全意识,掌握基本消防知识和技能,学会预防火灾的发生,以及在火灾发生时能够有效地应对和疏散。

一、消防基本知识

(一)基本概念

1. 消防

消防工作是包括防火与灭火在内的同火灾斗争的一项专门工作。

2. 消防工作方针

消防工作方针是"预防为主,防消结合""以防为主,以消为辅"。

3. 燃烧

燃烧一般指某些可燃物质在较高温度时,与空气(氧)或其他氧化剂进行剧烈化合而发生的放热发光的现象。

4. 火警与火灾

凡在时间或空间上失去控制的燃烧所造成的灾害,都为火灾。失火后能及时扑救而未成灾,这种失火称为火警。按照一次火灾事故所造成的人员伤亡、受灾户数和直接财产损失,火灾等级划分为三类。

(1)具有下列情形之一的火灾,为特大火灾。死亡十人以上(含本数,下同);重伤二十人以上;死亡、重伤二十人以上;受灾五十户以上;直接财产损失一百万元以上。

(2)具有下列情况之一的火灾,为重大火灾。死亡三人以上;重伤十人以上;死亡、重伤十人以上;受灾三十户以上;直接财产损失三十万元以上。

(3)不具有前列两项情形的火灾,为一般火灾。凡在火灾和火灾扑救过程中因烧、摔、砸、炸、窒息、中毒、触电、高温、辐射等原因所致的人员伤亡列入火灾伤亡统计范围,其中死亡以火灾发生后七天内死亡为限;火灾直接财产损失是指被烧毁、烧损、烟熏和灭火中破拆、水渍以及因火灾引起的污染等所造成的损失。

5. 爆炸

爆炸指物质发生剧烈的物理或化学反应,且反应速度不断急剧增加,并在极短的时间内放出大量的能量,产生高温、高压气体,使周围空气猛烈震荡,并伴有巨大声响及破坏力的现象。

6. 电气火灾与爆炸

电气火灾与爆炸指由于电气方面原因形成的火源所引起的火灾和爆炸,如由某种原因造成变压器、电力电缆、油开关的爆炸起火,配电线路短路或过负荷引起的火灾等。

(二)火灾的基本知识

1. 火灾发生的原因

(1)直接原因。

①明火。它是指敞开外露的火焰、火星及灼热的物体等。明火有很高的温度和很大的热量,是引起火灾的主要火源。

②电火花。它是引起易燃气体、蒸气和粉尘着火爆炸的主要火源之一,电火花的来源有开关断开、熔丝熔断、电气短路等。

③雷电。它指雷击时强大的电压、电流所产生的热量以及电火花。

④化学能。它指有些化学反应放出的热量,能引起反应物自燃或导致其他物质的燃烧。

(2)思想、管理上的原因。

①领导重视不够,缺乏必要的安全规章制度或执行制度不严;缺乏定期的安全检查以及经常的教育工作。

②操作人员责任心不强、思想麻痹、违章作业或缺乏安全操作知识,不懂防火、灭火知识。

③设计或工艺方法不妥当,不符合防火安全技术要求。

2. 火灾的发展过程

(1)火灾初起阶段。

产物:水汽、二氧化碳、少量一氧化碳。

温度:火焰温度≥500 ℃,室温略有上升。

(2)火灾发展阶段。

产物:烟、毒性气体。

温度:环境温度可达到500 ℃以上,上层气温达到400~600 ℃导致轰燃。

(3)火灾下降阶段。

产物:氢气、甲烷。

温度:室内温度下降到500 ℃左右,突然引入较多新鲜空气导致爆燃。

(4)熄灭阶段。

火灾发展过程中各发展阶段中的环境温度变化如图1-18所示。

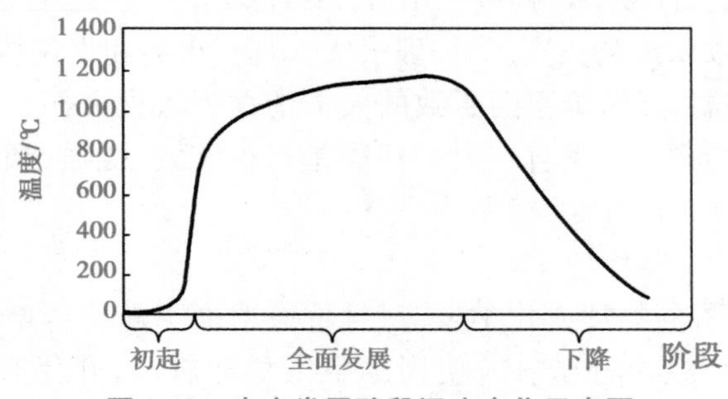

图1-18 火灾发展阶段温度变化示意图

3. 火灾的种类

A类火灾:指固体物质火灾,如木材、棉、毛、麻、纸张等燃烧的火灾。固体物质是火灾中最常见的燃烧对象之一。

B类火灾：指液体火灾或可熔化固体物质火灾，如汽油、煤油、原油、甲醇、乙醇、沥青等燃烧的火灾。

C类火灾：指气体火灾，如煤气、天然气、甲烷、丙烷、乙炔、氢气、甲醇、乙醚、丙酮等可燃气体燃烧的火灾。可燃气体燃烧分为预混燃烧和扩散燃烧。

D类火灾：指金属火灾，如钾、钠、镁、钛、锆、锂、铝镁合金等可燃金属燃烧的火灾。可燃金属燃烧引起的火灾之所以单独作为D类火灾，是因为这些金属在燃烧时，燃烧释放的热量很大，为普通燃料的5～20倍，火焰温度很高，有的甚至达到3 000 ℃以上，并且在高温下金属性质特别活泼，使常用灭火剂失去作用，必须采用特殊的灭火剂灭火。

E类火灾：（带电火灾）指物体带电燃烧的火灾。

4. 物质燃烧的条件

燃烧不是随便就可以发生的，必须同时具备以下三个条件（简称“燃烧三要素”）才能发生：

（1）有可燃物。不论固体、液体、气体，凡能与空气中的氧或其他氧化剂起剧烈反应的物质，一般都称为可燃物。如木材、汽油、酒精、氢气、乙炔、钠、镁等。

（2）有助燃物。凡能帮助和支持燃烧的物质称为助燃物，如空气（氧）、氯、溴、高锰酸钾、氯酸钾等。一般空气中的氧含量为21%，经试验测定，当空气中氧含量低于14%～18%时，可燃物一般不会燃烧。

（3）有着火源。凡能引起可燃物质燃烧的热能源称为着火源。如明火、摩擦、电火花聚集的日光等。

可燃物和助燃物的相互反应是燃烧的内因；适当的温度，即达到燃点的温度是燃烧的外因。只要可燃物和助燃物结合，受到着火源的激发，便会发生燃烧。缺少其中任意一个条件都不会发生燃烧。

5. 防火的基本方法

根据物质燃烧的条件和灭火实践经验，防止火灾的基本方法是控制可燃物、隔绝空气、消除着火源、阻止火势及爆炸波的蔓延，具体内容见表1-3。

表1-3　四种防火方法

防火方法	防火原理	具体措施方法举例
控制可燃物	破坏燃烧的基础或缩小燃烧范围	①限制单位储运量；破坏燃烧的基础。 ②加强通风，降低可燃气体、粉尘的浓度至爆炸下限以下。 ③用防火涂料浸涂可燃材料。 ④及时清除洒漏在地面或染在车船体上的可燃物等
隔绝空气	破坏燃烧的助燃条件	①密封有可燃物质的容器设备。 ②将钠存放在煤油中，黄磷存放在水中，二硫化碳用水封存，镍储存在酒精中等

续表

防火方法	防火原理	具体措施方法举例
消除着火源	破坏燃烧的激发能源	①危险场所禁止吸烟、穿带钉子的鞋、用油气灯照明，应采用防爆灯及开关。 ②经常润滑轴承，防止摩擦生热。 ③涂白漆，防日光直射。 ④接地防静电。 ⑤安装避雷针防雷击
阻止火势及爆炸波的蔓延	不使新的燃烧条件形成，防止火灾扩大，减少火灾损失	①在可燃气体管路上安装阻火器、安全水封。 ②有压力的容器设备安装防爆膜、安全阀。 ③在建筑物之间留防火间距，筑防火墙。 ④危险货物车厢与机车隔离

6. 灭火的基本方法

一切灭火措施，都是为了破坏已经燃烧的一个或几个燃烧的必要条件，从而使燃烧停止，具体方法见表1-4。

表1-4 灭火的基本方法

灭火方法	灭火原理	具体措施方法举例
隔离法	使燃烧物和未燃烧物隔离，限定灭火范围	①搬迁未燃烧物。 ②拆除毗邻燃烧处的建筑物、设备等。 ③断绝燃烧气体、液体的来源。 ④放空未燃烧的气体。 ⑤抽走未燃烧的液体或放入事故槽。 ⑥堵截流散的燃烧液体等
窒息法	稀释燃烧区的氧量，隔绝新鲜空气进入燃烧区	①往燃烧物上喷射氮气、二氧化碳。 ②往燃烧物上喷洒雾状水、泡沫。 ③用砂土埋燃烧物。 ④用石棉被、湿麻袋捂盖燃烧物。 ⑤封闭着火的建筑物和设备孔洞等
冷却法	降低燃烧物的温度于燃点之下，从而停止燃烧	①用水喷洒冷却。 ②用砂土埋燃烧物。 ③往燃烧物上喷泡沫。 ④往燃烧物上喷二氧化碳等

（三）电力系统中防火防爆的重要意义

在电力系统中，防火防爆工作是一项十分重要的工作，各企业常把防止火灾事故当作反事故重点来对待，这是由于电力系统机构庞大，发电、输电、变电、配电、用电五个环节节节相扣、紧密相关，其技术密集、设备贵重、内在联系紧密。在电力生产过程中使用和储存了大量多种可燃液体、气体、易燃粉尘、固体燃料和高温高压设备，高温管道、传输电缆密布于各个角落。因此，引发火灾发生的概率极高。在各电厂、变电站除了设备本身的缺陷外，设计不合理、安装不当、调试不准确、检修不到位、绝缘损坏老化以及电气设备和线路在运行中导体的过载过热、电弧或电火花的产生都会引起爆炸和火灾。为保障电力系统的正常安全运行，消防环节首当其冲。

实例 1

2023 年 3 月 27 日，河北省沧县一废弃冷库在拆除过程中发生重大火灾事故，造成 11 人死亡，1 人受伤，直接经济损失约 1 323 万元。主要问题：施工单位、拆除现场负责人无相应资质，未对拆除物的实际状况、周边环境、防护措施等进行风险排查，未能及时发现现场存在的火灾风险；不具备安全管理能力，没有拆除冷库的经验，未对气割区域内的可燃物采取任何安全防护措施，未安排人现场监护，也未配备任何消防器材；临时雇佣施工人员，三组不同工种工人同时交叉作业，现场动火施工的 6 人未取得相应资格证件，未接受过安全教育培训，安全意识缺失，违规动火，冒险作业，造成重大人员伤亡。

实例 2

2023 年 4 月 17 日，浙江省金华市武义县伟嘉利工贸有限公司厂房发生重大火灾事故，共造成 11 人死亡。主要问题：两栋厂房以丁类性质申报消防审批，擅自改变使用功能，实际主要用于木门、铜门等产品生产、仓储，存在喷漆等工艺段，部分火灾危险性为甲类，与建筑消防安全设计不符，建筑防火、消防设施等不符合实际要求；厂房随意分隔出租，一层一厂，甚至一层多厂，未明确厂区消防安全管理责任人和管理人，未建立统一的消防安全管理组织，未明确承租各方消防责任，消防安全责任不清、管理混乱，起火后无人组织各承租企业员工疏散逃生，一层企业员工发现起火后，无人通知三层企业员工逃生；电焊人员实施电焊作业操作时，未落实动火作业安全管理措施，未落实人员看护，未对周边可燃物实施清理，发现起火后也未采取有效扑救措施。

实例 3

2023 年 4 月 18 日 12 时 57 分，北京市丰台区北京长峰医院发生重大火灾事故，造成 29 人死亡。事故系医院住院部内部改造施工作业过程中产生的火花引燃现场可燃涂料的挥发物所致。包括医院院长、副院长、项目施工负责人、现场作业人员等 15 人因涉嫌重大责任事故罪，已被公安机关依法刑事拘留，最高人民检察院、国务院安全生产委员会对北京长峰医院重大火灾事故案挂牌督办。

实例 4

2023 年 5 月 7 日 11 时 54 分，位于山西省吕梁市临县临泉镇的湫河花苑小区 1 号楼发生火灾，造成 5 人死亡，过火面积约 100 m^2，直接经济损失 840. 42 万元。吕梁市人民政府公布该起事故的调查报告，经调查分析认定临县临泉镇湫河花苑小区 1 号楼“5 · 7”火灾事故是一起因工程质量原因引起的较大责任事故。

从以上实例可以看出，火灾无论对设备、人身、企业和社会都带来巨大损失，因此各行各业一定要重视防火防爆工作，把防火作为工作重心，始终坚守预防为主，当生产生活中一旦灾情发生，要争分夺秒地进行灭火工作。

(四)《中华人民共和国刑法》及《中华人民共和国消防法》

《中华人民共和国刑法》中有关消防内容的条文有：

《中华人民共和国刑法》第一百一十八条规定，破坏电力、燃气或者其他易燃易爆设备，危害公共安全，尚未造成严重后果的，处三年以上十年以下有期徒刑。

《中华人民共和国刑法》第一百一十九条规定，破坏交通工具、交通设备、电力设备、燃气设备、易燃易爆设备，造成严重后果的，处十年以上有期徒刑、无期徒刑或者死刑。

《中华人民共和国刑法》第一百三十六条规定，违反爆炸性、易燃性、放射性、毒害性、腐蚀性物品的管理规定，在生产、储存、运输、使用中发生重大事故，造成严重后果的，处三年以下有期徒刑或者拘役；后果特别严重的，处三年以上七年以下有期徒刑。

《中华人民共和国消防法》中的相关条文有：

《中华人民共和国消防法》第六十二条规定，有下列行为之一的，依照《中华人民共和国治安管理处罚法》的规定处罚：

(1)违反有关消防技术标准和管理规定生产、储存、运输、销售、使用、销毁易燃易爆危险品的。

(2)非法携带易燃易爆危险品进入公共场所或者乘坐公共交通工具的。

(3)谎报火警的。

(4)阻碍消防车、消防艇执行任务的。

(5)阻碍消防救援机构的工作人员依法执行职务的。

《中华人民共和国消防法》第六十三条规定，违反本法规定，有下列行为之一的，处警告或者五百元以下罚款；情节严重的，处五日以下拘留：

(1)违反消防安全规定进入生产、储存易燃易爆危险品场所的。

(2)违反规定使用明火作业或者在具有火灾、爆炸危险的场所吸烟、使用明火的。

《中华人民共和国消防法》第六十四条规定，违反本法规定，有下列行为之一，尚不构成犯罪的，处十日以上十五日以下拘留，可以并处五百元以下罚款；情节较轻的，处警告或者五百元以下罚款：

(1)指使或者强令他人违反消防安全规定，冒险作业的。

(2)过失引起火灾的。

(3)在火灾发生后阻拦报警，或者负有报告职责的人员不及时报警的。

(4)扰乱火灾现场秩序，或者拒不执行火灾现场指挥员指挥，影响灭火救援的。

(5)故意破坏或者伪造火灾现场的。

(6)擅自拆封或者使用被消防救援机构查封的场所、部位的。

二、常用灭火器的使用方法

灭火器是一种可由人力移动的轻便灭火器具，它能在其内部压力的作用下，将所充装的灭火剂喷出，用来扑救初起火灾，控制火势的蔓延。灭火器种类繁多，其适用范围也有所不同，只有正确选择灭火器的类型，掌握使用方法，才能有效地扑救不同种类的火灾，达到预期的效果。

我国现行的国家标准将灭火器分为手提式灭火器(总质量不大于20 kg)和车推式灭火器(总质量不大于40 kg以上)。常见的灭火器主要有泡沫型灭火器、二氧化碳灭火器、干粉灭火器、卤代烷型灭火器和水型灭火器等。

(一)灭火器的分类与识别

1. 灭火器分类

(1)灭火器按充装的灭火剂类型可分为以下五类:

①干粉类灭火器。此类灭火器充装的灭火剂主要有两种,即碳酸氢钠和磷酸铵盐。干粉灭火器是比较常用的灭火器。

②二氧化碳灭火器。

③泡沫型灭火器。

④水型灭火器。

⑤卤代烷型灭火器(俗称"1211灭火器"和"1301灭火器")。

(2)灭火器按驱动灭火器的压力形式可分为以下三类:

①化学反应式灭火器。灭火剂由灭火器内化学反应产生的气体压力驱动的灭火器。

②贮气式灭火器。灭火剂由灭火上的贮气瓶释放的压缩气体的或液化气体的压力驱动的灭火器。

③贮压式灭火器。灭火剂由灭火器同一容器内的压缩气体或灭火器的压力驱动的灭火器。

目前主要采用贮压式灭火器,其他两种方式已经淘汰。

2. 常见灭火器标志的识别

灭火器铭牌常贴在筒身或印刷在筒身上,并应有下列内容,在使用前应详细阅读。

(1)灭火器的名称、型号和灭火剂类型。如MT灭火器即二氧化碳灭火器,其中第一个字母M代表灭火器,第二个字母代表灭火剂类型,T是指二氧化碳灭火剂。

(2)灭火器的灭火种类和灭火级别。需要特别注意的是,对不适应的灭火种类,其用途代符号是被红线画掉的。

(3)灭火器的使用温度范围。

(4)灭火器驱动器气体的名称和数量。

(5)灭火器生产许可证编号或认可标记。

(6)生产日期、制造厂家名称。

(二)灭火器灭火原理

1. 干粉灭火器

干粉灭火器内充装的是干粉灭火剂。干粉灭火剂是干燥且易于流动的微细粉末,由具有灭火效能的无机盐和少量添加剂经干燥、粉碎、混合而成微小的细固体粉末组成。它是一种在消防中得到广泛应用的灭火剂,且主要用于灭火器中。

除扑救金属火灾的专用干粉化学灭火剂外,干粉灭火剂一般分为BC类干粉灭火剂和ABC干粉灭火剂两大类。如BC类干粉(碳酸氢钠干粉)、改性钠盐干粉、钾盐干粉、磷酸氢二铵干粉、磷酸氢二铵干粉、磷酸干粉、氨基干粉和ABC干粉(磷酸铵盐干粉)灭火剂等。

(1)BC干粉灭火器。这类灭火器充有BC类干粉,可以扑灭B类火灾。适用于易燃、可燃液体、气体及带电设备的初起火灾,不适合固体类物质火灾。因此,在配电房、厨房、机房等易发生可燃液体气体火灾和带电火灾的场所,可配备BC类干粉灭火器。当然,此类场所也可配备ABC干粉灭火器。

(2)ABC干粉灭火器。ABC干粉(磷酸铵盐干粉)灭火器是一种新型干粉灭火器,采用全硅化防潮工艺。它具有流动性好、存储期长、不易受潮结块、绝缘性好等特点,能扑救各种固体、易燃液体、可燃气体和电气设备的初起火灾;还能有效扑救木材、纸张、纤维等A类固体物质火灾。该类灭火器是飞机、船舶、车辆、仓库、工厂、油库、学校、商店、饭店及家庭等场所必备的消防器材,但不得用于扑救轻金属材料火灾。

干粉灭火剂主要通过在加压气体作用下喷出的粉雾与火焰接触、混合时发生的物理、化学作用灭火。一是靠干粉中的无机盐的挥发性分解物,与燃烧过程中燃料所产生的自由基或活性基团发生化学抑制和副催化作用,使燃烧的链式反应中断而灭火;二是靠干粉的粉末落在可燃物表面外,发生化学反应,并在高温作用下形成一层玻璃状覆盖层,从而隔绝氧,进而窒息灭火。另外,还有部分稀释氧和冷却作用。

外挂式储压式干粉灭火器的开启方法为压把法,将灭火器提到距火源燃烧点适当距离(2~3 m)处(如在室外,应选择站在上风方向),放下灭火器。先上下颠倒几次,使筒内的干粉松动,除掉铅封,将开启把上的保险销拔下,然后握住喷射软管前端喷嘴部对准燃烧最猛烈处,另一只手将开启压把压下,灭火剂便会喷出灭火。在使用灭火器时,一只手应始终压下压把,不能放开,否则会中断喷射。

如果储气瓶的开启是手轮式的,则可用旋转法开启。开启干粉灭火器时,左手握住其中部,将喷嘴对准火焰根部,右手拔掉保险卡,逆时针方向旋转开启旋钮,并旋到最高位置,打开贮气瓶,滞时1~4 s,干粉便会喷出灭火。

用干粉灭火器扑救可燃易燃液体火灾时,应对准火焰根部扫射,如果被扑救的液体火灾呈流淌燃烧时,应对准火焰根部由近而远,并左右扫射,直至把火焰全部扑灭。如果可燃液体在容器内燃烧,使用者应对准火焰根部左右晃动扫射,使喷射出的干粉流覆盖整个容器开口表面,当火焰被“赶”出容器时,使用者仍应继续喷射,直至将火焰全部扑灭。在扑救容器内可燃液体火灾时,应注意不能将喷嘴直接对准液面喷射,防止喷流的冲击力使可燃液体溅出而扩大火势,造成灭火困难。如条件许可,使用者可提着灭火器沿着燃烧物四周边走边喷,使干粉灭火剂均匀地喷在燃烧物的表面,直至将火焰全部扑灭。如果可燃液体在金属容器中燃烧时间过长,容器的壁温已高于扑救可燃液体的自燃点,此时极易造成灭火后再复燃的现象,若与泡沫类灭火器联用,则灭火效果更佳。

2. 二氧化碳灭火器

二氧化碳灭火剂是一种具有一百多年历史的灭火剂,价格低廉,获取、制备容易,其主要依靠窒息作用和部分冷却作用灭火。二氧化碳具有较高的密度,约为空气的1.5倍。在常压下,液态的二氧化碳会立即汽化,一般1 kg的液态二氧化碳可产生约0.5 m^3 的气体。

因而,灭火时二氧化碳气体可以排除空气而包围在燃烧物体的表面或分布于较密闭的空间中,降低可燃物周围或防护空间内的氧浓度,产生窒息作用而灭火。另外,二氧化碳从储存容器中喷出时,会由液体迅速汽化成气体,而从周围吸引部分热量,起到冷却的作用。

二氧化碳灭火器是以高压气瓶内储存的二氧化碳气体作为灭火剂进行灭火,二氧化碳灭火后不留痕迹,主要用于扑救贵重设备、档案资料、仪器仪表、600 V 以下电气设备及油类的初期火灾,但不可用它扑救钾、钠、镁、铝等物质火灾。

在使用时,应首先将灭火器提到起火地点附近(相距 4 ~ 5 m),放下灭火器,拔出保险销,一只手握住喇叭筒根部的手柄,另一只手紧握启闭阀的压把。对没有喷射软管的二氧化碳灭火器,应把喇叭筒往上扳 70° ~ 90°。使用时,不能直接用手抓住喇叭筒外壁或金属连接管,防止手被冻伤。在室外使用二氧化碳灭火器时,应选择上风方向喷射;在室内窄小空间使用二氧化碳灭火器时,灭火后操作者应迅速离开,以防窒息。

3. 1211 灭火器

1211 灭火器是一种高效灭火剂。灭火时不污染物品,不留痕迹,特别适用于扑救精密仪器、电子设备、文物档案资料等。其灭火原理也是抑制燃烧的链式反应,也适宜于扑救油类火灾。

1211 灭火器使用时要首先拔掉保险销,然后握紧压把开关,即有药剂喷出。使用时灭火筒身要垂直,不可平放和颠倒使用。其射程较近,喷射时要站在上风处,接近着火点,对着火源根部扫射,向前推进,要注意防止回头复燃。

1211 灭火器每三个月要检查一次氮气压力,每半年要检查一次药剂重量、压力,药剂重量若减少 10% 时,应重新充气、灌药。

1211 推车灭火器使用方法同干粉灭火器。

1211 灭火器有效射程:1 kg 射程 2. 5 m,2 ~ 3 kg 射程 3. 5 m,4 kg 射程 4. 5 m,时间 8 s。1211 推车灭火器有效射程:25 kg 射程 8 m,时间 20 s,40 kg 射程 8 m,时间 25 s。

4. 泡沫灭火器

泡沫灭火器是一种用于灭火的消防设备,通过喷射泡沫剂来扑灭火源。泡沫灭火器的工作原理是通过将泡沫剂喷射到火源上,从而形成一层覆盖物,阻止火源与氧气接触,以实现灭火的目的。它最适宜扑救液体火灾,不能扑救水溶性可燃、易燃液体的火灾(如醇酯、醚、酮等物质)和电器火灾。

泡沫灭火器使用时先用手指堵住喷嘴将筒体上下颠倒两次,就有泡沫喷出。对于油类火灾,不能对着油面中心喷射,以防着火的油品溅出,顺着火源根部的周围,向上侧喷射,逐渐覆盖油面,将火扑灭。使用时不可将筒底筒盖对着人体,以防万一发生危险。

筒内药剂一般每半年,最迟一年换一次,冬夏季节要做好防冻、防晒保养。

泡沫推车的使用。先将推车推到火源近处,展直喷射胶管,将推车筒体稍向上活动,转开手轮,扳直阀门手柄,手把和筒体立即触地,将喷枪头直对火源根部周围,覆盖重点火源。

泡沫灭火器 10 L 射程 5 m,时间 35 s;65 L 射程 9 m,时间 150 s。

5. 清水灭火器

清水灭火器喷出的灭火剂主要是水,与酸碱灭火器作用相同,使用时不用颠倒筒身,先取下安全帽,然后用力打击凸头,就有水从喷嘴喷出。它主要是起冷却作用,只能扑救一般固体火灾(如竹木、纺织品等),不能扑救液体及电器火灾。

(三)不同类型火灾灭火器的选择

(1)A类火灾场所应选择水型灭火器、磷酸铵盐干粉灭火器、泡沫灭火器或卤代烷灭火器。

(2)B类火灾场所应选择泡沫灭火器、碳酸氢钠干粉灭火器、磷酸铁盐干粉灭火器、二氧化碳灭火器、灭B类火灾的水型灭火器或卤代烷灭火器。极性溶剂的B类火灾场所应选择灭B类火灾的抗溶性灭火器。

(3)C类火灾场所应选择磷酸铵盐干粉灭火器、碳酸氢钠干粉灭火器、二氧化碳灭火器或卤代烷灭火器。

(4)D类火灾场所应选择扑灭金属火灾的专用灭火器。

(5)E类火灾场所应选择磷酸铵盐干粉灭火器、碳酸氢钠干粉灭火器、卤代烷灭火器或二氧化碳灭火器,但不得选用装有金属喇叭喷筒的二氧化碳灭火器。

三、电气火灾和爆炸的原因

(一)电气火灾和爆炸的原因

电气火灾和爆炸通常在火灾、爆炸事故中占有很大的比例。如线路、电动机、开关等电气设备都可能引起火灾。变压器等带油电气设备除了可能发生火灾,还有爆炸的危险。造成电气火灾与爆炸的原因很多。除设备缺陷、安装不当等设计和施工方面的原因外,电流产生的热量和火花或电弧是引发火灾和爆炸事故的直接原因。

1. 过热

电气设备过热主要是由电流产生的热量造成的。导体的电阻虽然很小,但其电阻总是客观存在的。因此,电流通过导体时要消耗一定的电能,这部分电能转化为热能,使导体温度升高,并使其周围的其他材料受热。对于电动机和变压器等带有铁磁材料的电气设备,除电流通过导体产生的热量外,还有在铁磁材料中产生的热量。因此,这类电气设备的铁芯也是一个热源。

当电气设备的绝缘性能降低时,绝缘材料的泄漏电流增加,也可能导致绝缘材料温度升高。

由上面的分析可知,电气设备运行时总是要发热的,但是设计、施工正确及运行正常的电气设备,其最高温度和其与周围环境温差(即最高温升)都不会超过某一允许范围。例如,裸导线和塑料绝缘线的最高温度一般不超过70 ℃。也就是说,电气设备正常的发热是允许的。但当电气设备的正常运行遭到破坏时,发热量要增加,温度升高,达到一定条件可能引起火灾。

引起电气设备过热的不正常运行大体包括以下五种情况:

(1)短路。发生短路时,线路中的电流增加为正常时的几倍甚至几十倍,设备温度急剧上升,大大超过允许范围。如果温度达到可燃物的自燃点,即引起燃烧,从而导致火灾。引起短路的几种常见情况有:电气设备的绝缘老化变质,或受到高温、潮湿或腐蚀的作用失去绝缘能力;绝缘导线直接缠绕、钩挂在铁钉或铁丝上时,由于磨损和铁锈蚀,使绝缘破坏;设备安装不当或工作疏忽，使电气设备的绝缘受到机械损伤；雷击等过电压的作用，电气设备的绝缘可能遭到击穿；在安装和检修工作中，因接线和操作的错误等。

（2）过载。过载会引起电气设备发热，造成过载的原因大体上有以下两种情况：一是设计时选用线路或设备不合理，以致在额定负载下产生过热；二是使用不合理，即线路或设备的负载超过额定值，或连续使用时间过长，超过线路或设备的设计能力，由此造成过热。

（3）接触不良。接触部分是发生过热的一个重点部位，易造成局部发热、烧毁。有下列几种情况易引起接触不良：不可拆卸的接头连接不牢、焊接不良或接头处混有杂质，都会增加接触电阻而导致接头过热；可拆卸的接头连接不紧密或由于震动变松，也会导致接头发热；活动触头，如隔离开关的触头、插头的触头、灯泡与灯座的接触处等活动触头，如果没有足够的接触压力或接触表面粗糙不平，会导致触头过热；对于铜铝接头，由于铜和铝电性不同，接头处易因电解作用而腐蚀，从而导致接头过热。

（4）铁芯发热。变压器、电动机等设备的铁芯，如果铁芯缘损坏或承受长压，涡流损耗和磁滞损耗将增加，使设备过热。

（5）散热不良。各种电气设备在设计和安装时都要考虑有一定的散热或通风措施，如果这些部分受到破坏，就会造成设备过热。此外，电炉等直接利用电流的热量进行工作的电气设备，工作温度都比较高，如安置或使用不当，均可能引起火灾。

2. 电火花和电弧

一般电火花的温度都很高，特别是电弧，温度可高达 3 000 ~ 6 000 ℃，因此，电火花和电弧不仅能引起可燃物燃烧，还能使金属熔化、飞溅，构成危险的火源。在有爆炸危险的场所，电火花和电弧更是引起火灾和爆炸的一个十分危险的因素。

电火花大体包括工作火花和事故火花两类。

（1）工作火花是指电气设备正常工作时或正常操作过程中产生的。如开关或接触器开合时产生的火花、插销拔出或插入时的火花等。

（2）事故火花是线路或设备发生故障时出现的。如发生短路或接地时出现的火花、绝缘损坏时出现的闪光、导线连接松脱时的火花、保险丝熔断时的火花、过电压放电火花、静电火花以及修理工作中错误操作引起的火花等。

此外，还有因碰撞引起的机械性质的火花；灯泡破碎时，炽热的灯丝有类似火花的危险作用。

（二）电气火灾的特点

电气火灾与一般性火灾相比，有两个突出的特点：

（1）着火后电气装置可能仍然带电，且因电气绝缘损坏或带电导线断落等发生接地短路事故，在一定范围内存在着危险的接触电压和跨步电压。灭火时如不注意或未采取适当的安全措施，会引起触电伤亡事故。

（2）有些充油电气设备本身充有大量的油，如变压器、油开关、电容器等，受热后有可能喷油，甚至爆炸，造成火灾蔓延并危及灭火人员的安全。

所以，扑灭电气火灾，应根据起火的场所和电气装置的具体情况，采取适当的方法，以保证灭火人员的安全及灭火工作有效、顺利地进行。

(三)任务实施

根据电气火灾和爆炸形成的主要原因,电气火灾应主要从以下几个方面进行预防。

1. 排除可燃易爆物质

(1)防止可燃易爆物质的泄漏。

(2)充分通风。

2. 排除各种电气着火源

(1)排除电气线路产生着火源,要合理选用电气设备和导线,不要使其超负载运行。

(2)合理选用电气设备防护形式。

(3)按规范安装危险场所的电气设备。

(4)在安装开关、熔断器或架线时应避开易燃物,并与易燃物保持必要的防火间距。

(5)保持电气设备与危险场所的安全距离。

(6)确保电气设备正常运行,保持电气设备的通风良好,散热效果好。特别注意线路或设备连接处的接触保持正常运行状态,以避免因连接不牢或接触不良,使设备过热。

(7)电气设备可靠接地或接零。

(8)合理应用保护装置。

(9)要定期清扫电气设备,保持设备清洁。

(10)加强对设备的运行管理。要定期检修、试验,防止绝缘损坏等造成短路。

3. 变配电所建设注意防火要求

(1)电气用建筑采用耐火材料。

(2)隔离充油设备。

(3)充油设备装设储油和排油设施。

(4)变配电室设置安全防护门。

(5)生产现场设置消防设备。

4. 人体防止和消除静电

(1)保持空气湿度。

(2)尽量避免化纤衣物。

(3)采用负离子梳子梳头。

(4)轻触金属物品。

四、电气火灾的扑救

电气火灾对国家和人民生命财产有很大威胁,因此,应贯彻预防为主的方针,防患未然,同时,还要做好扑救电气火灾的充分准备。用电单位发生电气火灾时,应立即组织人员使用正确方法进行扑救,同时向消防部门报警。

(一)扑灭电气火灾的安全措施

发生电气火灾时,应尽可能先切断电源,而后再灭火,以防人身触电,切断电源应注意以下四点:

(1)停电时,应按规程所规定的程序进行操作,防止带负荷拉闸。

(2)切断带电线路电源时,切断点应选择在电源侧的支持物附近,以防导线断落后触及人体或短路。

(3)夜间发生电气火灾,切断电源时,应考虑临时照明问题,以利于扑救。如需要供电部门切断电源时,应及时联系。

(4)如果火势已威胁邻近电气设备时,应迅速断开相应的开关。

(二)扑救电气火灾的特殊安全措施

发生电气火灾,如果由于情况危急,为争取灭火时机,或因其他原因不允许和无法及时切断电源时,就要带电灭火。为防止人身触电,应注意以下几点:

(1)发生电线断落时,应设立相应的警戒区域,禁止无关人员进入。扑救人员与带电部分应保持足够的安全距离,同时做好接地保护和个人安全防护。无防护触电装备的其他救援人员,要防止与地面水流接触,发生触电事故。

(2)高压电气设备或线路发生接地,在室内,扑救人员不得进入故障点 4 m 以内的范围;在室外,扑救人员不得进入故障点 8 m 以内的范围;进入上述范围的扑救人员必须穿绝缘靴。

(3)应使用不导电的灭火剂,如二氧化碳和化学干粉灭火剂,因泡沫灭火剂导电,在带电灭火时严禁使用。

(4)当救援人员身体处于漏电区域时,防止产生跨步电压。

(三)电气火灾扑救时电源的切断

电气设备发生火灾时为了防止触电事故,一般都在切断电源后才进行扑救。当断电灭火电气设备发生火灾或引燃附近可燃物时,首先要切断电源。电源切断后,扑救方法与一般火灾扑救基本相同。

(1)电气设备发生火灾后,要立即切断电源,如果要切断整个车间或整个建筑物的电源时,可在变电站、配电室断开主开关。在自动空气开关或油断路器等主开关没有断开前,不能随便拉隔离开关,以免产生电弧发生危险。

(2)发生火灾后,用隔离开关切断电源时,如果隔离开关在发生火灾时受潮或烟熏,其绝缘强度会降低,切断电源时,最好用绝缘的工具操作。

(3)切断用磁力起动器控制的电动机时,应先用接钮开关停电,然后再断开隔离开关,防止带负荷操作产生电弧伤人。

(4)在动力配电盘上,只用作隔离电源而不用作切断负荷电流的隔离开关或瓷插式熔断器,称为总开关或电源开关。切断电源时,应先用电动机的控制开关切断电动机回路的负荷电流,停止各个电动机的运转,然后再用总开关切断配电盘的总电源。

(5)当进入建筑物内,用各种电气开关切断电源已经比较困难,或者已经不可能时,可以在上一级变配电站切断电源。这种要影响较大范围供电时,或处于生活居住区的杆上变电台供电时,有时需要采取剪断电气线路的方法来切断电源。如需剪断对地电压在 250 V 以下的线路时,可穿戴绝缘靴和绝缘手套,用断电剪将电线剪断。

切断电源的地点要选择适当,剪断的位置应在电源方向的支持物附近,防止导线剪断后跌落在地上,造成电击或接地短路面触电伤人。

对三相线路的非同相电线应在不同部位错位剪断,防止线路发生短路。在剪断扭缠在一起的合股线时,要防止两股以上合剪,否则会造成短路事故。

(6)城市生活居住区的杆上变电台上的变压器和农村小型变压器的高压侧,多用跌落式熔断器保护。如果需要切断变压器的电源时,可以用电工专用的绝缘杆捅跌落式熔断器的鸭嘴,熔丝管就会跌开下来,达到断电的目的。

(7)电容器和电缆在切断电源后,仍可能有残余电压,因此,即使可以确定电容器或电缆已经切断电源,但为了安全起见,仍不能直接接触或搬动电缆和电容器,以防发生触电事故。

(四)带电灭火

有时在危急的情况下来不及断电,或由于生产其他原因不允许断电(如等待切断电源后再进行扑救,就会有火势蔓延扩大的危险),这时为了取得扑救的主动权,扑救就需要在带电的情况下进行。带电灭火时应注意以下几点:

(1)必须在确保安全的前提下进行,应用不导电的灭火剂如干粉、二氧化碳、1211、1301等进行灭火。不宜直接用导电的灭火剂如直射水流、泡沫等进行喷射,否则会造成触电事故。

(2)使用小型二氧化碳、1211、1301、干粉灭火器灭火时由于其射程较近,要注意保持一定的安全距离。

(3)要保持人及所使用的导电消防器材与带电体之间的足够的安全距离,扑救人员应戴绝缘手套。用水灭火时,水枪喷嘴至带电体的距离为:110 kV 及以下不小于 3 m;220 kV 及以下不小于 5 m。用不导电灭火剂灭火时,喷嘴带电体的最小距离为:10 kV 不小于 0.4 m;35 kV 不小于 0.6 m。

(4)对架空线路等空中设备进行灭火时,人与带电体之间的仰角不应超过 45°,而且应站在线路外侧,防止电线断落后触及人体。

(5)在灭火人员使用绝缘手套和绝缘靴、水枪喷嘴安装接地线的情况下,可以采用喷雾水枪灭火。用喷雾水枪带电灭火时,通过水柱的泄漏电流较小,比较安全。若用直流水枪灭火,通过水柱的泄漏电会威胁人身安全。为此,直流水枪的喷嘴应接地,灭火人员应戴绝缘手套、穿绝缘靴和均压服。均压服又称屏蔽服,是根据法拉第笼的屏蔽原理,用金属丝和蚕丝混合(或用导电纤维)织成导电布做成的。穿上这种服装处于电场中,人体各部电位均等,故称“均压服”;由于能起屏蔽作用,保护人体不受电场的影响,所以也称“屏蔽服”。

(6)如遇带电导线断落于地面,应划出一定警戒区,防止跨步电压触电,扑救人员需要进入灭火时,必须穿上绝缘靴。

此外,有油的电气设备如变压器。油开关着火时,也可用干燥的黄沙盖住火焰,使火熄灭。

(五)电力变压器火灾的扑救及注意事项

电力变压器是电力供电系统的一个重要环节,可以讲哪里有人烟,哪里就有电;哪里有电,哪里就有变压器。

变压器常见火灾原因如下:

(1)由于变压器制造质量差或检修失误,或长期过负荷运行时,内部线圈绝缘损坏,发生短路。

(2)接头连接不良,造成接触电阻过大,导致局部高温起火。

(3)铁芯绝缘损坏,电流增大,温度升高,引起内部可燃物燃烧。

(4)用电设备发生短路或过负荷时,如遇变压器的保护装置失灵或设置不当等,都会引起变压器过热。

(5)变压器的油质劣化或油箱漏油、缺油等,影响油的热循环,使油的散热能力下降,导致变压器过热起火。

(6)变压器遭受雷击,产生电弧或电火花引燃可燃物。

(7)动物跨接在变压器的低压套管上,引起短路起火。

(六)任务实施

学习扑灭电气火灾时应采取的安全措施,扑灭电气火灾时,消防人员的自身安全是第一位的。在实验室实例展示下,学习电气火灾扑救时电源的切断方法,重点学习变压器火灾扑救的方法与注意事项。

1. 发电机和电动机的火灾扑救方法

发电机和电动机等电气设备都属于旋转电机类,和其他电气设备比较而言,这类设备的特点是绝缘材料比较少,而且有比较坚固的外壳,如果附近没有其他可燃易燃物质,且扑救及时,就可防止火灾蔓延扩大。由于可燃物质数量比较少,可用二氧化碳、1211 等灭火器扑救。大型旋转电机燃烧猛烈时,可用水蒸气和喷雾水扑救。实践证明,用喷雾水扑救的效果更好。扑救旋转电机类的火灾有一个共同的特点,就是不能用沙土扑救,以防硬性杂质落入电机内,使电机的绝缘和轴承等受到损坏而造成严重后果。

2. 变压器和油断路器火灾扑救方法

变压器和油断路器等充油电气设备发生燃烧时,切断电源后的扑救方法与扑救可燃液体火灾相同。如果油箱没有破损,可以用干粉、1211、二氧化碳灭火器等进行扑救。如果油箱已经破裂,大量变压器的油燃烧,火势凶猛时,切断电源后可用喷雾水或泡沫扑救。流散的油火,可用喷雾水或泡沫扑救。流散的油量不多时,也可用沙土压埋。变压器作为供配电电气设备中的重要一环,其火灾扑救方法将在下面的内容中重点介绍。

3. 变配电设备火灾扑救方法

变配电设备有许多瓷质绝缘套管,这些套管在高温状态遇急冷或不均匀冷却时,容易爆裂而损坏设备,可能使火势进一步蔓延扩大。所以遇这种情况最好用喷雾水灭火,并注意均匀冷却设备。

4. 封闭式电烘干箱内被烘干物质燃烧时的扑救方法

封闭式电烘干箱内的被烘干物质燃烧时,切断电源后,由于电烘干箱内的空气不足,燃烧不能继续,温度下降,燃烧会逐渐被窒息。因此,发现电烘干箱冒烟时,应立即切断电烘干箱的电源,并且不要打开电烘干箱。不然,由于进入空气,反而会使火势扩大,如果错误地往电烘干箱内泼水,会使电炉丝、隔热板等遭受损坏而造成不应有的损失。

如果是车间内的大型电烘干室内发生燃烧,应尽快切断电源。当可燃物质的数量比较多,且有蔓延扩大的危险时,应根据烘干物质的情况,采用喷雾水枪或直流水枪扑救,但在没有做好灭火准备工作时,不应该把电烘干室的门打开,以防火势扩大。

5. 充油电气设备的灭火措施

充油设备着火时，应立即切断电源，然后扑救灭火。

(1) 如设备外部局部着火电气时，用二氧化碳、1211、干粉等灭火器材灭火。

(2) 如设备内部着火，且火势较大，切断电源后可用水灭火。

(3) 备有事故贮油池时，则应设法将油放入池内，池内的油火可用干粉扑灭。池内或地面上的油火不得用水喷射，以防油火漂浮水面而蔓延。

6. 变压器火灾的扑救措施及注意事项

(1) 断电灭火。

①断电技术措施。为防止火场发生触电事故，因此在断电时一方面要有单位电工技术人员的合作，另一方面应有专门的断电装备。切断电源时应采取以下技术措施：

a. 变电站断开主开关。

b. 使用跌落式熔断器切断电源。

c. 请求供电局对变压器所在的地域进行停电。

②断电后的扑救措施。变压器发生火灾时，切断电源后的扑救方法与扑救可燃液体火灾相同。扑救时需注意以下几个方面：

a. 如果油箱没有破损，可用干粉、1211、二氧化碳等灭火剂进行扑救。

b. 如果油箱破裂，大量油流出燃烧，火势凶猛时，切断电源后可用喷雾水或泡沫扑救，流散的油火，也可用沙土压埋，量大时，可挖沟将油集中，用泡沫扑救。

c. 大型的变电设备都有许多瓷质绝缘套管，这些套管在高温状态遇急冷或冷却不均匀时，容易爆裂而损坏设备，可能造成不必要的损失。如果有绝缘油的套管爆裂后还会造成绝缘油流散，使火势进一步蔓延扩大，所以，遇到这种情况最好采用喷雾水灭火，并注意均匀冷却设备。

(2) 带电灭火。带电灭火关键是解决触电危险，在采取各种安全措施后，对带电的变压器火灾的扑救方法就和断电后的扑救方法基本相同。

①用灭火器带电灭火。

a. 常用灭火剂和最小安全距离。常用的灭火剂有二氧化碳、1211、干粉等，这些灭火剂都不导电，有足够的绝缘能力。为了安全起见，人体距带电体之间的最小安全距离应不小于3 m。

b. 注意事项。一是注意操作要领和使用要求；二是尽量在上风处喷射。

c. 保持最小安全距离。

②启动灭火装置带电灭火，装设有固定或半固定灭火装置。对及时扑灭初起火灾，保护设备和防止火势蔓延、扩大有重要作用。目前发电厂和供电系统使用的固定灭火装置有水蒸气、1211 和雾状水等。

a. 1211 装置。在变电站内的变压器，常用的是 1211 灭火装置，它的喷头安装在变压器的上部和下部储油的四周，使灭火剂能有重点地喷射到燃烧区域内。

b. 水喷雾灭火装置。现实中只针对室内的大型、重要的变电设备，机房和供电系统。它采用自控系统，发生火灾时，能自动机警，自动灭火。

③用水带电灭火，此处略述。

五、静电安全

静电安全非小事，人在行走、穿、脱衣服或蹲下、起立时都会产生静电。实验证明，静电的电量通常不大，但是电压常常很高，可达几百伏、几千伏甚至几万伏。当带电体与不带电或静电电位很低的物体接近时，其电势差达到 300 V 以上就会发生放电现象。而一旦静电这种放电能量达到或超过周围可燃物最小着火能量时就会引起燃烧或爆炸。静电会聚集在金属设备、管道、容器上形成高电位，静电本身电量虽然不大，但因其电压很高而容易放电。

(一)静电的产生

物质是由分子组成，分子是由原子组成，原子则是由带正电的原子核和带负电的电子构成。原子核所带正电荷与电子所带负电荷之和为零，因此物质呈中性。如果原子由于某种原因获得或者失去部分电子，那么原来的电中性被打破，而使得物质呈现电性。假如所获得的电子没有丢失的机会或者丢失的电子得不到补充，就会使该物质长期保持电性，称该物质带上了静电。因此静电是指附着在物体上很难移动的集团电荷。

静电的产生是一个十分复杂的过程，有内因和外因两个方面原因。它既由物质本身的特性决定，又与很多外界因素有关。

1. 物质本身的特性

静电产生的内因主要是由于物质的溢出功不同。当两物体接触时，溢出功较小的一方失去电子带正电，另一方则获得电子带负电。若带电体电阻率高，导电性差就使得带电层中的电子移动困难，为静电积聚创造了条件。

(1)溢出功。当两种不同固体接触，其间距达到或者小于 20×10^{-8} cm 时，在接触界面上产生电子转移，失去电子的带正电，得到电子的带负电。上述电子转移的过程是靠溢出功实现的。

溢出功是从物质上拉出一个电子所需外界做的功。溢出功大，在接触过程中将带负电溢出功小将带正电。即两物体接触，甲的溢出功大于乙，甲对电子的吸引力大于乙，电子就会从乙转移到甲，于是溢出功小的一方失去电子，溢出功较大的一方获得电子。人们称溢出功大者为亲电子物质，而溢出功小者称为疏电子物质。电子转移的结果使接触面的一侧带正电，另一侧带负电，从而形成了双电层。

双电层起电概念不仅适用于解释固体与固体界面的静电荷转移，而且还能够说明固体与液体、固体与气体、液体与另一不相混溶的液体等情况下的接触静电起电的问题。

由于物质溢出功不同，引出双电层起电概念，进而揭示了不同物质摩擦产生静电的极性规律。通过大量实验，按不同物质相互摩擦的带电顺序排出了带电序列：(+)玻璃、头发、涤纶、羊毛、人造纤维、丝绸、醋酸人造丝、黑橡胶、维尼纶、纱纶、聚酯纤维、电石聚乙烯、可耐可龙、赛璐珞、玻璃纸、氯乙烯、聚四氟乙烯(-)。

在上述序列中，前面的物质与后面的物质相互摩擦时，前面带正电，后面带负电。两物体相距越远，静电起电量越多。上述序列中的物质带电规律是由实验做出的，在实际中由于受到杂质的作用，以及表面氧化程度、吸附作用、接触压力、温度以及湿度的影响，其带电极性规律会有所不同。

(2)电阻率。电阻率(resistivity)是用来表示各种物质电阻特性的物理量。

在常温(20 ℃)下,某种材料制成的长 1 m、横截面积是 1 m^2 的导线的电阻,称作这种材料的电阻率。

电阻率的计算公式为

$$P=\frac{RS}{L} \tag{1-9}$$

式中 P——电阻率,Ω·m;

S——横截面积,m^2;

R——电阻值,Ω;

L——导线的长度,m。

物质产生了静电,但能否积聚,关键在于物质的电阻率。电阻率高的物质其导电性差,使多电子的区域难以流失,同时本身也难以获得电子。电阻率低的物质其导电性较好,使多电子的区域较易流失,本身易获得电子。

就防静电而言,物体的电阻率在 $10^6 \sim 10^8$ Ω·cm 及以下,即使产生静电荷也在瞬间消散,不会引起危害,这样称为静电导体;电阻率在 $10^8 \sim 10^{10}$ Ω·cm,通常所产生的静电量不大;电阻率在 $10^{11} \sim 10^{15}$ Ω·cm,容易带静电,且危害较大,是防静电的重点;电阻率大于 10^{15} Ω·cm,不易形成静电,但一旦产生静电就难以消除。电阻率大于 10^8 Ω·cm 的物质可称为静电的非导体。

汽油、煤油、苯、乙醚等电阻率在 $10^{11} \sim 10^{15}$ Ω·cm,容易积聚静电;原油、重油的电阻率低于 100 Ω·cm,一般不存在带电问题。水是静电良导体,但是少量水混于油中,水滴与油品间的相互流动会产生静电,并使油品静电积累增多。对地绝缘的静电体(甚至金属)与绝缘体一样带静电。

(3)介电常数。介电常数又称电容率,是静电产生的结果与状态的又一决定因素。它对液体影响更大。介电常数大的物质、电阻率低。若流体的相对介电常数大于 20,并以连续相存在,且有接地装置,一般情况下,不论是储存还是管道运输,都不会产生静电。

2. 外界条件

(1)接触起电。当两种物质表面紧密接触,其间距达到或者小于 25×10^{-8} cm 时,就会产生电子转移,形成双电层。若两个接触的表面迅速分离,即使是导体也会产生静电。摩擦能增加物质的接触机会和加快分离速度,因此能促进静电的产生。比如,物质的撕裂、剥离、拉伸、碾压、撞击,以及生产过程中物料的粉碎、筛分、滚压、搅拌、喷涂和过滤等工序中,均存在着摩擦的因素,因此在上述过程中要注意静电的产生与消除。

(2)附着带电。某种极性离子或自由电子附着在对地绝缘的物体上,能使该物体带电或改变物质的带电状况。

对于液体而言,某种极性离子或自由电子附着在分界面上,并吸引极性相反的离子,因而在临近表面形成一个电荷扩散层。当液体相对分界面流动时,将电荷扩散层带走,导致正负电荷分离,即产生静电。这种过程在液-固、液-液界面都会发生。

(3)破断带电。在材料破断前,无论其内电荷是否分布均匀,破断后均有可能在宏观范围内的导致正负电荷分离。如固体粉碎、液体分裂过程的起电。

(4)感应起电。任何带电体周围都有电场。在电场作用下,电场内的导体将分离出极性相反的电荷。若导体与周围绝缘,导体将带电位,并发生静电放电。

(5)电荷迁移。当一个带电体与一个非带电体接触时,电荷将在它们之间重新分配,即电荷迁移。如带电雾滴或粉尘撞击固体、气体离子流射于初始不带电的物体上。

(6)电解带电。固定的金属与流动的液体之间出现电解带电。

(7)压电效应起电。固体材料在机械力的作用下产生压电效应。

(8)热电效应起电。

(9)摩擦带电。如流体、粉末喷出时与喷口剧烈摩擦而产生带电等。需要指出的是静电产生方式不是单一的。如摩擦起电的过程就包括了接触起电、压电效应起电、热电效应起电等几种形式。

(二)静电的危害

1. 静电的特性

(1)电量小、电压高。静电的电位一般是很高的,如人体在脱衣服的时候可产生大于10 kV的电压,但其总的能量是较小的,在生产和生活中产生的静电虽可使人受到电击,但不致危及人的生命。

(2)持续时间长。在绝缘体上静电泄漏很慢,这样就使带电体保留危险状态的持续时间长,危险程度相应增加。

(3)一次性放电。绝缘的静电导体所带的电荷一有放电机会,全部的自由电荷将一次性放电放掉,因此带有相同数量静电电荷的绝缘导体要比非导体危险性大。

(4)远端放电。某处产生了静电,其周围与地绝缘的金属导体就会在感应下将静电扩散到远处,并可能在预想不到的地方放电,危险性很大。

(5)尖端放电。导体尖端部分电荷密度最大,电场最强,最容易放电。尖端放电所产生的火花非常危险,可导致火灾、爆炸事故的发生。

(6)静电屏蔽。静电场可以用导电的金属元件加以屏蔽,避免放电对外界产生的危害,相反,被屏蔽的物体也不受外电场感应起电。静电屏蔽在安全生产中被广泛利用。

2. 静电的危害

静电的危害大体上有使人体受电击、影响产品质量和引起着火爆炸三个方面,其中以引起着火爆炸最为严重,可以导致人员伤亡和财产损失,如汽油车装油时爆炸,用汽油擦地时着火等。因此,在有汽油、苯、氢气等易燃物质的场所,要特别注意防止静电危害。

(1)静电使人体受电击。在化工生产中,经常与移动的带电材料接触者,会在体表产生静电积累。当其与接地设备接触时,会产生静电放电。不同等级的放电能量会对人体产生不同程度的刺激。

静电虽不能直接导致人死亡,但是会造成工作人员的精神紧张,并可能因此产生坠落摔伤等二次事故,其产生的连带后果不可预测。

(2)静电影响产品质量。静电妨碍了生产工艺过程的正常运行,促使废品产生,降低工人的操作速度和设备的生产效率,干扰自控设备和无线电设备等电子仪器的正常工作。如在人造纤维工业中,使纤维缠结;在印刷行业中,使纸张不易整齐等。

(3)静电引起火灾和爆炸。在化工生产中,高压气体的喷泻带电、液体摩擦搅拌带电、液体物料输送带电、粉体物料输送带电等,均有可能因产生静电而导致火灾爆炸事故的发生。另外,人体带电同样也可以引起火灾爆炸事故。

(4)对设备或部件造成损害。

(5)其他干扰。

(三)静电的消除

学习静电产生的理论知识,发现其危害,提出静电控制措施,并通过工艺控制法、泄漏导走法、中和电荷法等防静电控制措施,制订所处工作环境的防静电安全管理方法。

1. 静电导致火灾爆炸事故条件

防止静电引起的火灾和爆炸事故是电力静电安全的主要内容。静电导致火灾爆炸事故的条件有以下五个方面:

(1)生产工艺或物体运动过程有产生静电及物品积聚静电的条件。

(2)有足够的电压产生火花放电。即物品积聚静电的电场强度必须超过介质的击穿强度,发生放电,产生静电火花。

(3)有能引起火花放电的合适间隙。

(4)产生的电火花要有足够的能量,必须超过可燃性气体、蒸气、粉尘和纤维等爆炸性混合物的最小引爆电流。

(5)在放电间隙及周围环境中有易燃易爆混合物,且浓度在爆炸极限范围之内。

上述条件缺一不可。因此,只要消除其中之一,就可以达到防止静电引起燃烧爆炸危害的目的。

2. 静电控制方法

防止静电危害只要有控制并减少静电的产生,设法导走、消散静电、封闭静电、防止静电发生放电,改变生产环境等措施。具体的方法有工艺控制法、泄漏导走法、中和电荷法、封闭削尖法和防止人体带电等。

(1)工艺控制法。工艺控制法即从工艺上,从材料选择上、设备结构和操作管理等方面采取措施,控制静电的产生,使其不能达到危险程度。

通常利用静电序列表优选原料配方和使用材质,使相互摩擦或接触的两种物质在序列表中位置相近,减少静电产生。在有爆炸、火灾危险的场所,传动部分为金属体时,尽量不采用皮带传动;设备、管道要无棱角,光滑平整,管径不要有突变部分,物料在输送中要控制输送速度,并且要控制物料中杂质、水分等含量,以防止静电的产生。

如输送固体物料所使用的皮带、托辊、料斗、倒运车辆和容器等,应采用导电材料制造并接地,使用中要定期清扫,但不使用刷子清扫。输送速度要合适平稳,不使物料震动蹿位等。

对于液体物料的输送主要通过控制流速来限制静电的产生。如对于乙醚、二硫化碳等特别易燃易爆物质,前者使用 12 mm 管径,后者采用 24 m 管径时,其最大流速不得超过 1 ~ 1.5 m/s。对于酯类、酮类和乙醇,最大安全流速可达 9 ~ 10 m/s。此外,输送管路应尽量减小弯曲和边角。液体物料中不应混入空气、水、灰尘和氧化物等杂质,也不可混入可溶性物质。用油轮、罐车、汽车、槽车等进行输送,其输送速度不应急剧变化,同时应在罐内装设分室隔板将液体隔开等。

对气体物料输送应注意先用过滤器将其中的水雾、尘粒除去再输送和喷出。在喷出过程中要求喷出量小、压力低，管路应清扫，如二硫化碳喷出时尽量防止带出干冰。液化气瓶口及易喷出的法兰处，应定期清扫干净。

(2)泄漏导走法。泄漏导走法即在工艺过程中采用空气增湿、添加抗静电添加剂、静电接地和规定静止时间的方法将带电体上的电荷向大地泄漏消散，以保证安全生产。

①空气增湿。空气增湿可以降低静电非导体的绝缘性，湿空气在物体表面覆盖一层导液膜，提高电荷经物体表面泄放的能力，即降低物体泄漏电阻，使所产生的静电被导入大地。在工艺条件允许的情况下，空气增湿取相对湿度70%为合适。增湿以表面可被水湿润的材料效果为好，如醋酸纤维素、硝酸纤维素、纸张和橡胶等。对表面很难被水所湿润的材料，如纯涤纶、聚四氟乙烯、聚氯乙烯等效果就差。移动带电体，在需消电处增湿水膜只需保持1～2 s即可，增湿的具体方法可采用通风系统进行调湿、地面洒水以及喷放水蒸气等方法。

②添加抗静电添加剂。抗静电添加剂的作用是使绝缘材料增加吸湿性或离子性，使其电阻率降低到$10^6\ \Omega\cdot cm$以下，如在航空煤油中加入1%的抗静电添加剂后，可使油料中的静电迅速消散。

抗静电剂种类繁多，如无机盐表面活性剂、无机半导体、有机半导体、高聚物以及电解高分子成膜物等。抗静电添加剂的使用应根据使用对象、目的物料的工艺状态以及成本毒性、腐蚀性和使用场合的有效性等具体情况进行选择。如橡胶行业除炭黑外，不能选择其他化学防静电添加剂，否则会使橡胶贴合不平和起泡。再如对于纤维纺织，只要加入0.2%季铵盐型阳离子抗静电油剂，就可使静电电压降到20 V以下。对于悬浮的粉状或雾状物质，则任何防静电添加剂都无效。

③静电接地连接。静电接地是消除静电的最简单、最基本的方法，如无其他工艺条件配合，它只能消除导体上的带静电部件，不能消除绝缘体上的静电。

带静电物体的接地线必须连接牢靠，并有足够的机械强度，否则在松断处可能发生火花。对于活动性或临时性的带静电部件，不能靠自然接触接地，应另用接地连接线接地。加工、储存、运输能够产生静电的管道、设备，如储罐混合器、物料输送设备、过滤器、反应器、粉碎机械等金属设备与管线，应当将其连成一个连续的导体整体加以接地，不允许设备内部有与地绝缘的金属体。输送物料能产生静电危险的绝缘管道和金属屏蔽层也应接地。在火灾爆炸危险场所或静电对产品质量、人身安全有影响的地方，所使用的金属用具、门把手、窗插销、移动式金属车辆、家具、金属梯子以及编有金属链的地毯等均应接地。金属构架、构架物与管道、金属设备间距小于10 cm者也应接地。此外人体静电也应接地。

④静止时间。经输油管注入容器、储罐的液体物料带入一定量的静电荷，根据电导和同性相斥的原理，液体内的电荷将向容器壁、液面集中泄漏消散。而液面电荷经液面导向容器壁进而泄入大地，此过程需一定时间。如向燃料灌装液体，当装到90%时停泵，液面峰值常常会出现在停泵的5～10 s以内，然后电荷逐步衰减，该过程需要70～80 s。因此，绝对不能在停泵后马上检尺、取样。小容积槽车装完1～2 min后即可取样；对于大储罐则需要水完全沉降后才能进行检测工作。

(3)中和电荷法。绝缘体上的静电不能用接地方法消除，但可利用极性相反的电荷中和以减少带电体上的静电量,即中和电荷法,属于该方法的有静电消除器消电器、物质匹配消电和湿度消电法等。

①静电消除器。静电消除器有自感应式、外接电源式、放射线式和离子流式等。

a. 自感应式静电消除器是最简单的静电消除器,具有结构简单、易制成、价格低廉、便于维修等特点,适用于静电消除要求不严格的场合。该静电消除器用一根或多极接地的金属尖针(钨)作为离子极,将针尖对准带电体并距其表面 1 ~2 cm 或将针尖置于带电液体内部。由于带电体静电感应,针尖出现相反的电荷,在附近形成很强的电场,并将气体或其他介质电离。所产生的正负离子在电场作用下分别向带电体和针尖移动与带电体电性相反的离子抵达表面时,即将静电中和,而移动针尖的离子通过接地线将电荷导入大地。

b. 外接电源式静电消除器是利用外接电源的高电压,在消除器针尖(离子端)与接地极之间形成强电场,使空气电离。直接外接电源消除器产生与带电体电荷极性相反的离子,直接中和带电体上的电荷;交流外接电源消除器,在带电体周围形成等量的正负离子导电层,使带电体表面电荷传导出去。比较而言,直流型较交流型消电能力高,工频次之。外接电源式静电消除器彻底消电,其消电效果好于自感应式静电消除器。但是这种静电消除器可能会使带电载体上有相反的电荷。

c. 放射线式静电消除器是利用放射线同位素使空气电离,从而中和带电体上的静电荷。常用的放射线有 α、β、γ 三种。用此法要注意防范射线对人体的伤害。

d. 离子流式静电消除器与外接电源式静电消除器具有相同的工作原理。所不同的是利用干净的压缩空气通过离子极喷向带电体。压缩空气将离子极产生的离子不断带到带电体表面,从而达到消电的效果(即离子风消电)。

静电消除器的选用应从适用出发。自感应式静电消除器、放射线式静电消除器原则上适用任何级别的场合。但是放射线式静电消除器产生危害时,不得使用。外接电源式静电消除器应按场合级别合理选用,如防爆场所应选用防爆型。相对湿度经常在 80% 以上的环境,尽量不用外接电源式静电消除器。离子流式静电消除器则适用于远距离消电,在防火、防爆环境内使用等。

②物质匹配消电。利用静电摩擦序列表中的带电规律,匹配相互接触的物质,使生产过程中产生的不同极性电荷相互中和,这就是匹配消电的方法。例如,橡胶制品生产中,辊轴用塑料、钢铁两种材料制成,交叉安装,胶片先用钢辊接触分离得负电,然后胶片又与塑料辊相摩擦带正电,这样正、负电相抵消,保证了安全。应当指出,这种消电方式是宏观的,因两次双电层不可能在同一位置,但就工业安全生产来说,这种方法已可满足。

③湿度消电法。增加空气湿度能降低某些绝缘材料的表面电阻,从而使静电容易导入大地。在带静电的绝缘材料表面的不同局部,其带电极性不同。增湿前,电荷不能相互串通中和;增湿后,绝缘材料的表面电阻下降,有利于这些电荷的转移中和。

(4)封闭削尖法。封闭削尖法是利用静电的屏蔽、尖端放电和电位随电容变化的特性,使带电体不致造成危害的方法。

用接地的金属板、网、导电线圈把带电体的电荷对外的影响局限在屏蔽层内,屏蔽层内物质不会受到外电场的影响,从而消除了远方放电等问题。这种封闭作用保证了系统的安全。

尖端放电可以引起事故,除利用静电电晕放电来消除静电的场合外,其他所有部件(包括邻近接地体)均要求表面光滑、无棱角和突起。设备、管道毛刺均要除掉。

带电体附近有接地金属,所谓“有金属背景”者可使带电体电位大幅度下降,从而减少静电放电的可能。在不便消电,而又必须降低带电体电位的场合,在确保带电体不与金属体相触碰的前提下,可以利用该法防范静电危害,也是屏蔽的一种形式。

(5)人体防静电。人体在行走、穿脱衣服或从座椅上起立时都会产生静电。试验表明,其能量足以引燃石油类蒸气。因此,要引起足够的重视,要加强规章制度和安全技术教育。同时,接地、穿防静电鞋、防静电工作服等具体措施,也可减少静电在人体的积累。

保证静电安全操作的具体措施有以下三种:

①人体接地措施。操作者在进行工作时,应穿防静电鞋,防静电鞋的电阻必须小于 $1\times10^{8}\ \Omega$;必须穿羊毛或化纤的厚袜子,应穿防静电工作服、戴手套和帽子,注意里面不要穿厚毛衣。在危险场所和静电产生严重的地点,不要穿一般化纤工作服,穿着以棉制品为好。在人体必须接地的场所应设金属接地棒,赤手接触即可导出人体静电。坐着工作的场所,可在手腕上佩戴接地腕带。

②工作地面导电化。产生静电的工作地面应是导电性的,其泄漏电阻既要小到防止人体静电积累,又要防止误触动动力电而导致人体伤害。地面材料应采用电阻率在 $10^{6}\ \Omega\cdot\mathrm{cm}$ 以下的材料制成的地面。

此外,用洒水的方法使混凝土地面、嵌木胶合板湿润,使橡皮、树脂和石板的黏合面以及涂刷地面能够形成水膜,增加其导电性。每日最少洒水一次,当相对湿度在30%以下时,应每隔几小时洒一次。

③确保安全操作。在工作中尽量不做与人体带电有关的事情。如接近或解除带电体及与地相绝缘的工作环境,在工作场所不要穿、脱工作服等。在有静电危险场所操作、巡视、检查,不得携带与工作无关的金属物品,如钥匙、硬币、手表、戒指等。

3.制订防静电安全管理方法

(1)凡有静电危害的工序、设备场所,必须采取相应的安全措施。

(2)在可能出现爆炸性气体的区域,必须加强通风措施使其浓度控制在爆炸下限以下。

(3)危险场所作业人员,应根据需要,穿防静电的鞋和工作服,或设置易于导除人体静电的设施,如安装接地栏杆等;严禁在上述区域穿、脱衣服和穿易产生静电的服装进入该区域;严禁在上述区域,用易燃溶剂(二甲苯等)擦搓衣服,操作区地面应铺设导电地面,并保证其导电性能。

(4)在有静电产生的场所操作、检查,不得携带与工作无关的金属物品,如钥匙、手表、戒指等。

(5)严禁将易产生静电的易燃易爆液体用塑料容器装贮。

(6)禁止在装易燃易爆液体的过程中取样、检尺或将金属物品置入罐(槽车)内,检尺取样应在装料完毕,经静置后进行。

(7)禁止使用喷射蒸汽加热易燃液体。

(8)禁止使用绝缘软管插入易燃液体罐内进行移液作业。

(9)在机器发生故障、液体渗漏、改变工艺条件或物料用量改变的情况下,必须注意采取防范措施避免静电危害。

(10)禁止用泵直接向罐内喷射溶剂,必须采取自流方式。

(11)输送易燃液体,应根据管道内径及介质的电阻率选择适当的安全流速,一般不应超过1 m/s。

(12)在绝缘管道上配置的金属附件,应专门装设接地装置。

(13)生产、贮存和装卸可燃气体的易燃液体的设备、管道、贮罐、机组等应有导除静电的接地装置。

(14)所有防静电接地线必须坚固可靠,接地线的截面积应不小于10 mm^2,单独的防静电接地电阻不应大于100 Ω,与其他目的的接地极共用时应满足其他接地极的技术要求。

(15)设备、贮罐、机组、管道等的防静电接地线,应单独与接地体或接地干线相连,不得互联接地。

(16)防静电接地体的安装,应在设备、机组、贮罐等底角边缘上钻孔攻丝,焊接端子(或螺栓)用不小于M10的螺栓连接,并应有防松装置,均应涂上工业凡士林油;接地线与金属管道缠绕连接时,应蜡焊;当采用焊接端子连接时,不得降低和损伤管道强度。

(17)非金属的管道(非导体的)设备等,其外壁上缠绕金属丝带、网等,应紧贴其表面均匀缠绕,并应可靠接地。

(18)输送易燃液体的管道采用橡胶或塑料管时必须采用导电橡胶,导电塑料软管或有金属编织层的导电胶管,并必须可靠接地。

(19)生产设备及贮罐上的排空口应设有阻火器,进料管从设备上部进入时,应将其进料管延伸到接近设备底部,以免产生静电。

(20)防静电生产工序及场所中,机械传动尽量采用齿轮传动。当采用三角带传动时,必须选用防静电三角带;当使用普通三角带传动时,必须采取提高其表面导电性能的措施。

(21)Q-1级、G-1级场所的管道之间与设备、机组、阀门之间的连接法兰,其接触电阻大于0.039 Ω时应用金属线跨接的预防与扑救。

(22)Q-1级、Q-2级、G-1级、G-2级场所,在非金属构架上平行安装的金属管道相互之间的净距离小于10 mm时,就每隔20 m左右用金属线跨接;金属线跨接相互交叉的净距离小于100 mm时,也应用金属线跨接。

任务四　项目实操训练

一、项目实操教程

(一)实训名称

安全用电常识与应急处理实验。

(二)实训目的

(1)掌握生活安全用电基本知识和预防触电的安全措施。
(2)了解日常生活环境中常见的触电事故发生的原因和电流对人身安全的危害。
(3)能够了解日常触电的防护知识和触电急救方法。
(4)了解电气火灾的防范及安全技术规程。
(5)掌握火灾事故的应急措施及扑救常识。

(三)实训器材

实训器材见表1-5。

表1-5　实训器材

序号	实训器材名称	型号	数量	备注
1	假人道具	KAC/CPR490K	1套	学生练习心肺复苏术
2	干粉灭火器	MFZ/ABC35	1个	扑救可燃化学品火灾
3	绝缘橡胶垫	130 cm×210 cm	1块	绝缘隔离
4	急救包	QY-05	1个	盛放常规外伤和化学伤害急救所需的敷料、药品和器械等
5	各类警示牌	—	1套	灾害事故现场警戒,双面反光
6	急救手册	—	1本	载明正确急救知识及急救物品具体说明及图示

(四)实训内容

1.单人徒手心肺复苏术操作

(1)操作步骤。

①切断电源,疏散围观群众,拨打急救电话。

②将触电者移动到通风透气处,舒适平躺,轻拍触电者肩部,大声呼唤触电者,并进行意识判断。

③摆正体位,宽衣解皮带。

④畅通气道,清理口腔异物,摘除假牙,使触电者抬头仰额。

(2)真假死判断。

真假死判断三步:试、听、看。

①试:试鼻孔呼吸,触摸颈动脉(5～10 s)。

②听:听呼吸、心跳声。

③看:看胸部起伏。

结论(模拟):触电者无呼吸、无心跳。

④看瞳孔有无放大,看手脚关节有无僵硬、身体有无出现尸斑。

结论(模拟):触电者无呼吸、无心跳的假死现状(只有医护人员才能判断触电者是否死亡)。

(3)胸外按压方法如图 1-19 所示。

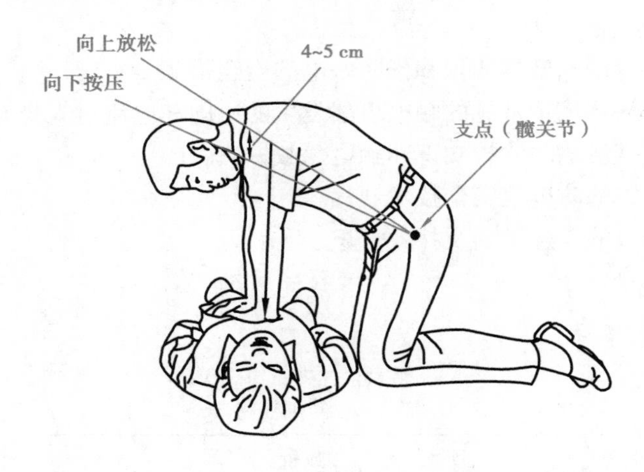

图 1-19　胸外按压方法

①找准位置,掌根重叠,手指上翘,身体垂直。

②按压频率 100 次/min,按压幅度 4～5 cm。

③按压时间 15～18 s(或按压 30 次)。

(4)人工呼吸。

①捏鼻孔、深呼吸、吹气 2 s。

②松鼻孔 3 s,同时观察胸口起伏,如图 1-20 所示。

图 1-20　人工呼吸方法

③重复上述动作两次。

循环5次后判断有无自主呼吸、心跳，观察双侧瞳孔。急救一直持续到医护人员到达现场或触电者恢复知觉；触电者苏醒后仍需在医院医学监护24 h。

(5)单人徒手心肺复苏术操作考核。

单人徒手心肺复苏术操作考核评分表见表1-6。

表1-6　单人徒手心肺复苏术操作考核评分表

考评项目	考评内容		配分	扣分原因	得分
单人徒手心肺复苏术操作步骤	救治前处理	判断意识	5	未拍触电者肩部，未大声呼唤触电者□　扣5分	
		呼救	5	不呼救，未解衣扣、皮带，未摆体位或体位不正确任一项目不正确□　扣5分	
		判断颈动脉脉搏	10	位置不对、同时触摸两侧颈动脉、大于10 s或少于10 s任一项目不正确□　扣10分	
		判断呼吸	5	没判断或判断不正确□　扣10分	
		畅通气道	5	未清理口腔、未摘掉假牙任一项目不正确□　扣5分	
		打开气道	5	未打开气道、头部过度后仰或后仰程度不够□　扣5分	
	胸外按压	定位	10	位置偏离或定位方法不正确□　扣10分	
		按压	25	节律不均匀，一次小于15 s或大于18 s，按压幅度小于5 cm任一项目不正确□　扣25分 动作欠标准□　扣15分	
	人工呼吸	吹气	25	一次未捏鼻孔、吹气间隙不松鼻孔□　扣5分 不看胸口起伏□　扣5分 动作欠标准□　扣15分	
	整体质量判定有效指征		5	掌根不重叠、手指不离开胸壁、每次按压手掌离开胸壁、按压时间过长（少于放松时间、按压时身体不垂直）任一项目不正确□　扣5分	
	合计		100	违反安全操作规范，本项目为零分	

2. 灭火器操作

(1)操作步骤。

①切断电源，疏散围观群众，拨打急救电话。

②按灭火器和电气设备起火的特点进行判断，并选用适当的灭火器。

③灭火器使用前检查。

④火情判断。

⑤灭火操作。

(2)灭火器的选用和使用操作考核。

灭火器的选用和使用操作考核评分表见表1-7。

表1-7 灭火器的选用和使用操作考核评分表

考评项目	考评内容	配分	扣分原因	得分
灭火器的选用和使用	电器引起火灾的常见原因	20	口述四个原因□ 错漏每项扣5分	
	灭火器的检查	30	未检查灭火器□ 错漏每项扣5分	
	火情判断	25	未能正确选择灭火器□ 扣25分 不能一次选对灭火器或行动迟缓□ 扣10分	
	灭火操作	25	违反使用注意事项□ 错漏每项扣5分 不拔插销□ 扣25分 动作不迅速□ 扣10分	
	合计	100	违反安全操作规范,本项目为零分	

二、项目实操报告册

(一)实训名称

安全用电常识与应急处理实训。

(二)实训报告

本项目实训报告见表1-8。

表1-8 实训报告

一、实训目的
二、实训内容 (一)实训器材

续表

(二)实训步骤 1. 电气火灾 (1)电气火灾的产生原因。 (2)电气火灾的预防措施。 (3)常见灭火器材的使用操作。 2. 单人徒手心肺复苏术操作 (1)触电的类型及危害。 (2)预防触电的措施。 (3)触电急救的正确方法。 (4)人工呼吸与心肺复苏术操作。
三、实训结果分析与总结

项目二

常用工具综合应用

知识目标

(1)掌握家庭生活安全用电常识。
(2)能够叙述常用电工工具的用途。
(3)熟悉电工常用的工具,并掌握其使用方法。
(4)熟悉常用绝缘体材料与导线的分类、连接方法,掌握绝缘体的恢复方法。
(5)掌握常用家庭插座的安装与接线方法。

能力目标

(1)能根据《电工手册》能正确地选择电工材料。
(2)通过训练可以正确识别与使用常用电工工具和辅助电工工具。
(3)掌握元器件的手工焊接技术。
(4)培养学生遵章作业、规范操作、互相保安的能力。

素养目标

挖掘思政元素理论“论个人与社会关系,新时代大学生精神面貌”。通过强调工具操作的规范性,强化学生个人的专业知识与职业素养,在探索专业技术应用的过程中培养学生个人服从集体,时代成就个人的大局观,培养学生勇于使命担当,懂得感恩、乐于奉献。

任何一个行业,无论哪个工种,都需要其相应的工具及参数测量。电工作为拥有专业技能的职业自然是需要更加专业的工具与测量仪表。熟练掌握生活中常见的电工工具与测量仪表,对常用的家庭电路进行安装与检修,起着事半功倍的作用,同时通过规范电工工具与测量仪表的使用也是减少电气安全事故的途径之一。

任务一　常用的电工工具

安全操作的基本前提之一是如何熟练地掌握和使用常见的电工工具，如何正确使用电工工具进行电路安装与拆撤，同时也是保障操作员自身人身安全的前提条件。因此，本项目在于熟练掌握常用的电工方法与技能及常用电工工具的使用操作步骤和注意事项。

一、试电笔

试电笔也称测电笔，简称“电笔”，是一种常用的电工工具，用来测试电线中是否带电。笔体中有一氖泡，测试时如果氖泡发光，说明导线有电或为通路的火线。试电笔中笔尖、笔尾为金属材料制成，笔杆为绝缘材料制成。在使用物理试电笔时，一定要用手触及试电笔尾端的金属部分。否则，因带电体、试电笔、人体与大地没有形成回路，试电笔中的氖泡不会发光，造成误判，认为带电体不带电。

根据测量工作线路中的电压分，可分为高压试电笔、低压试电笔和弱电试电笔。其中，高压试电笔用于 10 kV 及以上项目作业，为电工的日常检测高压带电的电工用具。低压试电笔常用于检查 500 V 以下导体或各种用电设备的外壳是否带电，是日常生活中家庭常用检测线路是否带电的电工工具。弱电试电笔用于电子产品的测试，一般测试电压为 6 ~ 24 V。为了便于使用，试电笔尾部常带有一根带夹子的引出导线。

根据检测的方式分，可分为物理试电笔和数字试电笔两种。

（一）物理试电笔

1. 外形

物理试电笔如图 2-1 所示。

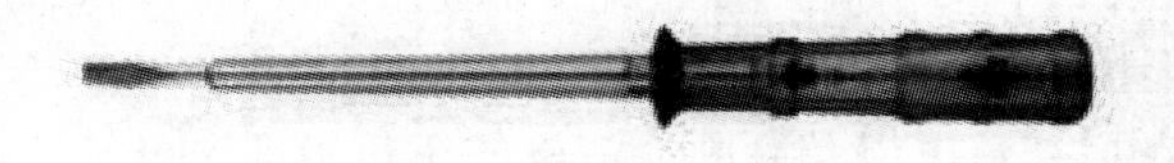

图 2-1　物理试电笔

2. 结构

维修电工使用的低压试电笔有钢笔式和螺钉旋具式两种，它们由氖管、电阻、弹簧和笔身等组成，如图 2-2 和图 2-3 所示。

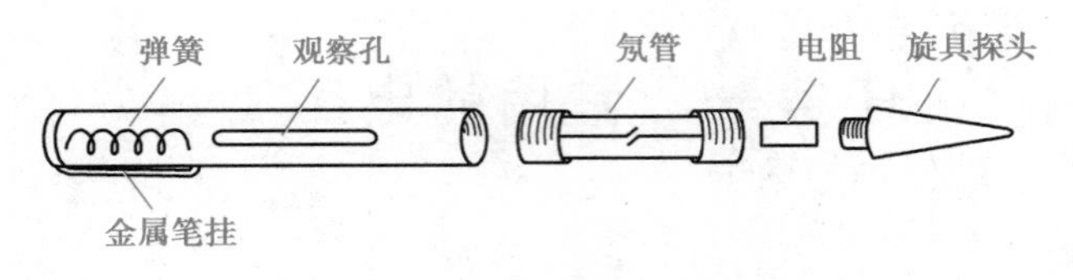

图 2-2 钢笔式低压试电笔

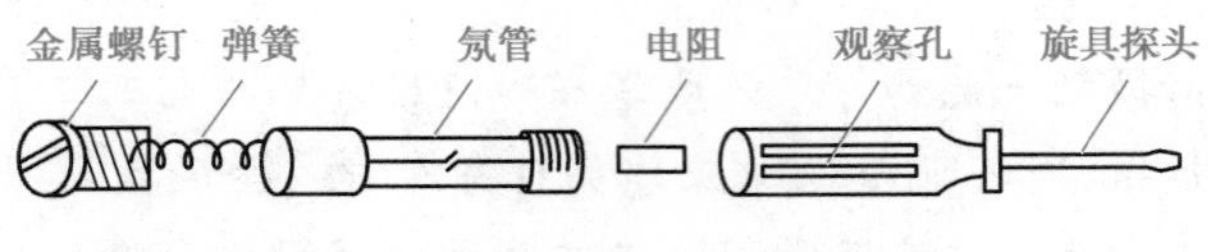

图 2-3 螺钉旋具式低压试电笔

3. 功能及使用

试电笔使用时将笔尖触及被测物体，以手指触及笔尾的金属体，使氖管小窗背光朝自己，以便于观察，如氖管发亮说明设备带电，如图 2-4 所示。灯越亮则电压越高，灯越暗则电压越低。另外，低压试电笔还有以下用途。

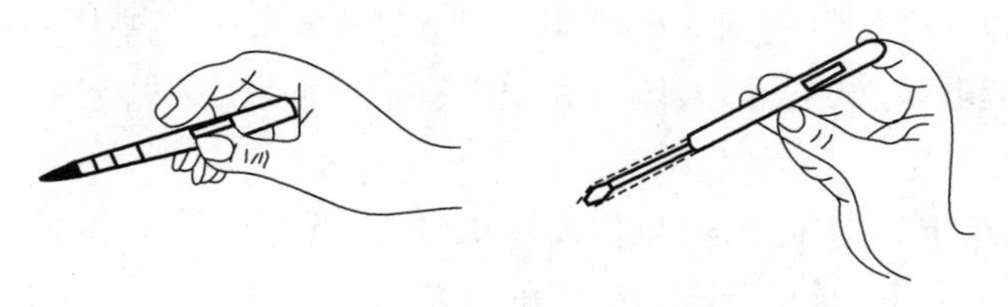

图 2-4 试电笔的手持方法

(1)在 220 V/380 V 三相四线制系统中，可检查系统故障或三相负荷不平衡。无论是相间短路、单相接地、相线断线、三相负荷不平衡，中性线上均出现电压，若试电笔灯亮，则证明系统故障或负荷严重不平衡。

(2)检查相线接地。在三相三线制系统(Y 接线)，用试电笔分别触及三相时，发现氖管两相较亮，一相较暗，表明暗的一相有接地现象。

(3)用以检查设备外壳漏电。当电气设备的外壳(如电动机、变压器)有漏电现象时，则试电笔氖管发亮；如果外壳原是接地的，氖管发亮则表明接地保护断线或其他故障(接地良好氖管不亮)。

(4)用以检查电路接触不良。当发现氖管闪烁时，表明回路接头接触不良或松动，或是两个不同电气系统相互干扰。

(5)用以区分直流电、交流电以及判断直流电的正负极。试电笔通过交流电时，氖管的两个电极同时发亮；试电笔通过直流电时，氖管的两个电极只有一个发亮。这是因为交流正负极交变，而直流正负极不变形成的。用试电笔测试直流电的正负极，氖管亮的那端为负极。人站在地上，用试电笔触及正极或负极，氖管不亮证明直流不接地，否则直流接地。

4. 注意事项

(1)试电笔使用前必须检查外观是否完好，塑料壳内是否有电阻和氖管，不符合要求的验电器不能使用。

(2)试电笔使用前应先在有电的设备上进行验电，以证明试电笔是好的。

(3)试电笔笔尖金属部分应用绝缘胶布包好，笔尖金属裸露部分不能超过 5 mm，以防笔尖过长，在验电过程中发生接地和短路事故。

(4) 使用中要防止金属体笔尖触及皮肤，以避免触电，同时也要防止金属体笔尖触及引起短路事故。

(5) 试电笔只能用于 380 V/220 V 系统。

(二) 数字低压试电笔

1. 外形

数字低压试电笔如图 2-5 所示。

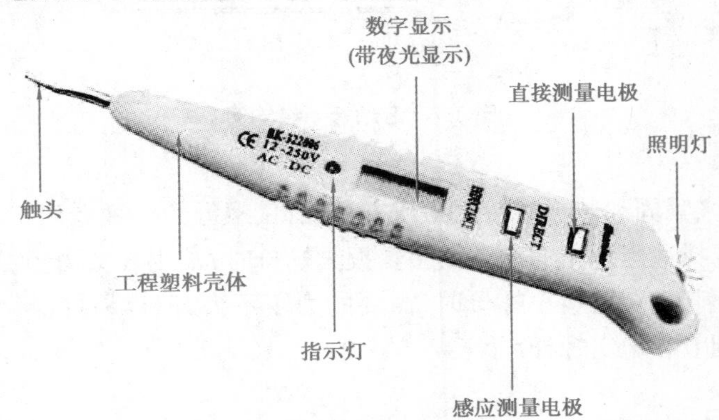

图 2-5　数字低压试电笔

2. 特点

(1) 无须电池驱动，方便经济。

(2) LCD 显示，读数直接明了。

(3) 直接测试。可直接或间接测量 12、36、55、110、220 V 交/直流电，使用范围广。

(4) 带电感应测试。可轻松地进行感应断点测试、断线点的测试，检测微波的辐射及泄漏情况等。

(5) 测试范围 12～250 VAC/DC。

3. 注意事项

(1) 按键不需用力按压，测量时不能同时按触两个测试键，否则会影响灵敏度及测量结果。

(2) 本产品不可测 380 V 电源。请勿作为普通螺丝刀使用。

(3) 用手触碰直接按键，若灯不亮，表示电池耗尽，请更换电池。若长期不用，请取下电池后存放。

二、活动扳手

1. 结构

活动扳手由头部和柄部组成(图 2-6)。头部由定唇、活动唇、蜗轮、轴销和手柄组成。旋动蜗轮可调节扳口的大小，以便在其规格范围内适应不同大小螺母的使用，其结构如图 2-7 所示。

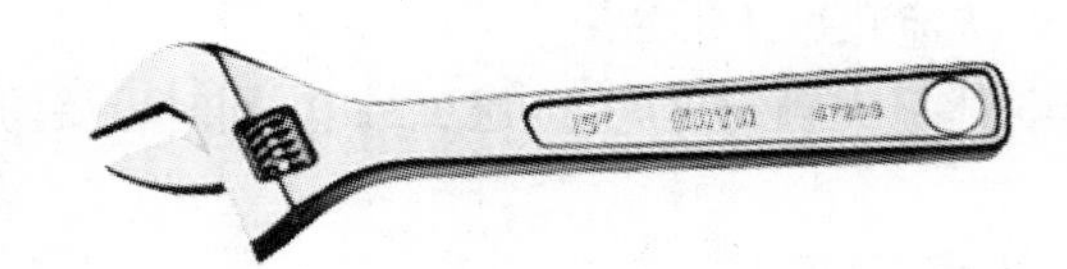

图 2-6 活动扳手样例图

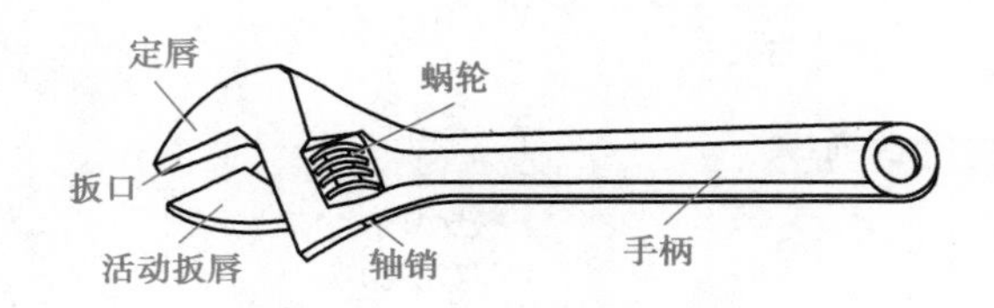

图 2-7 活动扳手结构图

2. 功能及使用

活动扳手是用来紧固和装拆旋转六角或方角螺钉、螺母的一种专用工具。使用活动扳手时,应按螺母大小选择适当规格的活动扳手。扳大螺母时,常用较大力矩,所以手应握在手柄尾部,以加大力矩,利于扳动;扳小螺母时,需要的力矩不大,但容易打滑,手可握在靠近头部的位置,可用拇指调节和稳定螺杆。

3. 注意事项

(1)活动扳手不可反用,以免损坏扳唇。

(2)不能用钢管接长手柄,更不可当作撬棍和手锤使用。

(3)旋动螺杆、螺母时,应把工件的两侧平面夹牢,以免损坏螺母的棱角。

三、螺钉旋具

1. 结构

螺钉旋具由金属杆头和绝缘柄组成,按金属杆头部形状分,分成一字形、十字形、花形和多用螺钉旋具,如图 2-8 所示。

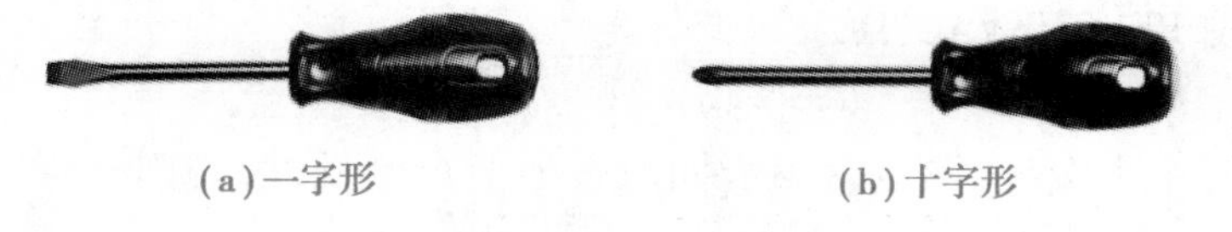

(a)一字形　　(b)十字形

图 2-8 螺钉旋具样例图

2. 功能

用来旋动头部带一字形、十字形、花形的螺钉。使用时,应按螺钉的规格选用合适的旋具刀口。任何"以大代小,以小代大"使用旋具均会损坏螺钉和电气元件。电工不可使用金属杆直通柄根的旋具,必须使用带有绝缘柄的螺钉旋具。为了避免金属杆触及皮肤及邻近带电体,宜在金属杆上穿套绝缘管。

3. 使用方法要点

使用螺钉旋具要用力平稳,推压和旋转要同时用力,通常紧固时顺时针旋转,拆卸逆时针旋转。

四、电工工具钳

(一)电工钢丝钳

电工钢丝钳称为平口钳或老虎钳,常用来夹持和拧断金属薄板及金属丝,工作电压一般在 500 V 以内。钢丝钳样例图如图 2-9 所示。

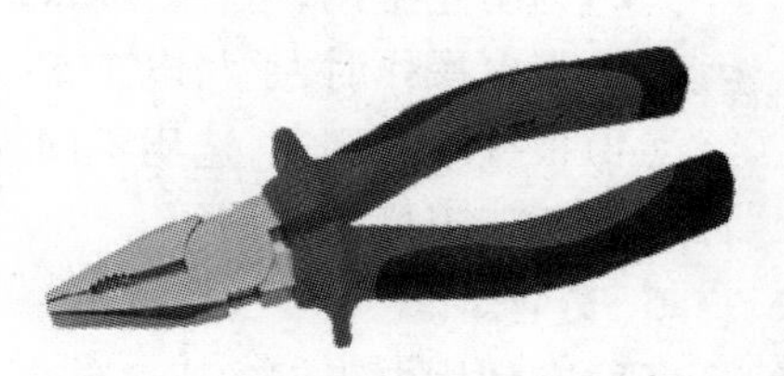

图 2-9　电工钢丝钳样例图

1. 作用

用于掰弯及扭曲圆柱形金属零件及切断金属丝,其旁刃口也可用于切断细金属丝。电工钢丝钳分为表面发黑或镀铬和带塑料套两种。电工钢丝钳的长度有 160 mm、180 mm、200 mm 三种。

2. 材质

镍铬合金钢、铬钒合金钢、高碳钢、球墨铸铁。

3. 结构

电工钢丝钳由钳头和钳柄组成,其结构与使用方法如图 2-10 所示。钳头包括钳口、齿口、刀口和铡口。其各部位的作用是:①钳口可用来夹持物件;②齿口可用来紧固或拧松螺母;③刀口可用来剪切电线、铁丝,也可用来剖切软电线的橡皮或塑料绝缘层;④铡口可以用来切断电线、钢丝等较硬的金属线;⑤钳子的绝缘塑料管耐压 500 V 以上,有了它可以带电剪切电线。使用中切忌乱扔,以免损坏绝缘塑料管。

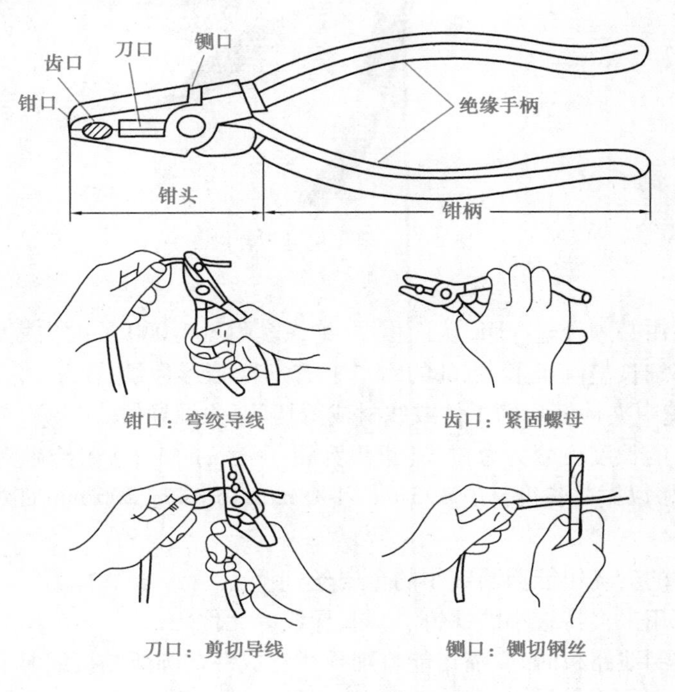

图 2-10　电工钢丝钳的结构及使用方法

4. 注意事项

(1)在使用电工钢丝钳过程中切勿将绝缘手柄碰伤、损伤或烧伤,并且要注意防潮。

(2)为防止生锈,钳轴要经常加油。

(3)带电操作时,手与电工钢丝钳的金属部分保持 2 cm 以上的距离。

(4)根据不同用途,选用不同规格的电工钢丝钳。

(5)不能当榔头使用。

5. 安全知识

(1)在使用电工钢丝钳之前,必须检查绝缘柄的绝缘是否完好,绝缘如果损坏,进行带电作业时非常危险,会发生触电事故。

(2)用电工钢丝钳剪切带电导线时,切勿用刀口同时剪切火线和零线,以免发生短路故障。

(3)带电工作时,注意钳头金属部分与带电体的安全距离。

(二)电工尖嘴钳

电工尖嘴钳头部细而尖,一般用于在狭小的空间夹持较小螺钉、导线等元件,剪短细小金属丝或绕弯一定圆弧的接线鼻。尖嘴钳样例图如图 2-11 所示。

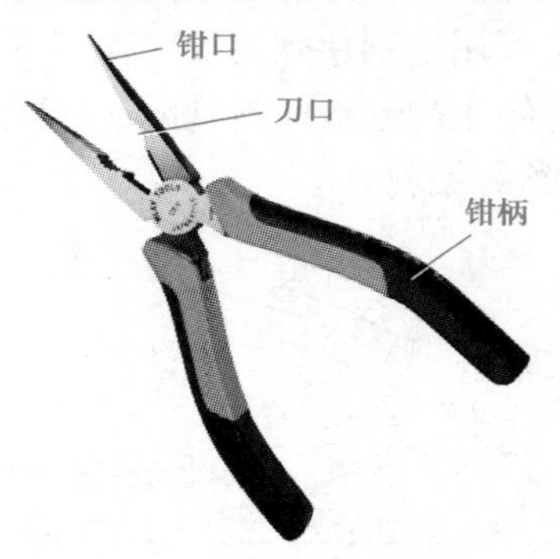

图 2-11 电工尖嘴钳样例图

1. 参数说明

(1)电工尖嘴钳必须经过 VDE 认证程序,绝缘套耐压 1 000 V 的尖嘴钳。

(2)尖嘴头部细长呈圆锥形,端部的钳口上有一段菱形齿纹,由于其头部尖而长,适合在较窄小的工作环境中夹持轻巧的工件或线材或剪切、弯曲细导线。

(3)根据钳头的长度可分为短钳头(钳头为钳子全长的 1/5)和长钳头(钳头为钳子全长的 2/5)两种。规格以钳身长度计有 125 mm、140 mm、160 mm、200 mm 四种。

2. 用途

(1)带有刀口的尖嘴钳能剪断细小的金属丝。

(2)尖嘴钳可用来夹持较小的螺钉、垫圈、导线等元件。

(3)在装接控制线路板时,尖嘴钳能将细导线弯成一定圆弧的接线鼻。

(三)电工斜口钳

斜口钳也被称作斜嘴钳,其钳子刀口可用来剖切软电线的橡皮或塑料绝缘层,也可用来切剪电线、铁丝。它的作用广泛，是日常生活和工作中不可缺少的工具。电工常用的斜口钳有 150 mm、175 mm、200 mm 及 250 mm 等多种规格，可根据内线或外线工种需要选购。其特点为剪切口与钳柄成一角度，用以剪断较粗的导线和其他金属线，还可以直接剪断低压带电导线。在比较狭窄的工作场所和设备内部，用以剪切薄金属片、细金属丝和剖切导线绝缘层。斜口钳样例图如图 2-12 所示。

图 2-12　电工斜口钳样例图

1. 功能

斜口钳功能以切断导线为主。通常 2.5 mm 的单股铜线剪切起来已经很费力，而且容易导致钳子损坏，所以建议斜口钳不宜剪切 2.5 mm 以上的单股铜线和铁丝。在尺寸选择上以 5″、6″、7″为主，普通电工布线时选择 6″、7″的斜口钳，其切断能力比较强，剪切不费力。线路板安装维修以 5″、6″为主，使用起来方便灵活，长时间使用不易疲劳。4″的斜口钳是迷你型钳子，只适合完成一些小的工作。钳子的齿口也可用来紧固或拧松螺母。

2. 使用方法

用钳口的中间夹住被拔的东西，然后捏住钳子，以钳尖为支点往上用力，或者是用钳尖夹住被拔的东西，捏住钳子左右旋转往固定东西相反的方向用力。

3. 注意事项

(1)使用钳子要量力而行，不可以用来剪切钢丝绳、过粗的铜导线以及铁丝，容易导致钳子崩牙和损坏。

(2)使用工具的人员必须熟知工具的性能、特点、使用、保管和维修及保养方法。使用钳子是用右手操作。将钳口朝内侧，便于控制钳切部位，用小指伸在两钳柄中间抵住钳柄，张开钳头，这样分开钳柄灵活。

(四)压着钳

1. 功能

压着钳主要用于各种端子的压接。压力调整旋钮可调整张开钳口尺寸，方便各种端子使用。将铜质裸压接线端头用冷压钳稳固地压接在多股导线或单股导线上，压着钳样例图如图 2-13 所示。

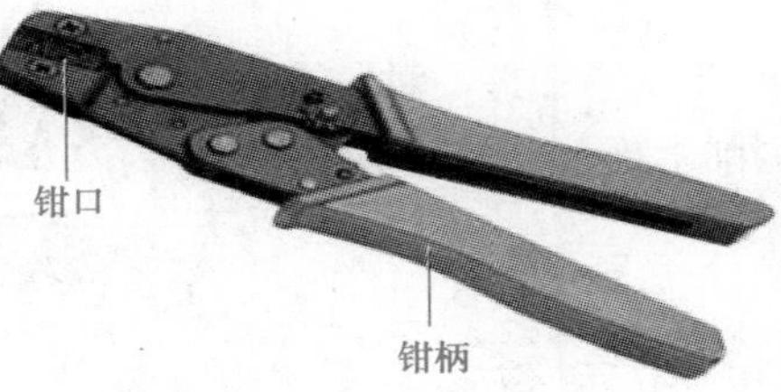

图 2-13　压着钳样例图

2. 使用方法及注意事项

（1）只有在证明不使用冷压端头比使用冷压端头更为可靠、更为有效时，才能不采用压接端头的形式。

（2）严禁用一个端头将两根二次线铆接在一起施工。

（五）剥线钳

剥线钳是仪器仪表电路修理、修理电机、内线电路维修的常用工具之一。剥线钳主要由刀口、压线口、钳柄三部分组成，钳柄上包覆有可抗 500 V 电压的绝缘套。当握紧剥线钳手柄使其工作时，首先被压缩，使得夹紧机构夹紧，而此时导线由于在夹紧机构的作用下不会运动。当夹紧机构完全夹紧电线时，扭簧所受的作用力逐渐变大致使扭簧开始变形，使得剪切机构开始工作。而此时扭簧所受的力还不足以使夹紧机构与剪切机构分开，剪切机构完全将电线皮切开后剪切机构被夹紧。此时扭簧所受作用力增大，当扭簧所受作用力达到一定程度时，扭簧开始变形，夹紧机构与剪切机构分开，使得电线被切断的绝缘皮与内部裸电线分开，从而达到剥线的目的。剥线钳主要用于剥去各种绝缘电线、电缆芯线的绝缘皮。其剥线钳样例图如图 2-14 所示。

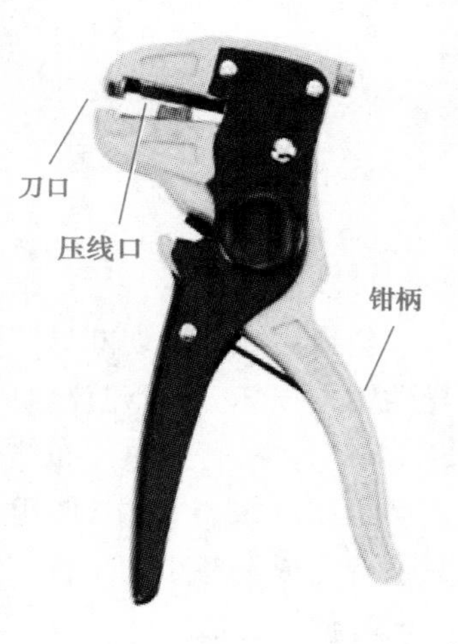

图 2-14 剥线钳样例图

1. 使用方法

（1）根据缆线的粗细型号，选择相应的剥线刀口。

（2）将准备好的电缆放在剥线工具的刀刃中间，选择好要剥线的长度。

（3）握住剥线工具手柄，将电缆夹住，缓缓用力使电缆外表皮慢慢剥落。

（4）松开工具手柄，取出电缆线，这时电缆金属整齐露出，其余绝缘塑料完好无损。

2. 注意事项

（1）不要用轻型的钳子当作锤子使用，或者敲击钳柄。如果这样滥用，钳子会开裂、折断，钳刃会崩口。

（2）使用时切口大小应略大于导线芯线直径，否则会切断芯线。

（3）不允许带电剥线。

五、电工刀具

（一）电工刀

电工刀也是电工常用的工具之一，是一种切削工具。主要用于剥削导线绝缘层、剥削木榫、电工材料的切割等。其电工刀样例图如图 2-15 所示。

图 2-15 电工刀样例图

注意事项：

（1）使用时应刀口朝外，以免伤手。

（2）用毕，随即把刀身折入刀柄。

(3)电工刀柄不带绝缘装置,所以不能带电操作,以免触电。

(4)剥削导线绝缘层时,刀面与导线成小于45°的锐角,以免削伤线芯。

(二)平锉刀

平锉刀通常利用对工件材料进行切削加工的操作。其应用范围很广,可锉工件的外表面、内孔、沟槽和各种形状复杂的表面。平锉刀样例图如图2-16所示。

图2-16 平锉刀样例图

1. 锉刀的种类

(1)普通锉。按断面形状不同分为五种,即扁平锉、方锉、三角锉、半圆锉、圆锉,如图2-17所示。

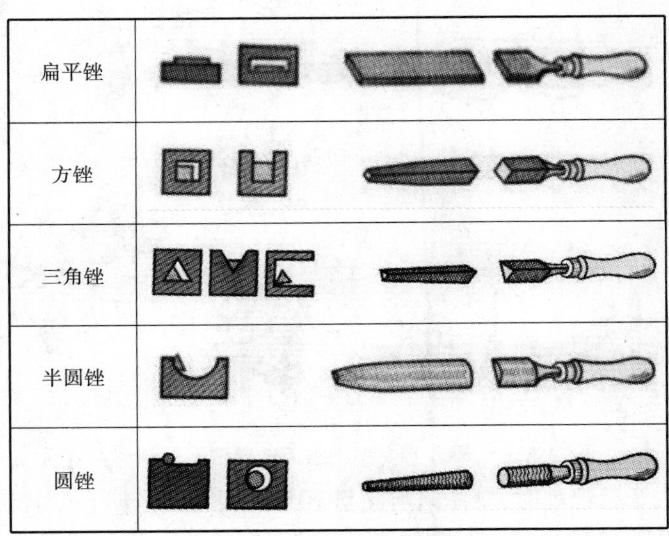

图2-17 常见的平锉刀种类

(2)整形锉。用于修整工件上的细小部位。

(3)特种锉。用于加工特殊表面。

2. 锉刀的选择

(1)根据加工余量选择。若加工余量大,则选用粗锉刀或大型锉刀,反之则选用细锉刀或小型锉刀。

(2)根据加工精度选择。若工件的加工精度要求较高,则选用细锉刀,反之则用粗锉刀。

3. 工件夹持

将工件夹在虎钳钳口的中间部位,伸出不能太高,否则易振动,若表面已加工过,则垫铜钳口。

4. 锉削方法

(1)锉刀握法。锉刀大小不同,握法不一样。小型锉刀的握法如图 2-18 所示。中型锉刀的握法如图 2-19 所示。

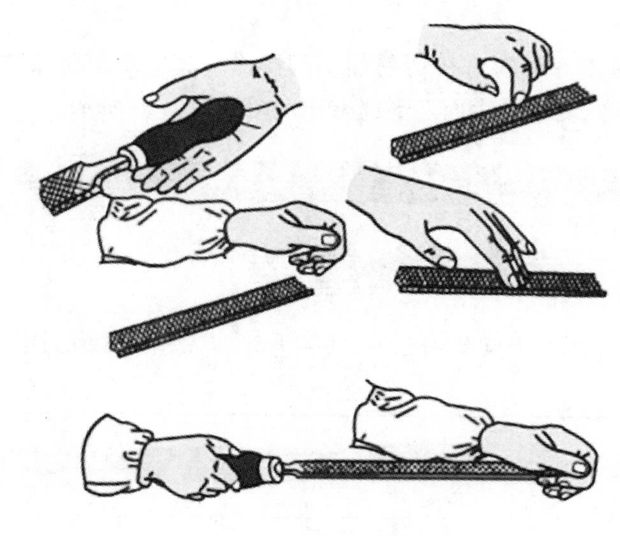

图 2-18 小型锉刀的握法

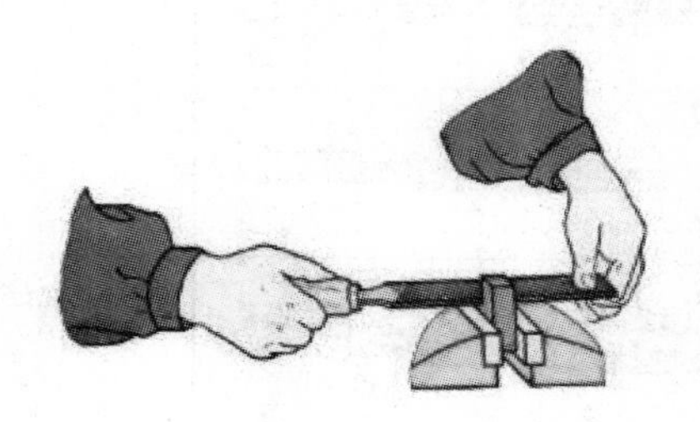
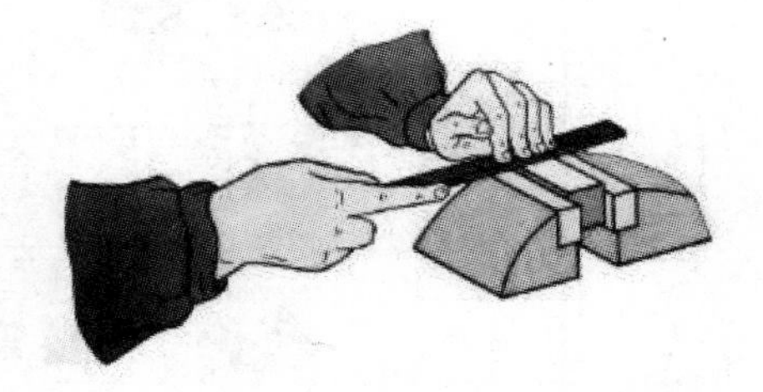

图 2-19 中型锉刀的握法

(2)锉削姿势。开始锉削时,身体向前倾斜 10°左右,左肘弯曲,右肘向后。锉刀推出 1/3 行程时,身体向前倾斜 15°左右,此时左腿稍直,右臂向前推。锉刀推到 2/3 时,身体倾斜到 18°左右,最后左腿继续弯曲,右肘渐直,右臂向前使锉刀继续推进至尽头,身体随锉刀的反作用方向回到 15°左右位置。

(3)锉削力的运用。锉削时有两个力,一个是推力,一个是压力,其中推力由右手控制,压力由两手控制,而且,在锉削过程中,要保证锉刀前后两端所受的力矩相等,即随着锉刀的推进左手所加的压力由大变小,右手的压力由小变大,否则锉刀不稳易摆动。

(4)注意问题。锉刀只在推进时加力进行切削,返回时,不加力、不切削,把锉刀返回即可,否则易造成锉刀过早磨损。锉削时,利用锉刀的有效长度进行切削加工,不能只用局部某一段,否则局部磨损过重,造成使用寿命偏短。

(5)速度。一般 30 ~ 40 次/min,速度过快,易降低锉刀的使用寿命。

(6)锉削方法。常用的锉削方法有三种,如图 2-20 所示,即顺向锉法、交叉锉法、推锉法。

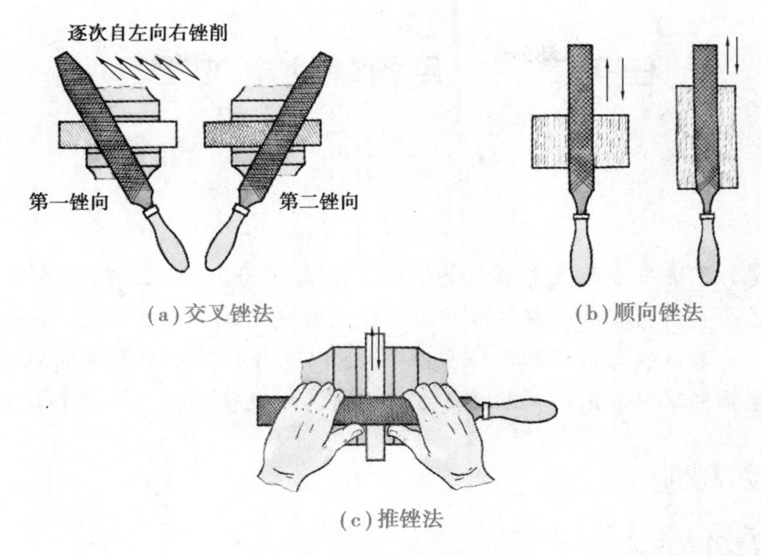

(a)交叉锉法　(b)顺向锉法

(c)推锉法

图 2-20　锉削方法

(7)曲面外圆弧的锉削(图 2-21)。运动形式为横锉与顺锉。横锉法用于圆弧粗加工;顺锉法用于精加工或加工工件余量较小时。

(8)曲面内圆弧的锉削(图 2-22)。运动形式为横锉与推锉。运动方式为前进运动、向左或向右移动、绕锉刀中心线转动三个运动同时完成。

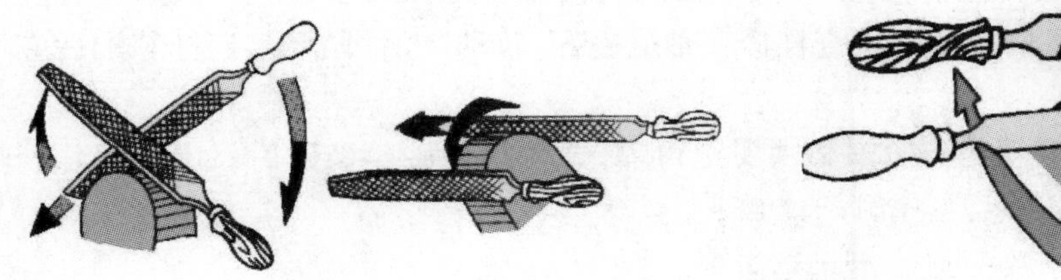

图 2-21　曲面外圆弧的锉削

图 2-22　曲面内圆弧的锉削

5. 锉刀的使用及注意事项

(1)由于硬而脆的锉刀易断,不能用锉刀敲击其他物体。

(2)不使用无柄或柄已裂开的锉刀,防止刺伤手腕。

(3)不能用嘴吹铁屑,防止铁屑飞进眼睛。

(4)锉削过程中不要用手抚摸锉面,以防锉削时打滑。

(5)锉面堵塞后,用铜锉刷顺着齿纹方向刷去铁屑。

(6)锉刀放置时不应伸出钳台以外,以免碰落砸伤脚。

任务二 常用的辅助电工工具

辅助安全是为了进一步加强基本安全绝缘器强度,防止操作人员因大意出现的误操作而造成操作人员的人身伤害。如何熟练地掌握和使用常见的辅助电工工具,如何正确使用辅助电工工具在进行电路安装与拆撤时加强安全等级,以充分保障操作员自身人身安全。因此,本项目可使学生熟练掌握常用的辅助电工方法与技能以及使用操作步骤和注意事项。

一、型材切割机

(一)结构及功能说明

型材切割机的结构详解图如图 2-23 所示。注:机件的编号和结构详解图的编号一致。

(二)使用型材切割机的注意事项

(1)使用前必须仔细阅读使用说明书,依据使用说明进行安装、维修维护、生产加工。

(2)使用前应使砂轮旋转检查,夹紧装置应操纵灵活、夹紧可靠,手轮、丝杆、螺母等应完好,螺杆螺纹不得有滑丝、乱扣现象,检查杠杆转轴应完好,转动灵活可靠,与杠杆装配后应用螺母锁住。

(3)检查传动装置和砂轮的防护罩必须安全可靠,并能挡住砂轮破碎后飞出的碎片。端部的挡板应牢固地装在罩壳上,工作时严禁卸下。

(4)检查砂轮片不得有裂纹或外沿呈锯齿形。

(5)检查操作盒或开关必须完好无损,并有接地保护。

(6)方向尽量避开附近的工作人员,被切割的料不得伸入人行过道。

(7)从事该作业的操作人员应戴护目眼镜、耳罩、防尘面具。

(8)操作人员操纵手柄作切割运动时,用力应均匀,平稳,切勿用力过猛,以免过载使砂轮切割片崩裂。

(9)在更换砂轮切割片时,必须切断电源。新安装的砂轮切割片,要符合设备要求,不得安装有质量问题的切割片,安装时要按安装程序进行。

(10)更换砂轮切割片后要试运行是否有明显的震动,确认运转正常后方能使用。

(11)砂轮未完全静止时,操作人员不能离开,严禁将手放入切割范围内。

(12)在特级和一级动火区内使用时应办理动火工作票。

(13)使用过程中如需移动位置时,应切断电源开关。

(14)使用完毕,切断电源,整理放置好。

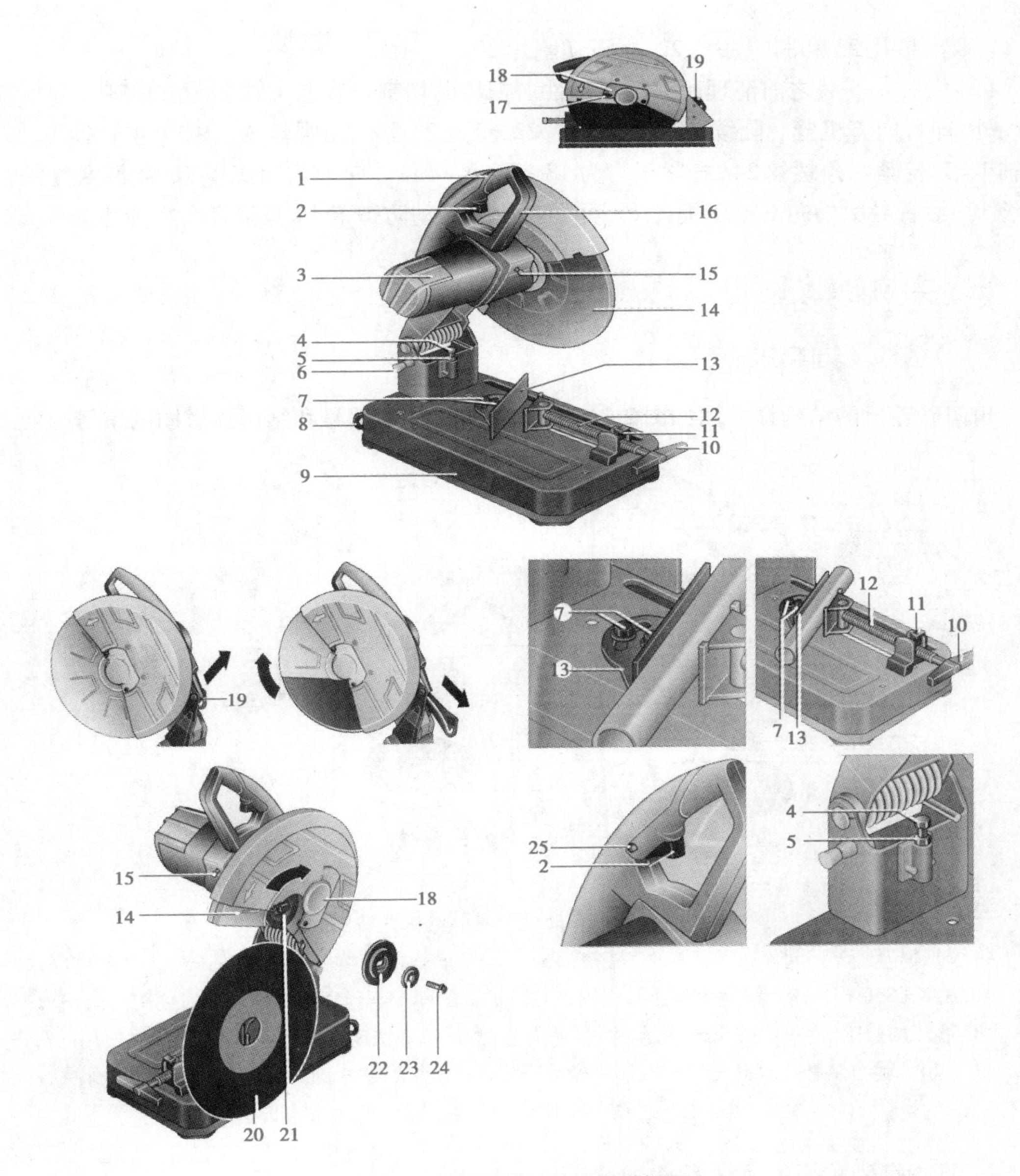

图 2-23 型材切割机的结构详解图

1—手柄；2—起停开关；3—机臂；4—深度尺；5—深度尺的锁紧螺母；6—搬运固定装置；7—角度挡块螺丝；8—环形扳手；9—底座；10—丝杆柄；11—快速解锁；12—固定丝杆；13—角度挡块；14—活动防护罩；15—主轴锁；16—搬运柄；17—蝶翼螺丝；18—遮盖；19—提杆；20—切割片；21—主轴；22—固定法兰；23—垫片；24—六角螺丝；25—开关固定锁

(三)切割片拆卸装与安装

(1)拆卸。如图 2-22 所示，顺着导引槽向上拉起提杆 19，此时活动防护罩 14 会向上掀到尽头，让防护罩保持在这个位置，拧松蝶翼螺丝 17，并向后掀开遮盖 18，使用附带的环形扳手 8(15 mm)拧转六角螺丝 24，并同时按下主轴锁 15，让主轴锁卡牢，按住主轴锁并转出六角螺丝24,取出垫片23和固定法兰22,拆下切割片20。

(2)安装。安装之前清理所有的零部件。把新的切割片装在主轴21上,切割片的标签必须朝外,即背向着机臂。陆续装上固定法兰22,垫片23和六角螺丝24。按下主轴锁15,并让主轴卡牢,拧紧六角螺丝24(拧紧扭力为18~20 N·m)。向前收回遮盖18并再度拧紧蝶翼螺丝17,沿着导引槽向下推压提杆19,并同时放下活动防护罩14至提杆卡牢为止。

二、角向砂轮机

(一)结构及功能说明

角向砂轮机的结构详解图如图2-24所示。注:机件的编号和结构详解图的编号一致。

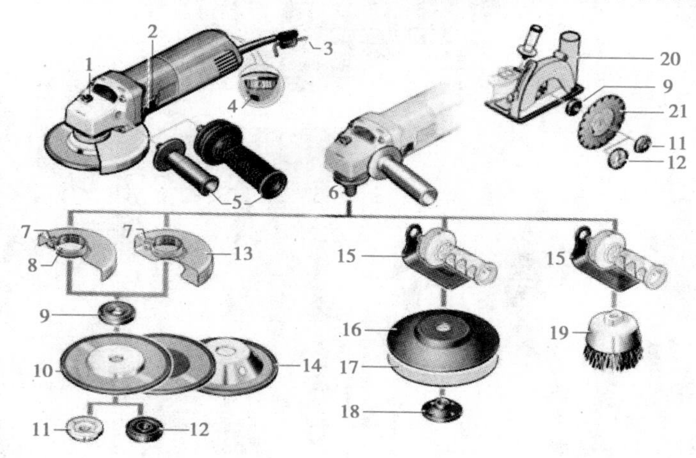

图2-24 角向砂轮机的结构详解图

1—主轴锁定键;2— 起停开关;3—内六角扳手;4—设定转速的指拨轮(GWS 8-100、CE/GWS 8-125、CE/GWS 850 CE);5—辅助手柄;6—主轴;7—防护罩的固定螺丝;8—针对研磨时使用的防护罩;9—含O形环的固定法兰;10—研磨/切割片;11—夹紧螺母;12—快速螺母;13—针对切割时使用的防护罩;14—超合金杯碟;15—护手片;16—橡胶磨盘;17—砂纸;18—圆螺母;19—杯形钢丝刷;20—以导引板切割时所使用的吸尘罩;21—金刚石切割片

(二)角向砂轮机的测试和检查

(1)角向砂轮机必须装有用钢板制成的防护罩,应能保证当砂轮片碎裂时挡住碎片。

(2)严禁使用雨淋或受潮的砂轮(磨头)片。

(三)使用角向砂轮机的注意事项

(1)使用前必须仔细阅读使用说明书,依据使用说明进行安装、维修维护、生产加工。

(2)使用角向砂轮机时,应戴防护眼镜。

(3)使用时,应使火星向下,或做好防止伤害其他工作人员的措施。

(4)严禁在特级和一级动火区未办理动火工作票就使用砂轮角向砂轮机。

(5)不准将角向砂轮机当作切割机使用。

(6)不得打磨非金属材料。

(7)工作中发现砂轮(磨头)片松动,应立即停机,并重新进行紧固。

(8)砂轮(磨头)片半径小于原半径1/3时应更换新砂轮(磨头)片。

(9)角向砂轮(电磨头)机的电机每6个月必须由电气试验单位进行定期检验,如有异常,立即停止使用。

(10)检查砂轮(磨头)片型号与角向砂轮机相匹配,严禁使用有裂纹或其他不良的砂轮(磨头)片。

三、手枪钻

(一)结构及功能说明

手枪钻的结构详解图如图2-25所示。注:机件的编号和结构详解图的编号一致。

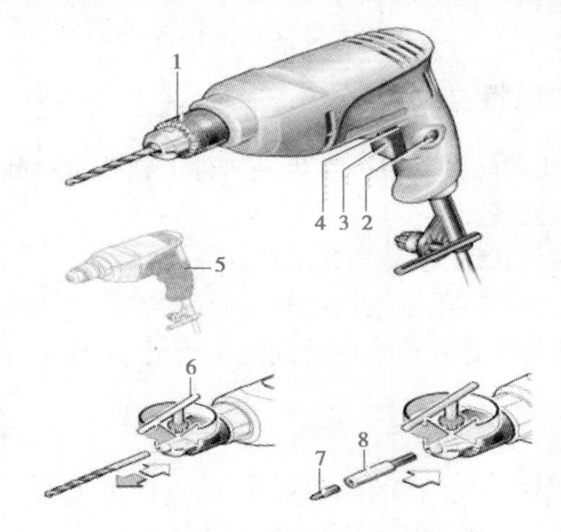

图2-25　手枪钻的结构详解图

1—齿环夹头;2—起停开关的锁紧键;3—起停开关;4—正逆转开关;
5—手柄(绝缘握柄);6—夹头扳手;7—螺丝批嘴;8—通用批嘴连杆

(二)手枪钻的正确操作方法

(1)在金属材料上钻孔应首先在被钻位置处打样冲眼。

(2)在钻较大孔眼时,先用小钻头钻穿,然后再使用大钻头钻孔。

(3)如需长时间在金属上进行钻孔时可采取一定的冷却措施,以保持钻头的锋利。

(4)钻孔时产生的钻屑严禁用手直接清理,应用专用工具清屑。

(三)手枪钻使用前的注意事项

(1)使用手枪钻前必须仔细阅读使用说明书,依据使用说明进行安装、维修维护、生产加工。

(2)操作电动机具的相关人员,着装应符合要求,防止衣角卷入转动部位。

(3)工作场所应保持清洁,不得在雨天室外或潮湿的地方使用手枪钻。

(4)使用前应开机空转检查,确认电动机没有故障隐患。

(5)所使用的磨、钻、削等工具头应紧固,不得松动,所使用的专用紧固工具(如钥匙扳手)必须及时拆下来。

(6)手枪钻转动部位应按规定加注润滑脂。使用的磨、钻、刀(片、头)应符合规定要求。

(7)作业时脚要站稳,身体姿势要保持平衡,不得用力过猛或过大。

(8)手枪钻移动时不得拖着导线拉动工具,严禁拉导线拔插头。

(9)停止使用、维修及更换切、磨、削夹具等,必须切断电源。

(10)手枪钻使用完毕应及时清扫机具,保持工具安全、整齐、清洁。

(11)确认现场所接电源与手枪钻铭牌是否相符,是否接有漏电保护器。

(12)钻头与夹持器应适配,并妥善安装。

(13)确认手枪钻上开关接通锁扣状态,否则插头插入电源插座时电钻将会立刻转动,从而可能造成人员伤害。

(14)若作业场所远离电源,需延伸线缆时,应使用容量足够,安装合格的延伸线缆。延伸线缆如通过人行过道,应高架或做好防止线缆被碾压损坏的措施。

(四)使用手枪钻的注意事项

(1)面部朝上作业时,要戴防护面罩。在生铁铸件上钻孔时要戴防护眼镜,以保护眼睛。

(2)钻头夹持器应妥善安装。

(3)作业时钻头处在灼热状态,注意灼伤肌肤。

(4)使用 $\phi12$ mm 以上的手持手枪钻钻孔时应使用有侧柄手枪钻。

(5)站在梯子上工作或高处作业应做好防高处坠落措施,梯子应有地面人员扶持。

四、台虎钳

台虎钳又称虎钳,是用来加持工件的通用夹具,如图 2-26 所示。台虎钳装置在工作台上,以夹稳加工工件,为钳工车间必备工具。常用的有固定式和回转式两种,回转式的钳体可旋转,能使工件旋转到合适的工作位置。

图 2-26 台虎钳样例图

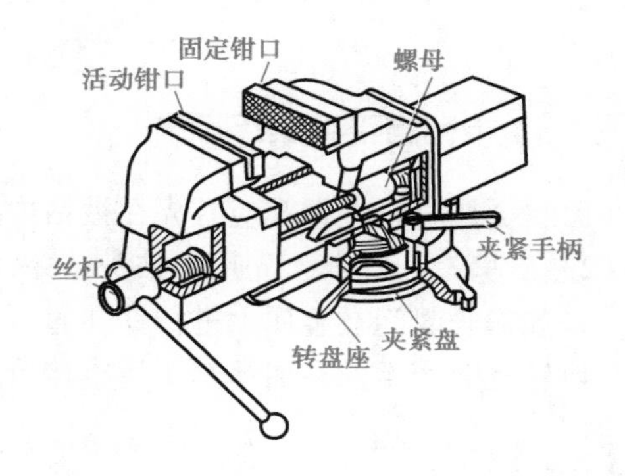

图 2-27 台虎钳的结构详解图

(一)结构说明

台虎钳由钳体、底座、导螺母、丝杠、钳口体等组成,如图 2-27 所示。活动钳身通过导轨与固定钳身的导轨做滑动配合。丝杠装在活动钳身上,可以旋转,但不能轴向移动,并与安装在固定钳身内的丝杠螺母配合。当摇动手柄使丝杠旋转,就可以带动活动钳身相对于固定钳身做轴向移动,起夹紧或放松的作用。弹簧借助挡圈和开口销固定在丝杠上,其作用是当放松丝杠时,可使活动钳身及时退出。在固定钳身和活动钳身上,各装有钢制钳口,并用螺钉固定。钳口的工作面上制有交叉的网纹,使工件夹紧后不易产生滑动。钳口经过热处理淬硬,具有较好的耐磨性。固定钳身装在转座上,并能绕转座轴心线转动,当转到要求的方向时,扳动夹紧手柄使夹紧螺钉旋紧,便可在夹紧盘的作用下把固定钳身固紧。转座上有三个螺栓孔,用以与钳台固定。

(二)注意事项

(1)夹紧工件时要松紧适当,只能用手扳紧手柄,不得借助其他工具加力。
(2)强力作业时,应尽量使力朝向固定钳身。
(3)不许在活动钳身和光滑平面上敲击作业。
(4)对丝杠、螺母等活动表面应经常清洗、润滑,以防生锈。

五、手锯

(一)主要组成及功能

手锯(手锯弓)样例图如图 2-28 所示。手锯的结构详解图如图 2-29 所示。锯弓可分为固定式和可调式两种,图 2-29 为常用的可调式锯弓。锯条由碳素工具钢制成,并经淬火和低温退火处理。锯条规格用锯条两端安装孔之间的距离表示。常用的锯条约长 300 mm、宽 12 mm、厚 0.8 mm。锯条齿形如图 2-30 所示,锯齿按齿距 t 大小可分为粗齿(t=1.6 mm)、中齿(t=1.2 mm)及细齿(t=0.8 mm)三种。锯齿的粗细应根据加工材料的硬度和厚薄来选择。锯削铝、铜等软材料或厚材料时,应选用粗齿锯条。锯硬钢、薄板及薄壁管子时,应选用细齿锯条。锯削软钢、铸铁及中等厚度的工件则多用中齿锯条。锯削薄材料时至少要保证 2 ~ 3 个锯齿同时工作。

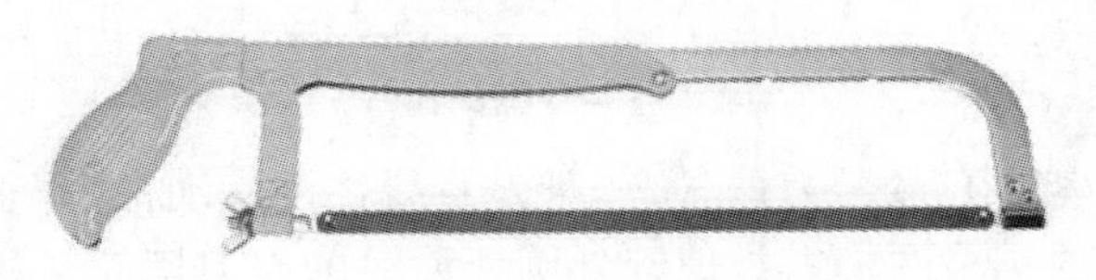

图 2-28　手锯样例图

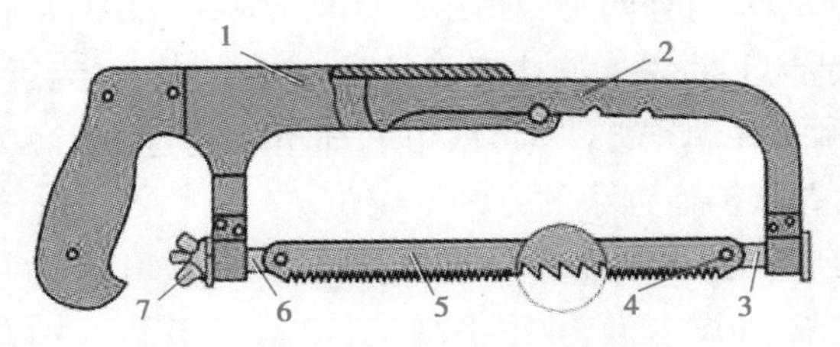

图 2-29　手锯的结构详解图

1—固定部分;2—可调部分;3—固定拉杆;4—削子;5—锯条;6—活动拉杆;7—蝶形螺母

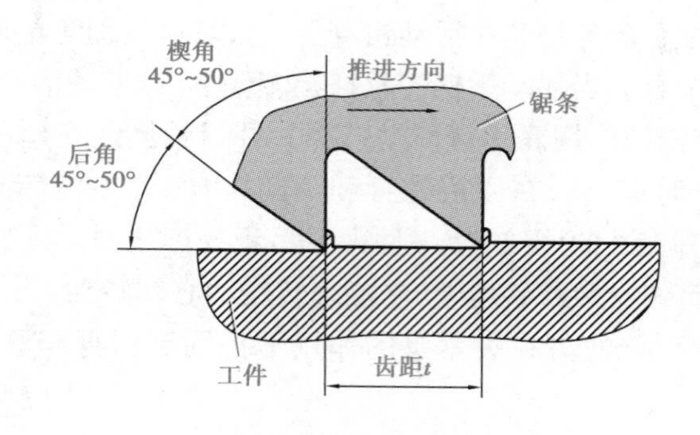

图 2-30 锯条齿形

(二)锯削的基本操作

(1)锯条安装。根据工件材料及厚度选择合适的锯条,安装在锯弓上。锯齿应向前,松紧应适当,一般用两个手指的力能旋紧为止。锯条安装好后,不能有歪斜和扭曲,否则锯削时易折断。

(2)工件安装。工件伸出钳口不应过长,防止锯削时产生振动。锯线应和钳口边缘平行,并夹在台虎钳的左边,以便操作。工件要夹紧,并应防止变形和夹坏已加工表面。

(3)锯削姿势与握锯。锯削时的站立姿势:身体正前方与台虎钳中心线大约成45°,右脚与台虎钳中心线成75°,左脚与台虎钳中心线成30°。握锯时,右手握柄,左手扶弓,如图2-31所示。推力和压力的大小主要由右手掌握,左手压力不要太大。

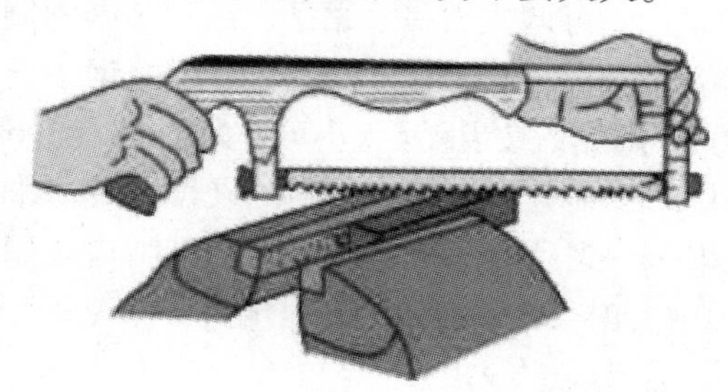

图 2-31 手锯的握法

(4)锯削的姿势。锯削的姿势有两种,一种是直线往复运动,适用于锯薄形工件和直槽;另一种是摆动式,锯割时锯弓两端做类似锉外圆弧面时的锉刀摆动一样。这种操作方式,两手动作自然,不易疲劳,切削效率较高。

(5)起锯方法。起锯的方式有两种,如图2-32所示。一种是从工件远离自己的一端起锯,称为远起锯;另一种是从工件靠近操作者身体的一端起锯,称为近起锯。一般情况下,采用远起锯较好。无论用哪一种起锯方法,起锯角度都不要超过15°。为使起锯的位置准确和平稳,起锯时可用左手大拇指挡住锯条的方法来定位。

(6)锯削速度和往复长度。锯削速度以每分钟往复20~40次为宜。速度过快锯条容易磨钝,反而会降低切削效率;速度太慢,效率不高。

(7)锯削时最好使锯条的全部长度都能进行锯割,一般锯弓的往复长度不应小于锯条长度的2/3。

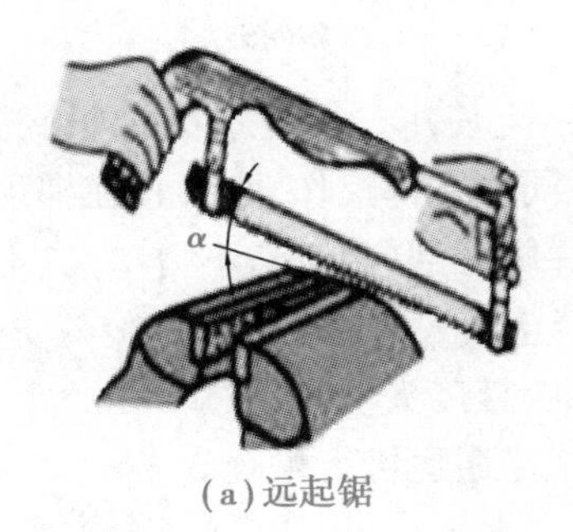

(a)远起锯

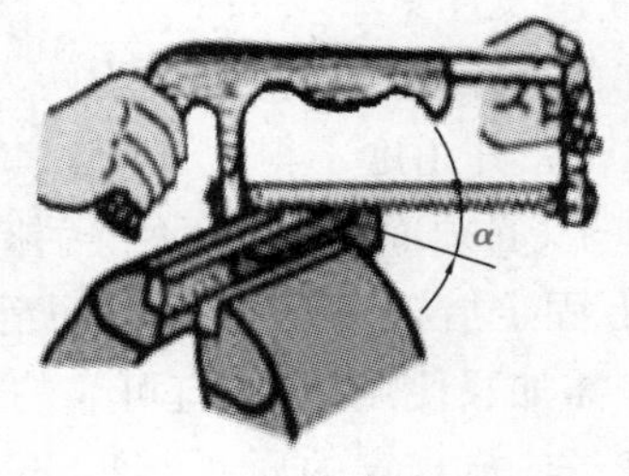

(b)近起锯

图 2-32　起锯方法

六、弯管器

弯管器就是弯曲圆管的专用工具。弯管器样例图如图 2-33 所示。

(一)弯管器的结构和使用方法

把 PVC 管与金属管(部分管需要)放入带导槽的固定轮与固定杆之间,然后用活动杆的导槽导住圆管,用固定杆紧固圆管,将弹簧放入在需要弯曲的圆管部位,使活动杆柄顺时针方向平稳转动。操作时用力要缓慢、平稳,尽量以较大的半径加以弯曲,弹簧可以保持圆管在一定的范围内铜管不被弯扁,避免出现死弯或裂痕, 如图 2-34 所示。

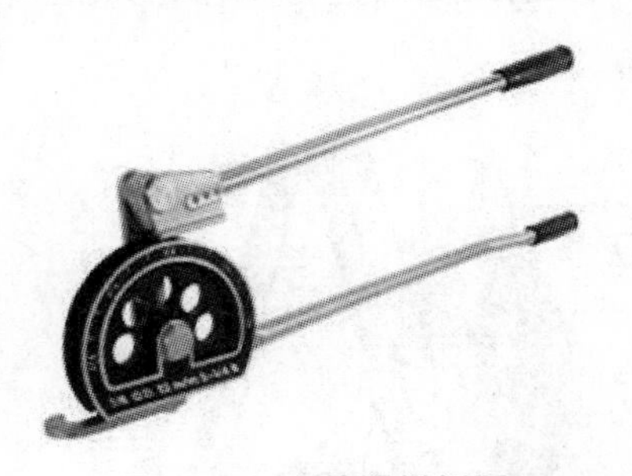

图 2-33　弯管器样例图

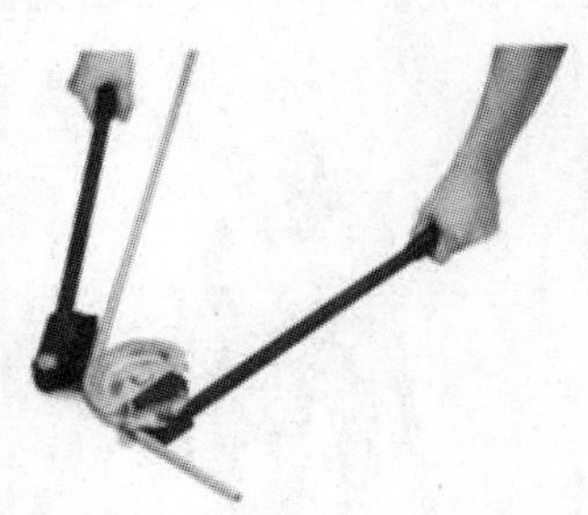

图 2-34　弯管器的使用方法

(二)使用弯管器的注意事项

(1)必须按加工管径(或排尺寸)选用模具,并按序号放到位。

(2)不得在被压管(排)与模具之间加油。

(3)夹紧机件,导板支承机构应按被弯管(排)的方向及时进行换向。

(4)在操作加压过程中严禁人员停留在顶模前方。

七、人字梯

常用人字梯样例图如图 2-35 所示。

图 2-35　人字梯样例图

人字梯的使用及注意事项如下。

（1）人字梯的使用。使用时必须为两人在场，一个使用，一人扶梯；梯子底脚必须采取可靠措施拉牢；梯子张开角度不得大于45°，禁止两人同时在梯上作业；禁止在梯顶作业。

（2）上下梯子，必须面向梯子，不得手持器物；梯脚底部应结实，不得垫高、不得缺档使用，梯子的上端应有固定措施，下端应采取防滑措施；禁止两人同时上下梯子。

（3）梯子如需加长使用，必须有可靠的连接措施，且接头不得超过一处。

（4）作业人员应从规定的通道上下，不得在非规定通道进行攀登。

（5）不可将人字梯用作直梯使用。

（6）不应站在人字梯上以“步行”方式移动梯子，这是非常危险（图2-36）。

（7）应穿着安全鞋，确保鞋底干爽防滑。

（8）使用者应面向梯子，身体重心于两边扶手之间，身体四肢中的三肢任何时间均应接触梯子。

（9）在梯子上工作应携带工具包，防止落物。

（10）当使用人字梯时应全面打开及锁好限制跨度的拉链，必须安放在平稳表面（图2-37）。

（11）当打开或关折梯子时，手部应远离梯绞和梯锁角夹口。

（12）不应踏在梯子顶端使用人字梯，离梯子顶端不应少于两步。

（13）人字梯应摆放于工作处的正前方，身体不应偏向侧面进行工作，否则容易因失去重心而跌落。

图2-36 常见人字梯的错误移动方式

图2-37 人字梯固紧方式

八、工具腰包

工具腰包样例图如图2-38所示。工作人员配电作业或登高作业时应将工具腰包佩戴于腰部，用于各种工具器材的携带，便于工作环境下使用。

图 2-38　工具腰包样例图

九、木柄羊角锤

羊角锤是应用杠杆原理，一头可用来拔钉子省力，一头用来敲钉子，属敲击类工具。木柄羊角锤样例图如图 2-39 所示。

十、六角扳手

六角扳手用于装拆大型六角螺钉或螺母，外线电工可用它装卸铁塔之类的钢架结构。六角扳手样例图如图 2-40 所示。

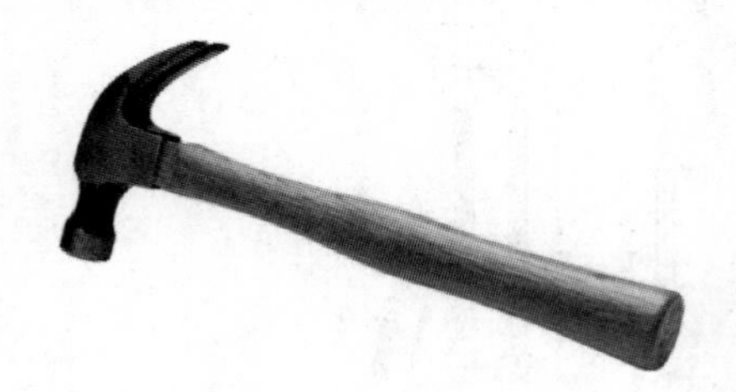

图 2-39　木柄羊角锤样例图

图 2-40　六角扳手样例图

任务三　电工工具操作技术

通过电工工具的学习，把电工工具的运用与生活实践有机结合，达到既熟练地掌握家庭常用的电工工具的操作规范并运用，又能结合家庭常见的电路进行行之有效的安装。本项目首先从家庭常见的导线连接着手，通过导线线头绝缘层的剥削、导线线头的连接与导线线头的恢复来练习使用家庭常用的电工工具，达到知行合一。

一、导线颜色的区分与标识符

根据规范，保护线（PE）即地线，必须（强制性规定）用黄绿双色线，零线用蓝色（不是强制性规定，在条件许可时，均应选择蓝色），相线不使用蓝色，多为红、黄、绿色。目前，市场上相线颜色还未一致，不同公司规定不一样。下面用颜色方式可以参考。零线均用蓝色；用于插座，相线用红色；灯路进线用红色；灯路控制线或双控线用黄色和绿色。

实际操作安全为上红色是火线（L 表示），蓝色是零线（N 表示），黄色或黄白相间的是地线（E 表示）。相线一般是黄、绿、红，保护中性线（PEN）是黑色，保护线（PE）是黄绿双色线，保护线在任何情况下都严禁作相线使用，如图 2-41 所示。

注意：在直流电中 L 表示负极，N 表示正极，E 表示地线。

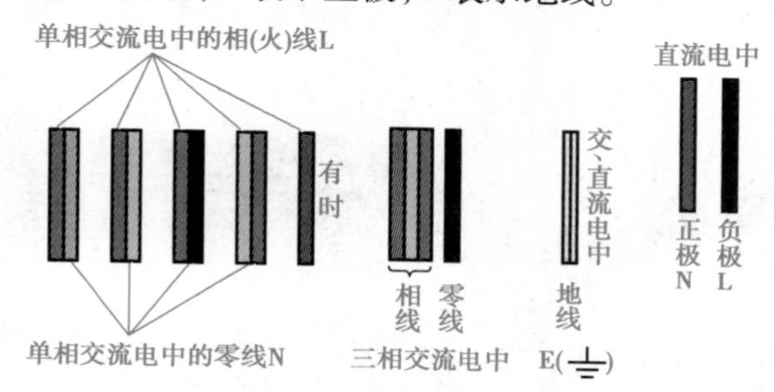

图 2-41　交流电导线颜色表示标示

二、线头绝缘层的剥削

（一）塑料硬线

去除塑料硬线绝缘层常用的电工工具有剥线钳、钢丝钳和电工刀。

（1）对于线芯截面积不大于 4 mm^2 的塑料硬线绝缘层的剥离，一般用钢丝钳进行剥离。剥离的方法和步骤如下：

①根据所需线头长度用钢丝钳刀口切割绝缘层，注意用力适度，不可损伤芯线。

②用左手抓牢电线，右手握住钢丝钳头，用力向外拉动，即可剖下塑料绝缘层，如图 2-42 所示。在剥绝缘层时，切不可在刀口出处加剪切力，以免伤及线芯。在有条件的情况下，最后

用剥线钳。

③剖削完成后，应检查线芯是否完整无损，如损伤较大，应重新剖削。

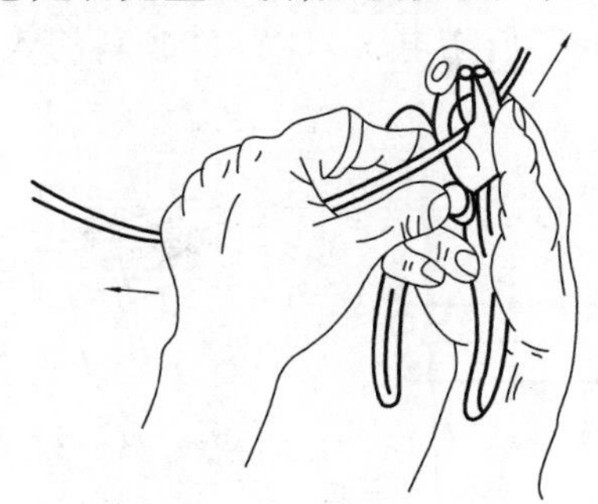

图 2-42　钢丝钳剖削塑料硬线绝缘层操作示意图

(2) 对于芯线截面大于 4 mm^2 塑料硬线绝缘层，可用电工刀来剥离绝缘层。剥离的方法和步骤如下：

①根据所需线头长度用电工刀以约 45°倾斜切入塑料绝缘层，注意用力适度，避免损伤线芯。

②使刀面与芯线保持 25°左右，用力向线端推削，在此过程中应避免电工刀切入线芯，只削去上面一层塑料绝缘。

③将未削塑料绝缘层向后翻起，用电工刀从根切去。

操作过程示意图如图 2-43 所示。

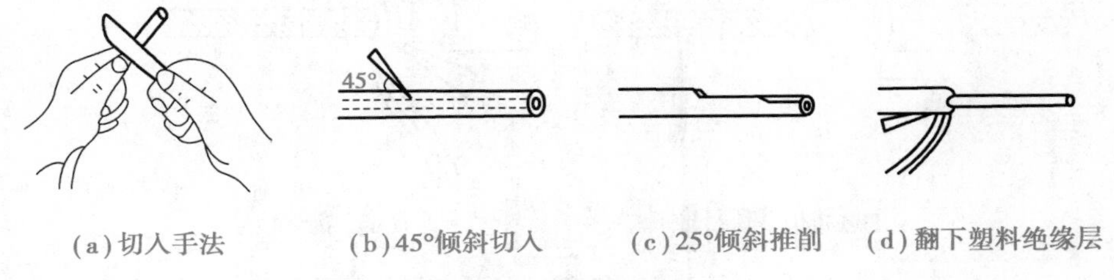

(a) 切入手法　(b) 45°倾斜切入　(c) 25°倾斜推削　(d) 翻下塑料绝缘层

图 2-43　电工刀剖削塑料硬线绝缘层操作示意图

(二) 塑料软线

由于塑料软线太软，其绝缘层只能用剥线钳或钢丝钳进行，切不可用电工刀剥离绝缘层。剥离的方法和步骤如下：

(1) 将线头放在大于线芯长度的切口上，用钳口轻切绝缘层，注意用力适度，不可损伤芯线。

(2) 用左手抓牢电线，右手握住钳头，迅速移动钳头，即可剖下塑料绝缘层。

(三) 塑料护套线

塑料护套线绝缘层分为外层公共护套层和内部每根芯线的绝缘层，内部芯线的剥离同上述硬芯线（或者软芯线）一样，而外层公共护套层必须用电工刀剖削来完成，剖削方法和步骤如下：

(1)按所需长度用电工刀刀尖沿芯线中间缝隙划开护套层,如图 2-44(a)所示。

(2)向后翻起护套层,用电工刀齐根切去,如图 2-44(b)所示。

(3)在距离护套层 5 ~ 10 mm 处,用电工刀以 45°倾斜切入绝缘层,其他剖削方法与塑料硬线绝缘层的剖削方法相同。

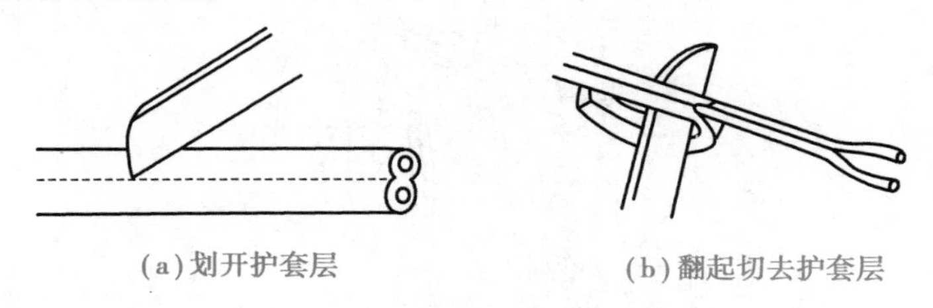

(a)划开护套层　　(b)翻起切去护套层

图 2-44　塑料护套线绝缘层的剖削

(四)花线

花线绝缘层外层是棉纱编织而成,剥离前先将编织层推后,露出橡胶绝缘层,然后用钢丝钳安装上述剥削塑料软线的方法将橡胶绝缘层勒去掉。剖削方法和步骤如下:

(1)根据所需剖削长度,用电工刀在导线外表织物保护层割切一圈,并将其剥离。

(2)距织物保护层 10 mm 处,用钢丝钳刀口切割橡皮绝缘层。注意:不能损伤芯线,拉下橡皮绝缘层,方法与图 2-42 类同。

(3)将露出的棉纱层松散开,用电工刀割断,如图 2-45 所示。

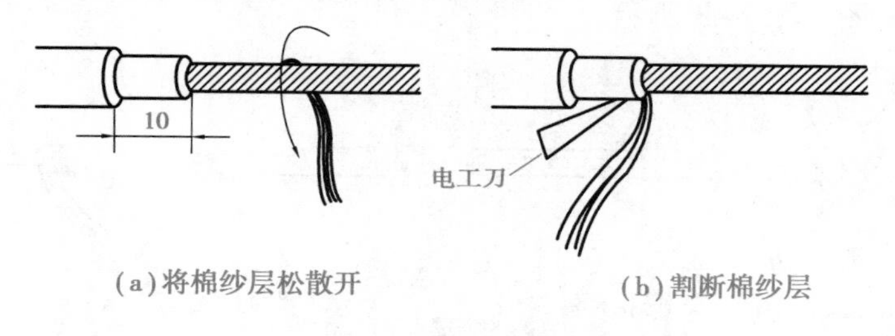

(a)将棉纱层松散开　　(b)割断棉纱层

图 2-45　花线绝缘层的剖削

(五)橡皮套线

橡皮套线与护套线结构一样,其主要区别在于它们的绝缘层不同,橡皮套线的绝缘材料是橡胶,而护套线的绝缘层是塑料。故橡皮套线与剖削护套线的剥离方法和步骤相似。具体剥离方法和步骤如下:

(1)把橡皮线编织保护层用电工刀划开,其方法与剖削护套线的护套层方法类同。

(2)用剖削塑料线绝缘层相同的方法剖去橡皮层。

(3)剥离棉纱层至根部,并用电工刀切去。操作过程如图 2-46 所示。

(六)铅包线

铅包线绝缘层分为外部铅包层和内部芯线绝缘层。剖削时,先剖削外部铅包层,其内部芯线绝缘层同塑料护套线的剥削相同。剖削方法和步骤如图 2-47 所示。

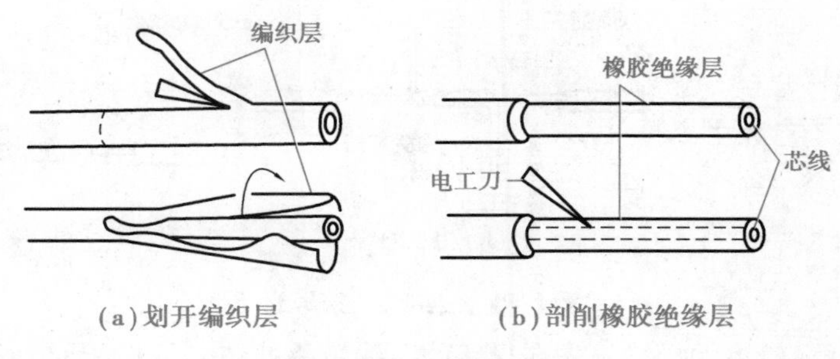

(a)划开编织层　(b)剖削橡胶绝缘层

图 2-46 橡皮套线绝缘层的剖削

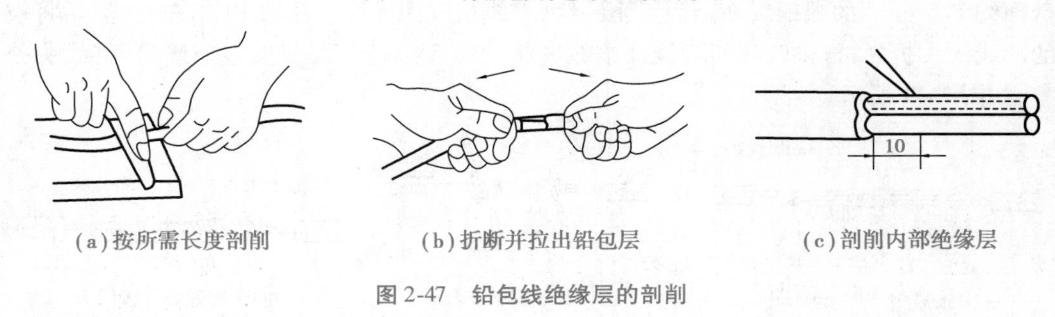

(a)按所需长度剖削　(b)折断并拉出铅包层　(c)剖削内部绝缘层

图 2-47 铅包线绝缘层的剖削

(七)漆包线

漆包线是在金属导线外部采用醇酸树脂、合成树脂等漆料作为金属防护漆原料,用作漆包线的绝缘层,故去除外层防护漆材料与上述其他导线的绝缘层方式不一样。通常漆包线根据漆包线的直径不同,去除的处理方法也不同。直径在 0.1 mm 以上的漆包线既可以用细砂纸或细纱布擦去,也可以用薄刀片刮去;直径在 0.1 mm 以下的漆包线只能用细砂纸或细纱布轻轻擦除。漆包线越细越容易折断,操作时务必特别小心。

三、导线接头的连接

导线连接是电工作业的一项基本工序,也是一项十分重要的工序。导线连接的质量直接关系到整个线路能否安全可靠地长期运行。对导线连接的基本要求是:连接牢固可靠、接头电阻小、机械强度高、耐腐蚀耐氧化、电气绝缘性能好。

常用的导线按材料分为铜芯与铝芯,按芯线股数的不同,有单股和多股之分,由于生产实际中需要的导线种类不同,其连接方法也不同。常用的连接方法有绞合连接、紧压连接、焊接等。连接前应小心地剥除导线连接部位的绝缘层,注意不可损伤其芯线。

(一)单股铜芯线

1. 绞结法和缠绕法

绞结法用于截面小的单股铜导线连接方法,如图 2-48 所示。剥离线芯,先将两导线的芯线线头作 X 形交叉,再将它们相互缠绕 2 ~3 圈后扳直两线头,然后将每个线头在另一芯线上紧贴密绕 5 ~6 圈后,剪去多余线头,并将线头平整即可。

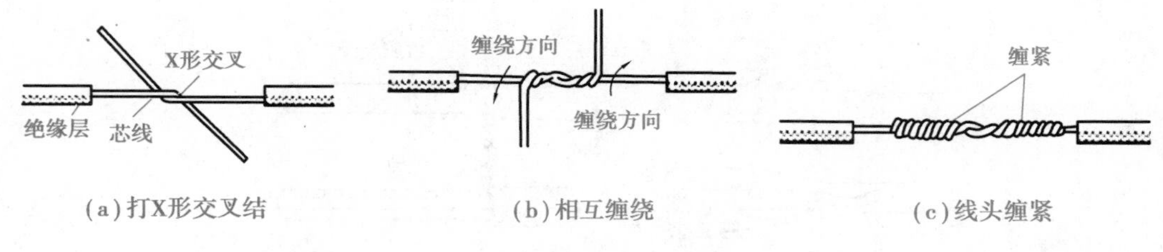

(a) 打X形交叉结　(b) 相互缠绕　(c) 线头缠紧

图 2-48　绞结法连接导线

缠绕法用于截面较大的导线。先在导线的芯线重叠处植入一根相同直径的芯线，再用一根截面约 1.5 mm^2 的裸铜线在上面紧密缠绕，缠绕长度为导线直径的 10 倍左右，然后将被连接的芯线线头折回，再将两端的绕线裸铜线继续缠绕 5 ~ 6 圈后，剪去多余线头，将线头处理平整，如图 2-49 所示。

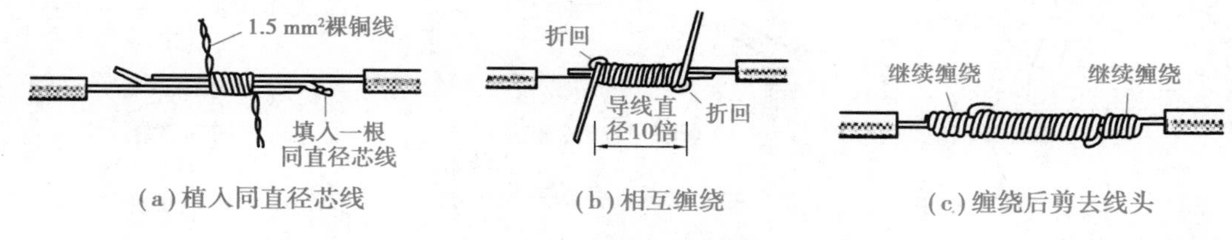

(a) 植入同直径芯线　(b) 相互缠绕　(c) 缠绕后剪去线头

图 2-49　缠绕法连接导线

不同截面的单股铜导线的连接方法如图 2-50 所示。先将细导线的芯线在粗导线的芯线上紧密缠绕 5 ~ 6 圈，然后将粗导线芯线的线头折回紧压在缠绕层上，再用细导线在其上继续缠绕 3 ~ 4 圈后，剪去多余线头，将线头处理平整。

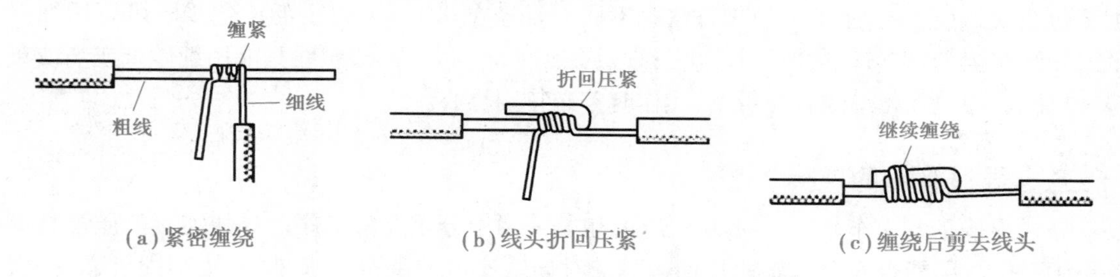

(a) 紧密缠绕　(b) 线头折回压紧　(c) 缠绕后剪去线头

图 2-50　不同截面的单股导线连接方法

2. T 形连接

单股铜导线的 T 形连接如图 2-51(a) 所示。将支路芯线的线头紧密缠绕在干路芯线上 5 ~ 8 圈后，剪去多余线头即可，对于较小截面的芯线，可先将支路芯线的线头在干路芯线上打一个结，如图 2-51(b) 所示，再紧密缠绕 5 ~ 8 圈后，剪去多余线头，并将线头处理平整。

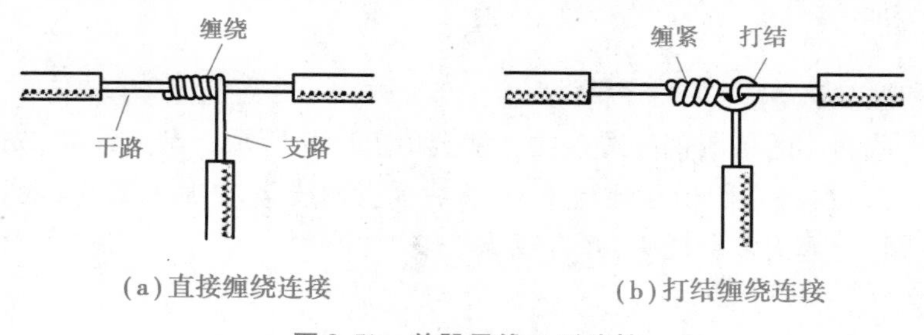

(a) 直接缠绕连接　(b) 打结缠绕连接

图 2-51　单股导线 T 形连接

（二）多股铜芯线

1. 直接连接

多股铜芯线的直接连接如图 2-52 所示。先将多股铜芯线的绝缘层剥离，再将芯线拉直。在靠近导线完好绝缘层约 1/3 芯线绞合拧紧，将剩余的 2/3 芯线做成伞状散开，另一根线作相同处理，如图 2-52(a)所示；将两伞状芯线相对互相插入对方后捏平芯线，如图 2-52(b)所示；将每一边的芯线线头分成 3 组，先将某一边的第一组线头翘起并紧密缠绕在线芯上，如图 2-52(c)所示；再将第二组线头翘起并紧密缠绕在芯线上，如图 2-52(d)所示；最后将第三组线头翘起并紧密缠绕在芯线上，如图 2-52(e)与 2-52(f)所示。以相同的方法缠绕接线端子的另一边线头，如图 2-52(g)所示。

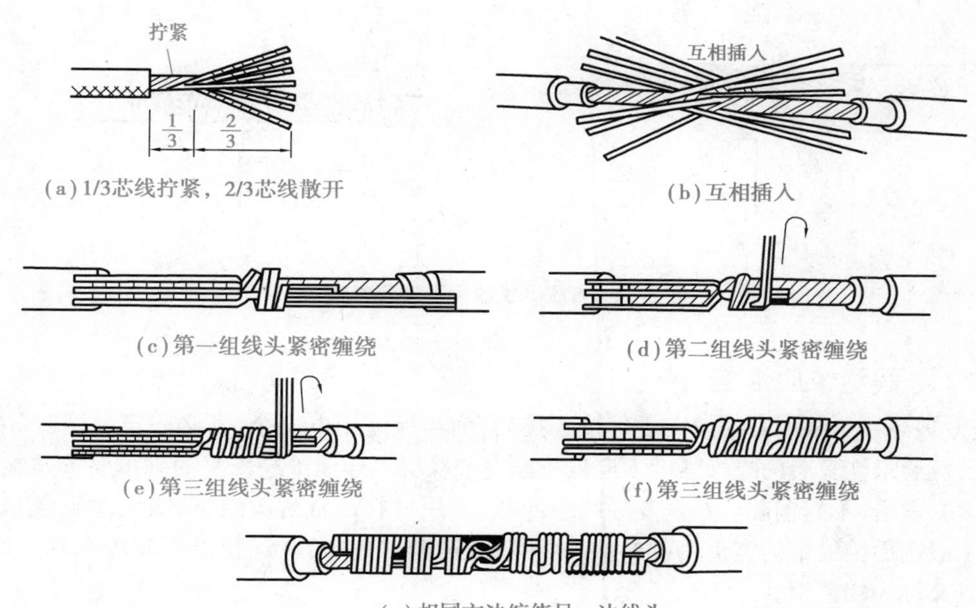

(a) 1/3芯线拧紧，2/3芯线散开
(b) 互相插入
(c) 第一组线头紧密缠绕
(d) 第二组线头紧密缠绕
(e) 第三组线头紧密缠绕
(f) 第三组线头紧密缠绕
(g) 相同方法缠绕另一边线头

图 2-52 多股导线的直接连接方式

2. T 形连接

多股导线的 T 形连接常见的有两种连接方法。一种方法是将支路芯线 90°折弯后与干线芯线并行，然后再将线头折回并紧密缠绕在芯线上即可，如图 2-53 所示。

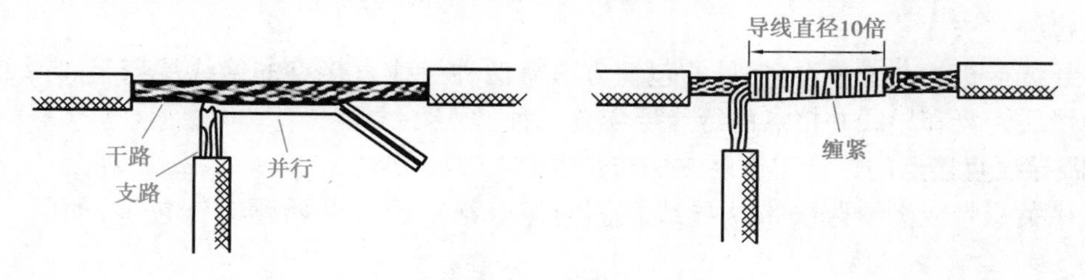

图 2-53 多股导线的 T 形连接方式 1

另一种方法是将芯线靠近绝缘层的约 1/8 芯线绞合拧紧，其余的 7/8 芯线分为两组，如图 2-54(a)所示，一组插入干路芯线中，另一组放在干路芯线前面，并朝右边按图 2-54(b)、

2-54(c)所示方向缠绕 4 ~ 5 圈,再将插入干路芯线中另一组朝左边按图 2-54(d)所示方向缠绕 4 ~ 5 圈,连接完成的导线如图 2-54(e)所示。

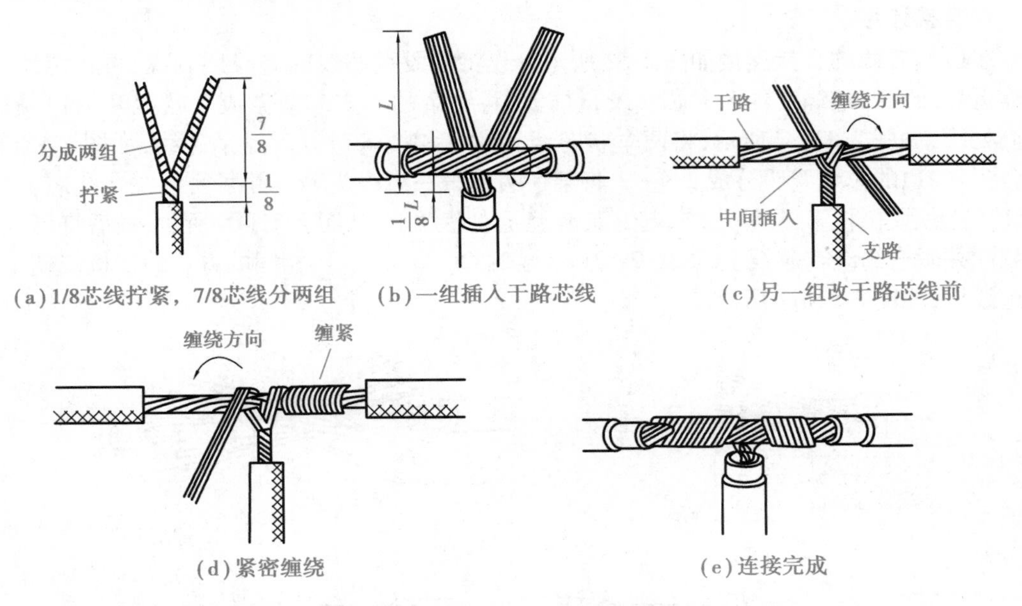

图 2-54　多股导线的 T 形连接方式 2

四、导线绝缘的恢复

当发现导线绝缘层破损或完成导线连接后,为了保证用电安全,务必一定要恢复导线的绝缘层,且要求恢复后的绝缘强度不应低于原有绝缘层。导线绝缘恢复的基本要求是绝缘带包缠均匀、紧密,不露铜芯。在恢复导线绝缘时,所用材料通常是黄蜡带、涤纶薄膜带和黑胶带等,一般选用绝缘带的宽度为 10 ~ 20 mm 较为适合。其中,电气胶带因颜色有红、绿、黄、黑,所以又称为相色带。

1. 绝缘材料

绝缘材料在电路中用于隔离带电体与外界的接触,以及绝缘带有不同电位的导体,使电流按一定的方向流动。绝缘材料在使用过程中会发生缓慢的、不可逆变、使其电气性能和机械强度逐渐恶化(也称绝缘材料老化)的现象。在选择绝缘材料时,相关参数主要为绝缘强度、绝缘电阻、吸水性、耐热性、介电损耗与介电常数、黏度与酸值、机械强度。

2. 包缠方法

从导线接头的方式来看,常见的包缠方法有两种导线直接点的绝缘层恢复、导线分支接点的绝缘层恢复和导线并接点的绝缘层恢复三种。

(1)导线直接点的绝缘层恢复方法与步骤。

①用黄蜡带或涤纶薄膜带从导线左侧的完好绝缘层上开始顺时针包缠,如图 2-55(a)所示。

②在进行包扎时,绝缘带与导线应保持 45°的倾斜角并用力拉紧,使得绝缘带半幅相叠压紧,如图 2-55(b)所示。

③黄蜡带包扎至另一端,另一端也必须包入与始端同样长度的绝缘层。然后接上黑胶

带，并应将黑胶带包出绝缘带至少半根带宽，即必须使黑胶带完全包没绝缘带，如图 2-55(c)所示。

④黑胶带的包缠不得过疏或过密，包到另一端也必须完全包没绝缘带，收尾后应用双手的拇指和食指紧捏黑胶带两端口，进行一正一反方向拧紧，利用黑胶带的黏性，将两端口充分密封起来，如图 2-55(d)所示。

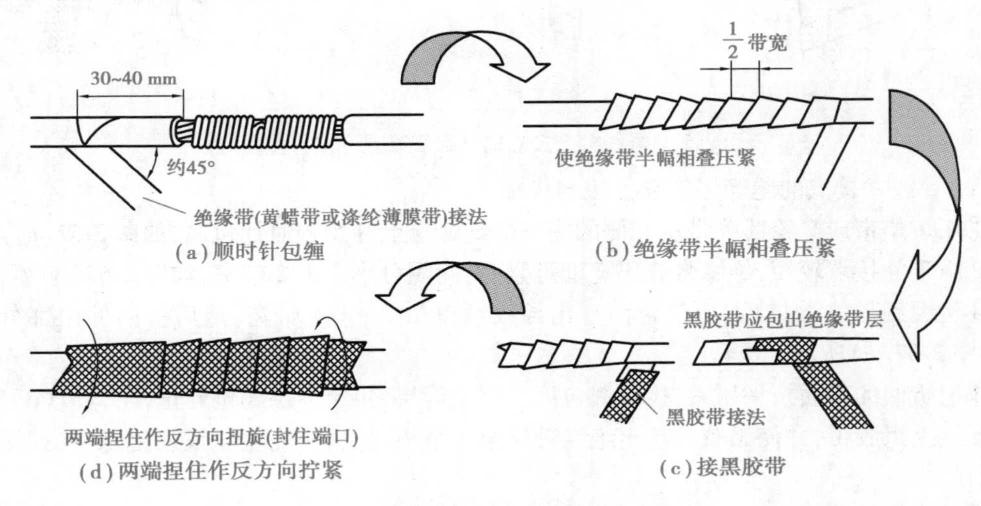

图 3-55　导线直接点的绝缘层恢复方法与步骤

(2)导线分支接点的绝缘层恢复方法与步骤。

①用黄蜡带或涤纶薄膜带从导线左端完好的绝缘层上开始顺时针包缠，如图 2-56(a)所示。

②包至碰到分支线时，应用左手拇指顶住左侧直角处包上的带面，使它紧贴转角处芯线，并应使处于线顶部的带面尽量向右侧斜压，如图 2-56(b)所示。

③绕至右侧转角处时，用左手食指顶住右侧直角处带面，并使带面在干线顶部向左侧斜压，与被压在下边的带面呈“×”状交叉。然后把带再回绕到右侧转角处，如图 2-56(c)所示。

④黄蜡带或涤纶薄膜带沿紧贴住支线连接处根端，开始在支线上缠包，包至完好绝缘层上约两根带宽时，原带折回再包至支线连接处根端，并把带向干线左侧斜压，如图 2-56(d)所示。

⑤当带围超过干线顶部后，紧贴干线右侧的支线连接处开始在干线右侧芯线上进行包缠，如图 2-56(e)所示。

⑥包至干线另一端的完好绝缘层上后，接上黑胶带后，再按步骤②—⑤继续包缠黑胶带，如图 2-56(f)所示。

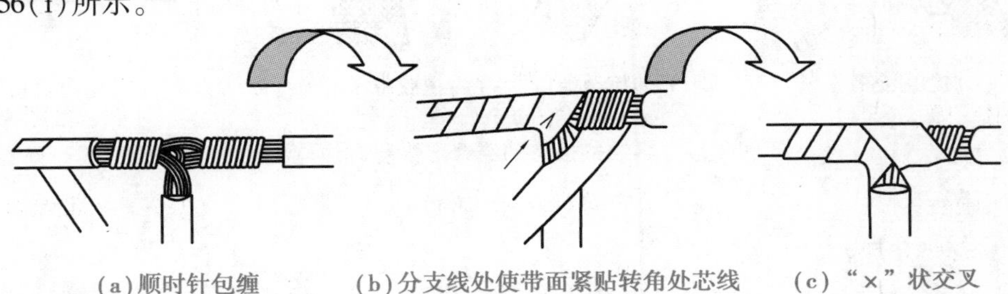

(a)顺时针包缠　(b)分支线处使带面紧贴转角处芯线　(c)“×”状交叉

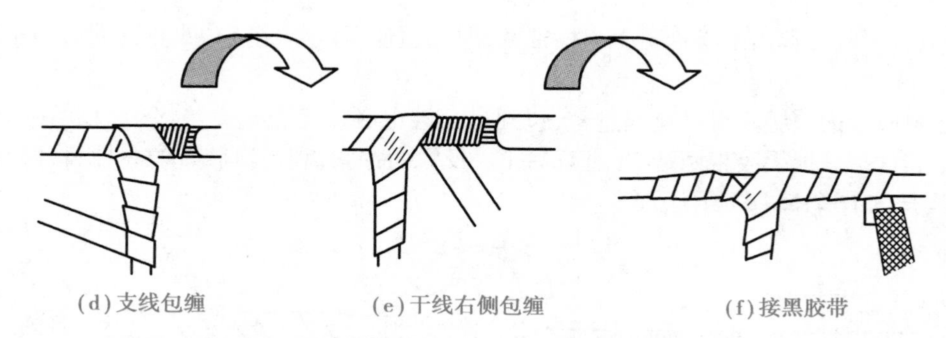

(d)支线包缠　(e)干线右侧包缠　(f)接黑胶带

图 2-56　导线分支接点的绝缘层恢复方法与步骤

(3)导线并接点的绝缘层恢复方法与步骤。

①用黄蜡带或涤纶薄膜带从左侧的完好的绝缘层上开始顺时针包缠,如图 2-57(a)所示。

②由于并接点较短,绝缘带叠压宽度可紧些,间隔可小于 1/2 带宽,如图 2-57(b)所示。

③包缠到导线端口后,应使带面超出导线端口 1/2 ~ 3/4 带宽,然后折回伸出部分的带宽,如图 2-57(c)所示。

④把折回的带面按平压紧,接着缠包第二层绝缘层,包至下层起包处止,图 2-57(d)所示。

⑤接上黑胶带,并使黑胶带超出绝缘带层至少半根带宽,并完全压没住绝缘带,如图 2-57(e)所示。

⑥按步骤②把黑胶带包缠到导线端口,如图 2-57(f)所示。

⑦按步骤③、④把黑胶带缠包端口绝缘带层,要完全压没住绝缘带;然后折回缠包第二层黑胶带,包至下层起包处止,如图 2-57(g)所示。

⑧用右手拇指和食指紧捏黑胶带断带口,使端口密封,如图 2-57(h)所示。

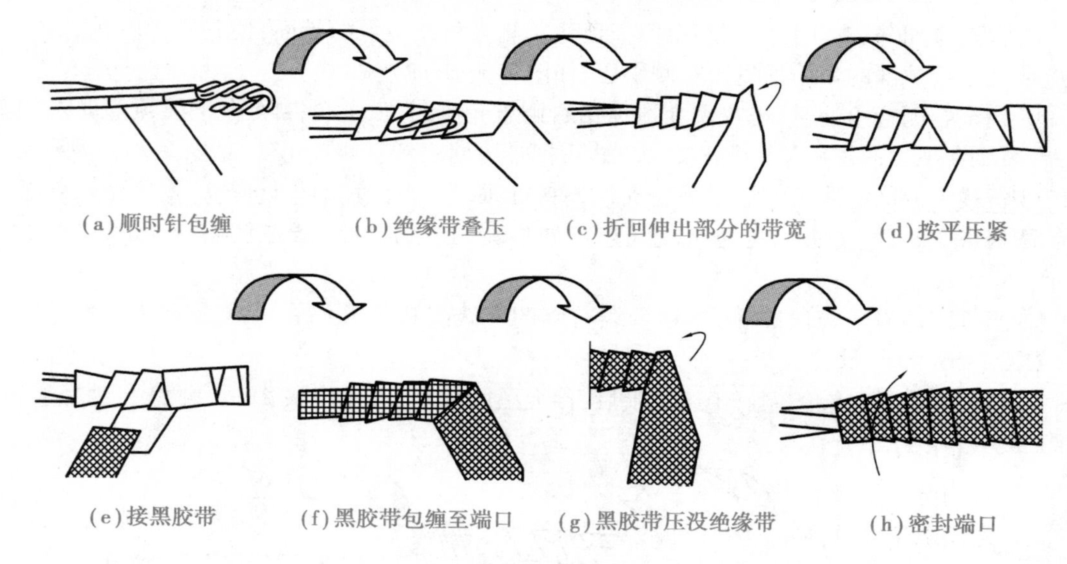

(a)顺时针包缠　(b)绝缘带叠压　(c)折回伸出部分的带宽　(d)按平压紧

(e)接黑胶带　(f)黑胶带包缠至端口　(g)黑胶带压没绝缘带　(h)密封端口

图 2-57　导线并接点的绝缘层恢复方法与步骤

任务四　项目实操训练

一、项目实操教程

(一)实训名称

常用的电工工具使用实训。

(二)实训目的

(1)能够阐述常见绝缘材料、导电材料的用途及使用常识,并根据现场工程环境选择合格的绝缘材料。

(2)能够阐述常见工具的用途,并通过训练能正确识别并使用常用的电工工具。

(3)能够阐述各类导线的连接方法,并根据不同的工作场合,能够正确连接导线与线头绝缘层的恢复。

(三)实训器材

实训器材明细清单见表2-1。

表2-1　实训器材明细清单

序号	实训器材名称	数量	备注
1	通用电工工具	若干	根据工作操作环境选择合理工具
2	各类电线电缆	若干	根据工作环境和参数选择合理导线
3	绝缘材料	若干	根据工作场景选择合理绝缘材料
4	单个五孔插座	2个	开关控制插座、开关控制电灯

(四)实训内容

1. 常用电工工具的使用方法

(1)常用电工工具的功能作用与主要用途。

(2)常用电工工具的使用方法要点。

(3)常用电工工具的正确使用。

(4)常用电工工具使用过程中的注意事项。

(5)电工工具的选用和使用操作考核评分表见表2-2。

表 2-2 电工工具的选用和使用操作考核评分表

考评项目	考评内容	配分	扣分原因	得分
电工工具安全使用	工具的认识	25	口述电工工具的功能□ 错漏每项扣 5 分	
	工具的检查	25	未检查工具外观□ 扣 5 分 未检查工具是否合格□ 扣 10 分	
	工具的正确使用	50	未使用前检查□ 扣 10 分 未使用前校准□ 扣 10 分 选择的工具规格不对□ 扣 10 分 操作不正确□ 扣 50 分	
	否定项	给定的任务,无法选择合理的工具□ 给定的测量,不会测量方法与步骤□ 违反操作安全规范,导致自身或工具处于不安全状态□		
	合计	100	无法选择合适的工具,违反安全操作规范,导致自身或工具处于不安全状态,本项目为零分	

2. 导线的连接与恢复

(1)常规导线的正确选择。

①根据导线的焊接性能、力学性能、性价比等因素选择导线线芯材料。

②根据使用场合、负载电流的大小、经济指标等综合因素选择导线。

③根据电气装备的用途、环境、额定电压、电流值、经济指标选择导线。

(2)导线的连接。

①单股铜芯线的直接连接步骤与操作说明。

②单股铜芯线的 T 形连接步骤与操作说明。

③多股铜芯线的直接连接步骤与操作说明。

(3)导线线头的绝缘恢复。

①导线直接点的绝缘层恢复方法与步骤。

②导线分支接点的绝缘层恢复方法与步骤。

③导线并接点的绝缘层恢复方法与步骤。

(4)导线的连接与绝缘恢复操作考核。

导线的连接与绝缘恢复操作考核(以常用开关的连接方法为实例)。导线的连接与绝缘恢复操作考核评分表见表 2-3。

表 2-3　导线的连接与绝缘恢复操作考核评分表

考评项目	考评内容	配分	扣分原因	得分
导线连接与绝缘恢复	运行操作	60	接线露铜处尺寸不均匀□　扣 5 分 露铜处尺寸超标□　扣 5 分 接线不规范□　扣 10 分 绝缘包扎不规范□　扣 10 分	
	安全作业环境	20	操作不文明、不规范□　扣 10 分 工位不整洁□　扣 5 分	
	问答	20	回答不正确□　扣 10 分 回答不完整□　扣 5 分	
	否定项	接头连接不紧密□ 接头连接松动□		
	合计	100	通电不成功、跳闸、熔断器烧毁、损坏设备、违反安全操作规范，本项目为零分	

二、项目实训报告册

(一)实训名称

常用电工工具综合操作实训。

(二)实训报告

本项目实训报告见表 2-4。

表 2-4　实训报告

一、实训目的
二、实训内容 (一)实训器材

续表

(二)常用电工工具的使用方法

工具名称	功能作用	使用方法要点
低压试电器	区别电压高低	
	区别相线与零线	
	区别直流电与交流电	
	区别直流电正负极	
	识别相线碰壳	

工具名称	主要用途	使用方法要点
活动扳手		
螺钉旋具 (按照类型说明)		
电工工具钳 (按照类型说明)		
电工刀具 (按照类型说明)		

三、线路装修工具使用训练

(一)单股铜芯线的连接

连接方法	步骤及操作说明
绞结法和缠绕法	
T形连接	

(二)多股导线的连接

连接方法	步骤及操作说明
直接连接	
T形连接	

续表

(三)家庭五孔插座带开关的接法

学会颜色区分灯线	火线颜色	零线颜色	地线颜色
学会实物图元件符号标识	火线符号标识	零线符号标识	地线符号标识
单相五孔插座（单相开关控制插座原理图 1）			
单相五孔插座（单相开关控制灯原理图 2）			
并联五孔插座原理图			
五孔插座安装的注意事项			

四、实训结果分析与总结

电子常用元件识别与参数测量

知识目标

(1)掌握常规电工测量工具的工作原理、测量步骤及操作要点。

(2)掌握常用元器件的参数含义、鉴别及使用。

(3)熟悉半导体二极管、三极管的结构、分类、特性及其用法。

(4)能够叙述常用电工仪表面板的结构、旋钮、按键功能及其使用方法。

能力目标

(1)能根据电路元器件正确选择测量电工仪表,并了解该测量仪表的工作原理、测量步骤及操作要点。

(2)会正确使用常用电工仪表测量相关参数。

(3)能根据电器元件的标示估算元器件的极性、参数大小。

素养目标

挖掘思政元素理论“坚持实事求是、辩证唯物主义法”。通过元件测量数据的真实性、有效性、有界性来强调做人做事应实事求是,求真务实,培养学生爱国守法,指明党引导我们认识世界,改造世界的根本要求就是实事求是,一切从实际出发的辩证唯物主义。

电子产品在人们生活中无处不在,如计算机、手机、网络电视、智能家居、数码相机、商用电子、汽车电子、办公自动化、仪器仪表等,这些电子产品由哪些常用基本电子元器件组成?这些电子产品的电源又是如何将插座上的交流工频电变成低压的直流电?制造一个降压的稳定电源又需要哪些电子元器件?元器件的特性是什么?又是如何根据原理图去选择合适的元件及测量方法?通过本项目的学习,我们能够找到答案。

任务一　常用电工测量仪

针对被测量元器件中常见的各个物理量(如电压、电流、功率、电能、电阻及电路参数等)的大小,除采用理论分析与计算的方法外,在实践工作中,人们常常通过拟定测量方法,选择相应的测量仪表去测量各类电路参数,并采取相应的测量措施提高测量精度。因此,如何熟练掌握并使用常见的电工测量仪表,如何正确使用电工测量仪表对电路被测物理参数进行有效的参数测控,及时发现电路问题、分析电路运行问题是保障线路安全运行的基本前提。因此,本项目在于熟练掌握常用的电工测量仪表的使用方法与技能,以及操作步骤和注意事项。

一、万用表

(一)概述

万用表又称为复用表、多用表、三用表、繁用表等,是一种可以测量多种电量的多量程便携式仪表。按其工作表头的构成,万用表可以分为机械表(指针型)万用表和数字显示型(数字型)万用表两类(图 3-1)。常用的万用表可以测量直流电压、直流电流、交流电压、交流电流、电阻等电量。特殊的万用表还可以测量电容、电感以及晶体管的 β 值等。目前市场上的万用表种类繁多,有袖珍式万用表,如 M15、MF16、MF30 等;中型便携式万用表,如 500 型、MF4、MF10 和 MF25 等;数字式万用表,如 PF5、PF3、VC890D 和 DT9208A 等。电气动力设备安装工一般选用 DT9208A 数字万用表。

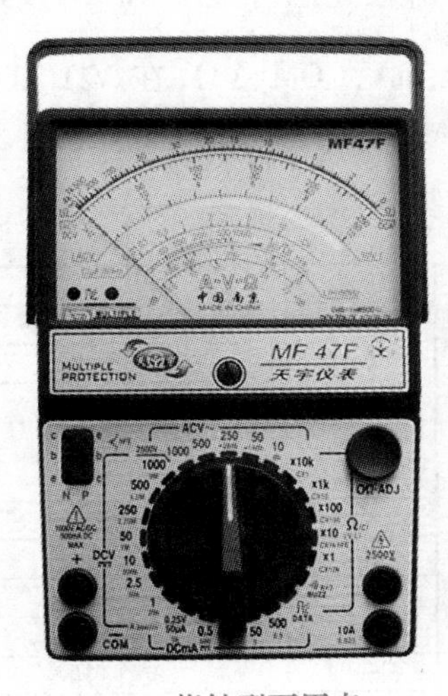

(a)指针型万用表

(b)数字显示型万用表

图 3-1　常用万用表类型

数字显示型万用表采用集成电路和液晶数字显示技术,具有准确度高、读数直观、避免读数差错、耗电少、体积小、功能多等特点。现以 DT9208A 数字万用表为例介绍其结构和使用方法,其外观及控制面板如图 3-2 所示。

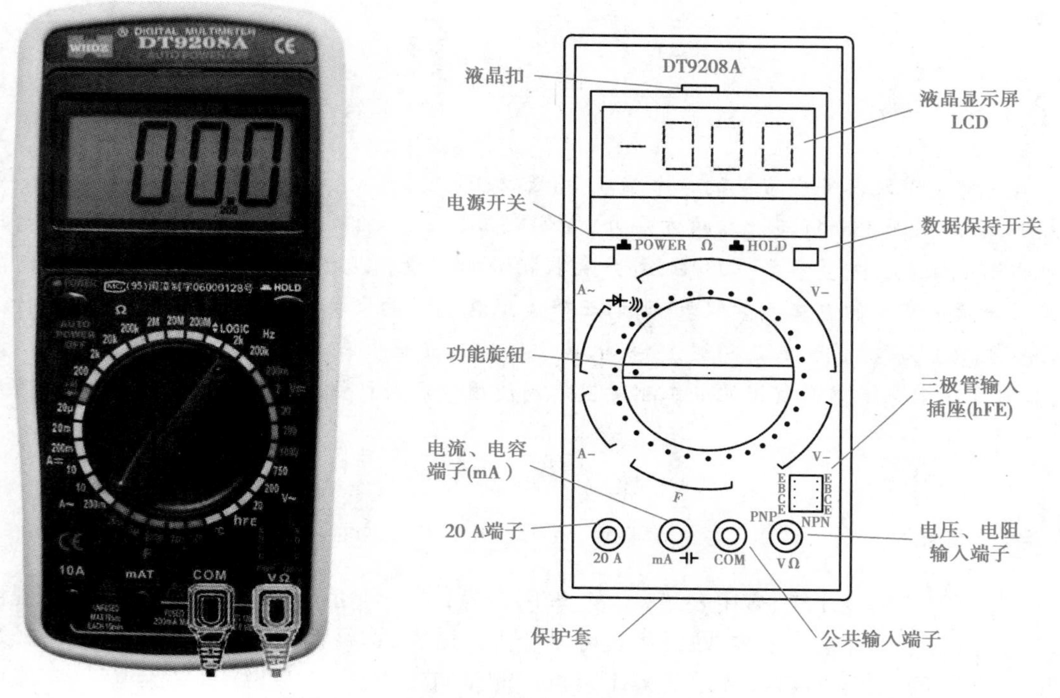

图 3-2　DT9208A 数字万用表外观及控制面板图

DT9208A 数字万用表在面板上装有液晶显示屏、量程转换开关、电源开关和测试插孔等。液晶显示屏直接显示测量结果,由于首位不能显示 0 ~ 9 的所有数字,只能显示“半位”的“1”,习惯称为 $4\frac{1}{2}$位数字万用表。测量时如超量程,在显示屏上显示“1”或是“-1”,视被测电路的极性而定。测试插孔有四个,分别标 10 A、mA、COM、VΩ,在 VΩ 和 COM 之间标有 MAX750 ~ 1000 字样,表示可输入的最高电压。COM 表示公共端。数字万用表常见的功能符号如图 3-3 所示。

⎓ 直流
~ 交流
≂ 直流或交流
⚠ 重要的安全信息
⚠ 可能存在危险的电压
⏚ 大地
回 双重绝缘保护(Ⅱ类)
保险丝
电池
CE 符合欧盟相关指令
MC 中国制造计量器具许可证

符号	功能
V~	交流电压测量
V⎓	直流电压测量
A~	交流电流测量
A⎓	直流电流测量
Ω	电阻测量
Hz	频率测量
hFE	晶体管测量
F	电容测量
℃	温度测量
⊣▷⊢	二极管测量
•)))	通断测量

图 3-3　数字万用表功能符合说明图

（二）数字万用表操作技能

1. 交、直流电压的测量

（1）将数字万用表电源开关（POWER）按下，开关按钮凹下。

（2）转动量程开关，置于 V—（直流电压范围）或 V ~（交流电压范围）的合适量程。

（3）将红色表笔插入 VΩ 孔内，黑色表笔插入 COM 孔内。

（4）估计被测电压的大小选择合适的量程（不知道电压大小时，应把转动量程开关拨到最大挡，然后再选择合适的电压挡位）。

（5）将两只表笔并联在被测电路上。

（6）液晶显示屏便显示出被测点的电压值。

（7）测毕，断开电源，即将电源开关（POWER）再次按下，开关按钮凸出。把转换量程开关拨到 V ~ 750 V 的挡位上，以防再次使用时误操作。

2. 交、直流电流的测量

（1）将数字万用表电源开关（POWER）按下。

（2）转动量程开关，置于 A ~（交流电流范围）或 A—（直流电流范围）的合适量程。

（3）将红色表笔插入 A 孔（电流≤200 mA）或 20 A 孔（200 mA≤电流≤20 A）内，黑色表笔插入 COM 孔内。

（4）估计被测电流的大小选择合适的量程（不知道电流大小时，应把转动量程开关拨到最大挡，然后再选择合适的电流挡位）。

（5）将两只表笔串联在被测电路上。

（6）液晶显示屏便显示出被测点的电流值。

（7）测毕，断开电源，即将电源开关（POWER）再次按下，开关按钮凸出。将红表笔从电流孔中拔出，插入电压孔 VΩ 中，把量程选择开关拨到 V ~ 750 V 的挡位上，以防再次使用时误操作。

3. 电阻的测量

（1）拿起数字万用表将电源开关（POWER）按下，开关按钮凹下。

（2）将量程开关置于 Ω 范围内的合适量程。

（3）将红色表笔插入 VΩ 孔内，黑色表笔插入 COM 孔内。

（4）液晶显示屏上会显示出电阻值。

（5）用红表笔放在被测电阻的一脚，黑表笔放在被测电阻的另一脚，如果被测电阻超出所选量程最大值，则显示屏上会显示出“1”，这时要重选大量程。对于大于 1 MΩ 的电阻测量，要等待几秒钟后再读数。

（6）测毕，断开电源，即将电源开关（POWER）再次按下，开关按钮凸出。把量程选择开关拨到 V ~ 750 V 的挡位上，以防再次使用时误操作。

4. 电容的测量

（1）将量程转换开关置于 F 处合适的量程。

（2）将红色表笔插入 VΩ 孔内，黑色表笔插入 COM 孔内。

(3)测量容量较大的电容时,应先将被测电容放电。

(4)用红表笔放在被测电容的一脚,黑表笔放在被测电容的另一脚,如果被测电容超出所选量程最大值,则显示屏上会显示出“1”,这时要重选大量程。

(5)液晶显示屏上将显示出电容量的大小。

(6)测毕,断开电源,即将电源开关(POWER)再次按下,开关按钮凸出。把量程选择开关拨到 V ~ 750 V 的挡位上,以防再次使用时误操作。

5. 判断线路通断

转盘打在(—▷|—)挡,表笔位置同上。用两表笔的另一端分别接被测两点,若此两点确实短路,则万用表中的蜂鸣器发出声响。

6. 二极管的测量(单向导通性)

(1)二极管好坏的判断。转盘打在(—▷|—)挡,红表笔插在右一孔内,黑表笔插在右二孔内,两支表笔的前端分别接二极管的两极,然后颠倒表笔再测一次。

(2)如果两次测量的结果一次显示“1”字样,另一次显示零点几的数字,那么,此二极管就是一个正常的二极管。如果两次显示都相同的话,那么此二极管已经损坏。显示屏上显示的一个数字即是二极管的正向压降,硅材料为0.6 V左右;锗材料为0.2 V左右。根据二极管的特性,可以判断此时红表笔接的是二极管的正极,而黑表笔接的是二极管的负极。

7. 三极管测量

(1)测量时,表笔位置与电压测量一样,将旋钮旋到“V⎓”挡。

(2)先假定 A 脚为基极,用黑表笔与该脚相接,红表笔分别接触其他两脚。若两次读数均为0.7 V左右,然后再用红笔接 A 脚,黑笔接触其他两脚,若均显示“1”,则 A 脚为基极,否则需要重新测量,且此管为 PNP 管。

(3)利用“hFE”挡来判断集电极和发射极。先将挡位打到“hFE”挡,可以看到挡位旁有一排小插孔,分为 PNP 和 NPN 管的测量。前面已经判断出管型,将基极插入对应管型“b”孔,其余两脚分别插入“c”“e”孔,此时可以读取数值,即 β 值。再固定基极,其余两脚对调。比较两次读数,读数较大的管脚位置与表面“c”“e”相对应。

8. 万用表的使用和维护

万用表测量的电量种类多,量程多,而且表的结构形式各异,使用时一定要仔细观察,小心操作,以获得较准确的测量结果,同时注意保护万用表或设备免遭损坏。正确使用万用表应注意以下几点。

(1)要选好插孔和转换开关的位置,红色测棒为“+”,黑色测棒为“-”,测棒插入表孔时,一定要严格按颜色和正负插入。测量直流电量时,要注意正负极性;测量电流时,测棒与电路串联;测量电压时,测棒与电路并联。根据测量对象,将转换开关旋至所需位置。量程选择应在测量值附近,这样测量误差较小。测量的量大小不详时,应先用高挡测试,再改用合适量程。

(2)万用表有多条标尺,一定要认清所对应的读数标尺(即被测量的种类、电流性质和量程),不能图省事而把交流和直流标尺任意混用,更不能看错。

(3)要注意人身安全。在测量20 V以上电压量程时,人体不可接触表笔的金属部分,量程应确认选择正确。

(4)当转换开关置于测电流或是电阻的位置上时,切勿用来测电压,更不能将两测棒直接跨接在电源上,否则万用表会因通过大电流而立刻被烧毁。

(5)万用表每当测量完毕,将转换开关置于空挡或是最高电压挡,不可将开关置于电阻挡上,以免两测棒被其他金属短接而使表内电池耗尽。此外,在测电阻时,如果两测棒短接后显示屏上不显示0,则说明电池应该更换了。如万用表长期不用,应将电池取出,以防电池腐蚀而影响电表内其他元件。

(6)倍率的选择,应使被测电阻接近该挡的欧姆中心值。

(7)严禁在被测电阻带电的状态下测量。

(8)测电阻尤其是大电阻,不能用两手接触测棒的导电部分,以免影响测量结果。

(9)用欧姆表内部电池作测试电源时(如判断晶体管管脚),注意此时测棒的正负极性恰与电池极性相反。

(10)测量容量较大的电容时,应先将被测电容放电。

二、钳形电流表

(一)概述

钳形电流表又称为卡表,是由“穿心式”电流互感器和电流表组成的,它可以不断开电路直接测量线路电流。按其工作表头的构成,钳形电流表可以分为机械表(指针型)钳形电流表和数字显示型(数字型)钳形电流表两类,其外观如图3-4所示。

(a)指针型钳形电流表

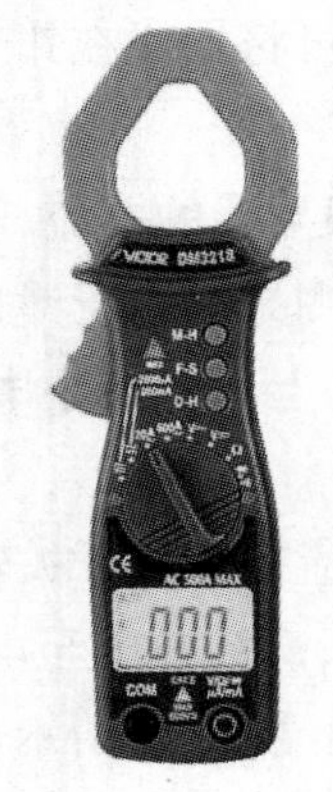

(b)数字型钳形电流表

图3-4　常用钳形电流表类型

由于数字型钳形电流表采用集成电路和液晶数字显示技术,具有准确度高、读数直观、避免认为读数差错、耗电少、体积小、功能多等特点。其控制面板功能键如图3-5所示。

(二)钳形电流表的操作技能

(1)钳形电流表在使用之前,应检查仪表指针是否处于零位。如不在零位,用调零电位器将指针调至零位。

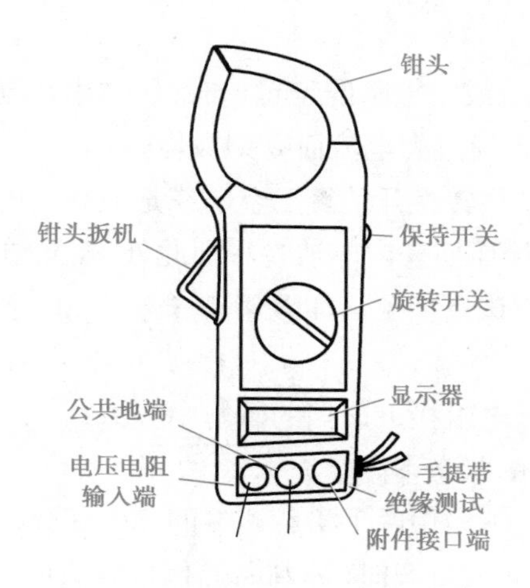

图 3-5 数字型钳形电流表控制面板图

(2)测量电流时,旋转开关把量程开关转到合适位置,只要握紧贴心开关(扳手),使钳形铁心张口,让被测的载流导线卡在钳口中间,然后放开扳手,使钳形铁心闭合,则钳形电流表的指针便会指出导线中电流值,具体过程如下。

①使用前要外观检查,钳口接触是否紧密、有破损、污垢和杂音。如有污垢,可用汽油擦干净。开合几次可以消除杂音、剩磁。

②钳表是根据被测线路或电气设备的额定电压来选择钳表型号,是根据被测线路或电气设备的电流大小来选择量程。

③不知被测电流值时,应调至最大挡,换挡应退出钳口。

④若被测电流较小,可将导线在钳表的钳口上绕几圈,然后将读数除以所绕圈数即为被测电流值。

⑤每次只能测量一根导线的电流,不能将多相导线同时嵌入钳口内测量。

⑥测量时,尽量将被测导线置于钳口铁芯中间,以减少测量误差。

⑦测量完大电流后马上要进行小电流的测量时,需把钳口开合几次,以消除钳口铁芯内的剩磁。

⑧钳表使用完毕后,应把量程开关转至最大量程的位置。

(3)测量交流电压时,旋转开关至电压最大挡,把红、黑测试表笔插入仪表侧面的插孔,将两测表笔以被测电路的两端并联,指示器即指示读数。如指示电压值太小时,可转换至较低量限,以读取更精确的读数。

(三)使用注意事项

(1)测量前,先估计被测电流值的范围,然后选择量程转换开关位置(一般有 5 A、10 A、25 A、50 A、250 A 挡)。或者先用大量程测量,然后逐渐减少量程以适应实际电流大小的量程。

(2)被测载流导线应放在钳口中央,否则会产生较大误差。

(3)保持钳口铁芯表面干净,钳口接触要严密,否则测量不准。

(4)不能用于高压带电测量。

(5)为了测量小于 5 A 的电流,可把导线在钳口上多绕几匝。测出的实际电流应除以穿过钳口内侧的导线匝数。

(6)不要在测量过程中切换量程挡。

(7)测完后,将调节开关调到最大电流量程上,以便下次测量时安全使用。

三、绝缘电阻表

(一)概述

绝缘电阻表又叫兆欧表,俗称摇表。常用的绝缘电阻表有500 V、1 000 V、2 500 V 三种规格,通常根据电气设备和线路电压等级来选择绝缘电阻表的规格。绝缘电阻表外观如图 3-6 所示,其绝缘电阻表面板功能说明如图 3-7 所示。

图 3-6　绝缘电阻表

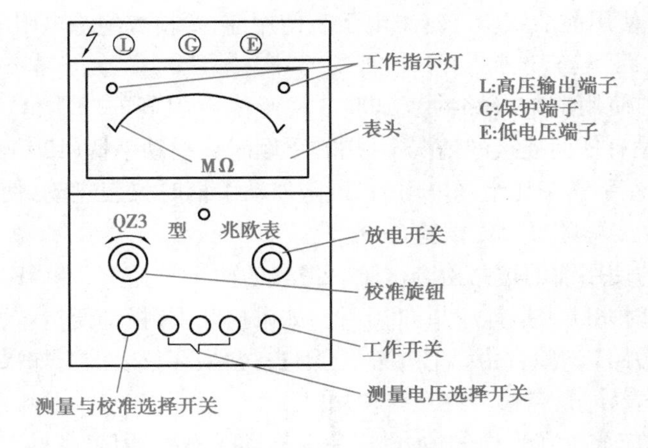

图 3-7　绝缘电阻表控制面板功能说明图

绝缘电阻表是专供用来检测电气设备、供电线路的绝缘电阻的一种可携式仪表。电气设备绝缘性能的好坏,关系到电气设备的正常运行和操作人员的人身安全,为了防止绝缘材料由发热、受潮污染老化等原因造成的损坏,为使检查修复后的设备绝缘性能达到规定的要求,都需要经测量其绝缘电阻。

一般的兆欧表主要是由手摇式发电机、比率型磁电系测量机构以及测量电路等组成。绝缘电阻表的选用见表 3-1。

表 3-1 绝缘电阻表的选用

被测对象	被测设备额定电压/V	兆欧表选用额定电压/V
电机绕组的绝缘电阻	500 以上	1 000 ~ 25 000
低压电器	500 及以下	500 ~ 1 000
低压线路	500 及以下	500 ~ 1 000
高压电器	1 200 以上	2 500

（二）绝缘电阻表在测量绝缘电阻前应做好的准备工作

(1) 切断被测设备的电源，任何情况都不允许带电测量。

(2) 切断电源后应对带电体短接，及时放电，以确保人身和设备的安全。

(3) 被测件表面应擦拭干净，以消除被测件表面放电带来的误差。

(4) 用绝缘电阻表测量被测件前，应摇动手摇式发电机至额定转速，一般为 120 r/min，绝缘电阻表指针应指在“∞”处，然后将“L”和“E”两接线端子短接，缓慢摇动手柄，兆欧表指针应在“0”处。如果达不到上述要求，说明绝缘电阻表有故障，需检修后再使用。

(5) 绝缘电阻表应放在平稳处使用，以免摇动手柄时晃动。

（三）绝缘电阻表的操作技能

(1) 绝缘电阻表使用前的试验。绝缘电阻表使用前，要检查绝缘电阻表是否正常，为此要做一次“开路”和“短路”检查试验。

①绝缘电阻表的使用前的开路检查试验。将绝缘电阻表的“L”和“E”接线端隔开（开路），在保证接线夹没有任何连接的情况下，用右手顺时针摇动手柄（120 r/min 左右），左手拿表的接线端钮，并用左手掌按住绝缘电阻表，以防摇动手柄时仪表晃动，使测量不准。正常时表的指针指向“∞”处，说明“开路”试验合格。

②绝缘电阻表的使用前的短路检查试验。把表的两个端钮“L”和“E”合在一起（短路），缓慢摇动手柄，正常时兆欧表指针应指向“0”处，如果摇几下，指针便指零，要马上停止摇动手柄，此时表明此表“短路”试验合格，如果继续摇下去，会损坏仪表的。如果上面两个检验不合格，则说明绝缘电阻表异常，需修理好后再使用。

(2) 绝缘电阻表应放置在平稳的地方，以免在摇动摇柄时，因表身抖动或倾斜而产生测量误差。使用前的放置要求如图 3-8 所示。

(3) 绝缘电阻表有三个接线端子（线路“L”端子、接地“E”端子、屏蔽“G”端子）。这三个接线端子按照测量对象不同来选用。

(4) 绝缘电阻表使用后的操作。绝缘电阻表使用后，其“L”和“E”两接线端子的导线必须短接，使其放电，以免触电。

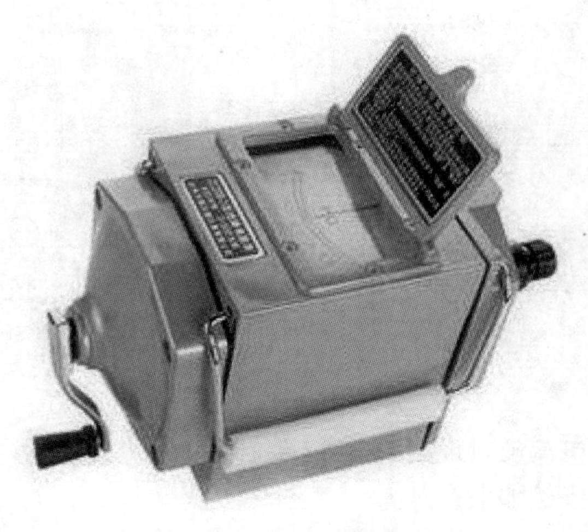

图 3-8　绝缘电阻表的放置要求

(四)使用注意事项

(1)在进行测量前,应先切断被测线路或设备的电源,并进行充分放电(需 2 ~ 3 min),以保证设备及人身安全。

(2)绝缘电阻表与被测物之间的连接导线必须使用绝缘良好的单根导线,不能使用双股绞线,且与“L”端连接的导线一定要有良好的绝缘,因为这一根导线的绝缘电阻与被测物的绝缘电阻并联,对测量结果影响很大。

(3)绝缘电阻表要放在平稳的地方,摇动手柄时,要用另一只手扶住表,以防表身摆动而影响读数。

(4)摇动手柄时要先慢后渐快,控制在(120±24)r/min 左右的转速,当表针指示稳定时,切忌摇动的速度忽快忽慢,以免指针摆动。一般摇动 1 min 时作为读数标准。

(5)测量电容器及较长电缆等设备绝缘电阻时,一旦测量完毕,应立即将“L”端钮的连线断开,以免绝缘电阻表向被测设备放电而损坏被测设备。

(6)测量完毕后,在手柄未完全停止转动及被测对象没有放电之前,切不可用手触及被测对象的测量部分及拆线,以免触电。

(7)测量完毕后,应先将连线端钮从被测物移开,再停止摇动手柄。测量后要将被测物对地充分放电。

四、耐压测试仪

耐压测试仪是测量被试品耐电压强度的仪器。它能够准确、快速、直观、可靠地测试各种被测对象的击穿电压及漏电流等电气安全性能指标。耐压测试仪由高压升压回路、漏电流设定及检测回路、指示仪表等组成。下面以 LW2670A 型耐压测试仪为例进行说明,其外形如图 3-9 所示。高压升压回路调整输出电压至所需的值,漏电流设定及检测回路可设定击穿(保护)电流,试验过程中的显示漏电流,指示仪表直接读出试验电压值和漏电电流值(或设定击穿电流值)。样品在要求的试验电压作用下当超过规定的时间时,仪器能自动或是被动切断

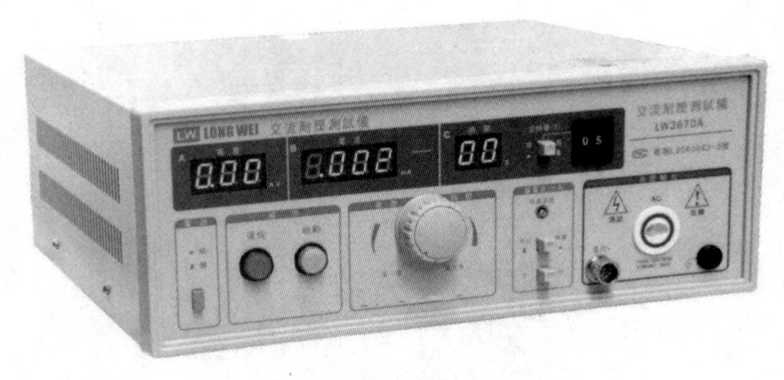

图 3-9 耐压测试仪

试验电压;一旦击穿,漏电流超过设定的击穿(保护)电流,仪器能够自动切断输出电压,并能同时报警。其过程操作步骤如下:

1. 连接被测物体

在确保电压表指示为“0”,测试指示灯熄灭下接被测物体,并把地线连接。用于直流测试时,应注意电压极性。

2. 设定漏电流报警(击穿)所需值

(1)按下预置开关。

(2)选择所需报警电流量程挡。

(3)调节漏电流预置电位器所需报警值(看漏电电流表),再弹起预置开关。

3. 手动测试

(1)将定时开关设置到“关”的位置,按下启动按钮,测试指示灯亮,缓慢调节输出电压旋钮,将电压调到所需值。

(2)测试完毕后,将电压调节到测试值放入 1/2 左右位置后按复位按钮,切断高压输出,测试指示灯灭,此时被测物体为合格。

(3)如果被测物体漏电流超过预置值,则仪器自动断开输出电压,同时蜂鸣器报警、超漏指示灯亮。此时被测物体为不合格按下复位按钮,即可消除报警声。

4. 定时测试

(1)在手动情况下不连接高压棒,按下启动按钮,缓慢调节输出电压至所需值,然后按下复位按钮,这时不要再进行电压输出调节。

(2)将定时开关设置到“开”的位置,拨预置时间拨码盘,设定所需测试时间。

(3)按下启动按钮,进入测试状态。这时有高压输出。

(4)当定时时间到,测试电压被切断,则被测物体为合格。若漏电流过大,不到定时时间,仪器便自动切断输出电压,超漏指示灯亮,声光报警,则被测物体为不合格。

5. 遥控测试

(1)设定漏电流预置值。

(2)在手动情况下不连高压棒,按下启动按钮,缓慢调节输出电压至所需值。然后按下复位按钮,这时不要再进行电压输出调节。

(3)将遥控测试附件与仪器连接。

(4)将遥控测试棒与被测物体接触(这时不要按遥控测试棒上的按钮)。

(5)在确定遥控测试棒尖端与被测物体可靠接触的情况下,按下遥控测试棒上的启动按钮进行测试,如果听到报警声马上松开。测试结束时松开此开关。

6. 注意事项

(1)操作者必须戴绝缘橡胶手套,脚下垫绝缘橡胶垫,以防高压电击造成生命危险。

(2)仪器必须可靠接地。

(3)连接或拆卸被测物体时,必须保证高压输出为“0”及在“复位”状态。

(4)测试时,仪器接地端与被测物体要可靠连接,严禁开路。

(5)请勿将输出地与交流电源线短路,造成仪器外壳带电。

(6)请勿将输出地与交流电源线短路,以免发生意外。

(7)测试有极性的被测物体时要注意电压极性。

(8)测试指示灯、超漏指示灯,如果有损坏,必须马上更换,以免误判。

(9)检查故障时,必须关掉电源。

(10)仪器空载时漏电流表头有微小起始电流,属正常现象。

任务二　常用电子元器件及测量方法

电子元器件是组成电子电路的最小单元，任何行业应用的电器、电子产品与电子电路都是由多种电子元器件按照一定的原理组合而成的，故学习掌握电子元器件相关知识是掌握电子技术基础的前提条件。通过学习电子元器件的识别、相关参数的测量，全面了解并掌握常用电子元器件，学会识别元器件、使用万用表等常用仪表进行检测与应用，掌握电子实操安全规范，具备一定的分析和解决生产、生活中的实际问题的能力，为今后职业意识的培养、职业道德的教育、职业应变能力和职业生涯发展奠定基础。

一、电阻器

电阻器简称电阻，即物体阻碍电流通过的属性，叫物体的电阻。它是电子系统中应用十分广泛的元件，常用 R 表示。电阻器利用它自身消耗电能的特性，在电路中有分流、限流、分压、偏置、滤波（与电容器组合使用）和阻抗匹配等，向各种电子元件提供必要的工作条件（电压或电流）等功能。

电阻器阻值的单位是欧［姆］（Ω）。在实际中，常常使用由欧［姆］导出的单位有千欧（kΩ）、兆欧（MΩ）、吉欧（GΩ）、太欧（TΩ）、拍欧（PΩ）、艾欧（EΩ）等。进率以 kΩ 为界限，千以下（包含千）用小写，以上用大写，其换算方法是：1 MΩ＝1 000 kΩ＝1 000 000 Ω。

1. 电阻器的分类

电阻器的种类有很多，通常分为固定电阻、可变电阻、特种电阻三大类。

（1）固定电阻。在电子产品中，以固定电阻应用最多，固定电阻的符号如图 3-10 所示。固定电阻因其制造材料不同又可分为许多类，常用、常见的有 RT 型碳膜电阻、RJ 型金属膜电阻、RX 型线绕电阻，还有近年来开始广泛应用的片状电阻。电阻器的型号命名很有规律，R 代表电阻，T 代表碳膜，J 代表金属，X 代表线绕，是拼音的第一个字母。

图 3-10　固定电阻图形符号

电阻器也可以按功率进行分类。常见的是 1/8 W 的“色环碳膜电阻”，它是电子产品和电子制作中用得最多的电子元器件。当然，在一些微型产品中，会用到 1/16 W 的电阻，它的个头小多了。再者就是微型片状电阻，它是贴片元件家族的员，多用于印刷电路板中，如计算机主板等。常见电阻如图 3-11 所示。

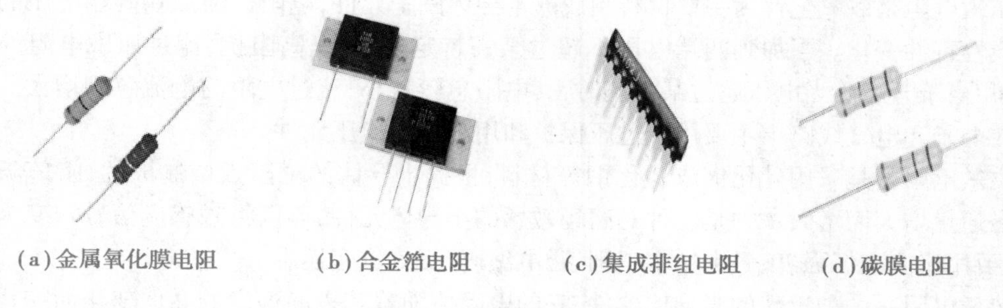

(a)金属氧化膜电阻　(b)合金箔电阻　(c)集成排组电阻　(d)碳膜电阻

图 3-11　常见电阻外观图

(2)可变电阻。可变电阻又称为电位器,电子设备上的音量电位器就是可变电阻。可变电阻的符号如图 3-12 所示。一般认为电位器都是可以手动调节的,而可变电阻一般较小,装在电路板上不经常调节。可变电阻有三个引脚,其中两个引脚之间的电阻值固定,并将该电阻值称为这个可变电阻的阻值。第三个引脚与任意两个引脚间的电阻值可以随着轴臂的旋转而改变,这样,就可以调节电路中的电压或电流,从而达到调节的效果。

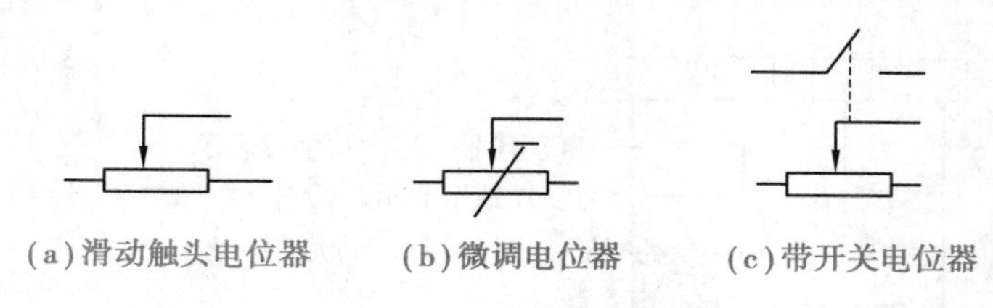

(a)滑动触头电位器　(b)微调电位器　(c)带开关电位器

图 3-12　可变电阻的符号

(3)特种电阻。特种电阻有很多种类,下面介绍光敏电阻、压敏电阻、磁敏电阻和热敏电阻。常见特种电阻的符号如图 3-13 所示。

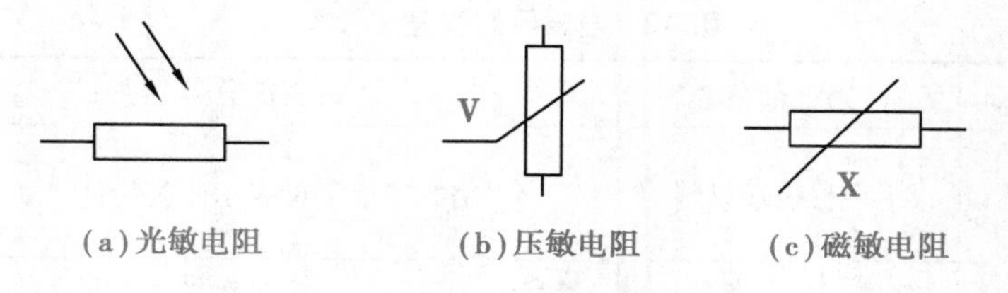

(a)光敏电阻　(b)压敏电阻　(c)磁敏电阻

图 3-13　常见特种电阻的符号

光敏电阻是一种电阻值随外界光照强弱(明暗)变化而变化的元件,光照越强阻值越小,光照越弱阻值越大。如果把光敏电阻的两个引脚接在万用表的表笔上,用万用表的"R×1k"挡测量在不同的光照强度下光敏电阻的阻值,将光敏电阻从较暗的抽屉里移到阳光下或灯光下,万用表读数将会发生变化。在完全黑暗处,光敏电阻的阻值可达几兆欧以上(万用表指示电阻为无穷大),而在较强光线下,阻值可降到几千欧甚至 1 kΩ 以下。利用光敏电阻这种特性,可以制作各种光控的小电路。事实上,街边的路灯大多是用光控开关自动控制的,其中一个重要的元器件就是光敏电阻(或者是光敏三极管,一种与光敏电阻功能相似的带放大作用的半导体元件)。光敏电阻是在陶瓷基座上沉积一层硫化镉(CdS)膜后制成的,实际上也是一种半导体元件。楼道里声控灯在白天不会点亮,也是因为光敏电阻在起作用。

压敏电阻是以氧化锌为主要材料制成的半导体陶瓷元件，电阻值随加在两端电压的变化按非线性特性变化。当加到两端电压不超过某一特定值时，呈高阻抗，流过压敏电阻的电流很小，相当于开路。当电压超过某一值时，其电阻急骤减小，流过电阻的电流急剧增大。压敏电阻在电子和电气线路中主要用于过压保护和用来作为稳压元件。

磁敏电阻器是采用砷化铟或锑化铟等材料，根据半导体的磁阻效应制成的，阻值随穿过它的磁通量增大而增大。它是一种对磁场敏感的半导体元件，可以将磁感应信号转变为电信号，主要用于测磁场强度、磁卡文字识别、磁电编码、交直流变换。

热敏电阻是一种特殊的半导体器件，它的电阻值随着其表面温度的高低变化而变化。它原本是为了使电子设备在不同的环境温度下正常工作而使用的，叫作温度补偿。例如，新型电脑主板的 CPU 测温、超温报警功能，就是利用热敏电阻实现的。

2. 电阻器的命名方法

电阻器、电位器的命名由四部分组成：第一部分——主称；第二部分——材料；第三部分——分类特征；第四部分——序号。具体电阻器命名如图 3-14 所示，其各部分的符号表示的含义见表 3-2。

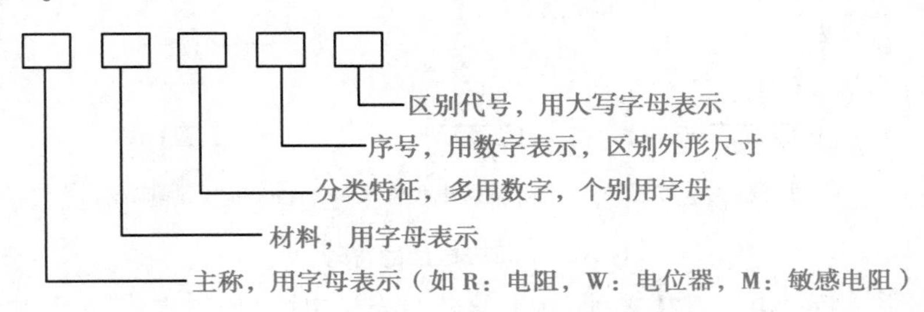

图 3-14 电阻器命名

表 3-2 电阻器的型号命名法

第一部分		第二部分		第三部分		第四部分
用字母表示主称		用字母表示材料		用数字或字母表示分类特征		用数字表示产品序号
符号	意义	符号	意义	符号	意义	
R	电阻器	T	碳膜	1	普通	
		P	金属膜	2	普通	
		U	合成膜	3	超高频	
		C	沉积膜	4	高阻	
		H	合成膜	5	高温	
		I	玻璃釉膜	6	精密	
		J	金属膜	7	电位器—特殊函数、电阻器—高压	

续表

第一部分		第二部分		第三部分		第四部分
用字母表示主称		用字母表示材料		用数字或字母表示分类特征		用数字表示产品序号
符号	意义	符号	意义	符号	意义	
W	电位器	Y	氧化膜	8	特殊	
		S	有机实心	G	高功率	
		N	无机实心	T	可调	
		X	线绕	X	小型	
		R	热敏	L	测量用	
		G	光敏	W	微调	
		M	压敏	D	多圈	

例如，RJ71-0.125-5.1kI 型号命名的含义为：R—电阻器；J—金属膜；7—精密；1—序号；0.125—额定功率；5.1k—标称阻值；I—误差 5%。

电阻的主要参数有：标称阻值、允许偏差、额定功率、温度系数，在制作电路时应根据需要来选用。

3. 电阻的标识方法

电阻的标识方法有直标法、数码法、色标法、文字符号法等。

（1）直标法。在元件表面直接标出数值与偏差称为直标法。常用在体积较大的电阻器表面，直接用阿拉伯数字和单位符号标注出标称阻值，有的还直接用百分数标出允许偏差，如图 3-15 所示。直标法中，可以用单位符号代替小数点。例如，0.33 Ω 可标为 Ω33，3.3 k 可标为 3k3。直标法一目了然，但只适用于较大体积元件，且国际上不能通用。

（2）数码法。数码法用三位阿拉伯数字表示，从左至右，前二位数表示有效数，第三位是有效数字后的零的个数，即前两位数乘以 10^n（$n=0\sim8$）。当 $n=9$ 时，为特例，表示 10^{-1}。当阻值小于 10 Ω 时，常以"×R×"表示，将 R 看作小数点，单位为欧[姆]。偏差通常采用符号表示：B(±0.1%)、C(±0.25%)、D(±0.5%)、F(±1%)、G(±2%)、J(±5%)、K(±10%)、M(±20%)、N(±30%)。

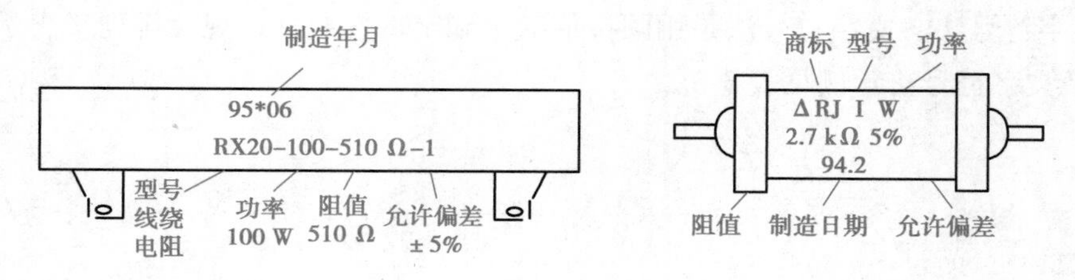

图 3-15　电阻直标法

例如,电阻 479 表示 4.7 Ω。

采用数码法时,电阻默认单位为 Ω,电容默认单位为 pF,电感默认单位为 μH。

(3)色标法。色标法是用色环或色点(大多用色环)来表示电阻器的标称阻值和允许误差。通常色环有三、四道环(普通电阻)和五道环(精密电阻)两种。

三道环电阻:第一、二道色环表示标称阻值的有效数,第三道色环表示倍乘。

四道环电阻:第一、二道色环表示标称阻值的有效数,第三道色环表示倍乘,第四道色环表示允许偏差。

五道环电阻:第一、二、三道色环表示标称阻值的有效数,第四道色环表示倍乘,第五道色环表示允许偏差。

例如,色环电阻示意图如图 3-16 所示。对照色环数值图 3-17 可知,该电阻器第一道、第二道环分别为棕色和黑色,即有效数为 10;第三道环为橙色,即倍乘为 10^3;第四道环为银色,即允许偏差对应 10%,则该电阻标称阻值为 10 kΩ±10%。五道环电阻值的读法与此类似。

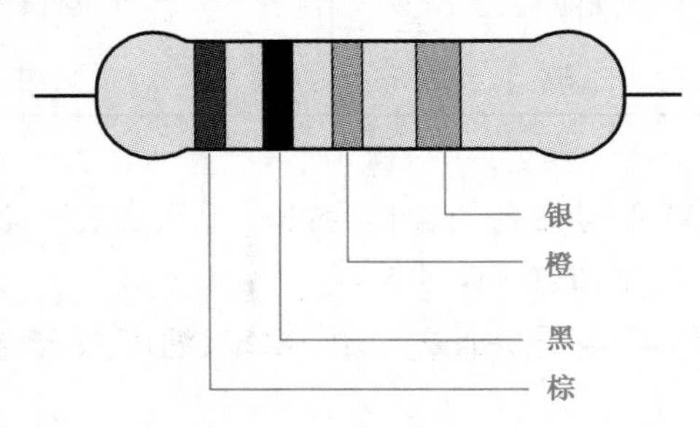

图 3-16 色环电阻示意图

色环电阻判别要点:

①最靠近电阻引线边的色环为第一色环。

②最宽的边色环为最后一条色环。

③四环电阻的偏差环一般是金色或银色。

④有效数字环无金色和银色。若从某端环数起第一、二环有金色或银色,则另一端环是第一道色环。

⑤偏差环无橙色和黄色。若某端环是橙色或黄色,则一定是第一道色环。

⑥一般成品电阻器的阻值不大于 22 MΩ,若试读大于 22 MΩ,说明读反。

⑦五色环中,大多以金色或银色为倒数第二道环。

应注意的是,有些厂家不严格按第①、②条生产,以上各条应综合考虑。

(4)文字符号法。文字符号法是用阿拉伯数字和字母按照一定规律排列来表示电阻器的标称阻值。文字符号法示例见表 3-3。

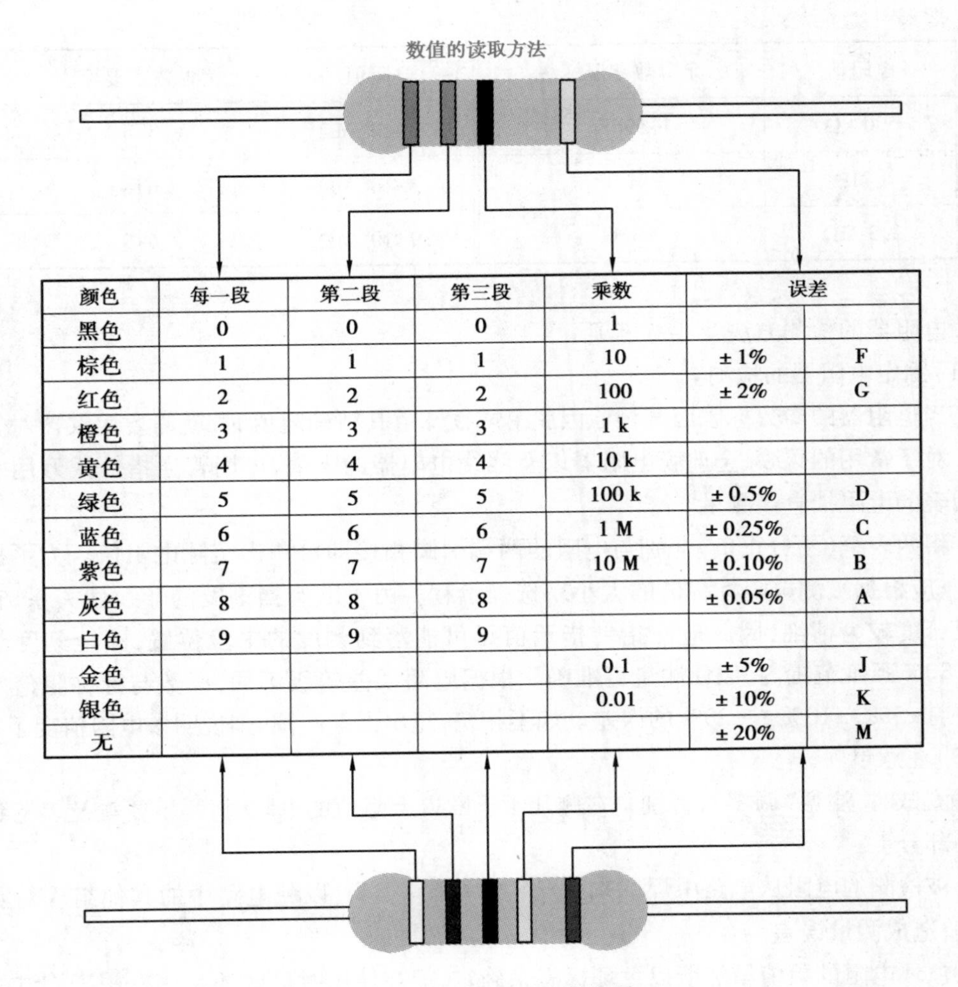

颜色	每一段	第二段	第三段	乘数	误差	
黑色	0	0	0	1		
棕色	1	1	1	10	± 1%	F
红色	2	2	2	100	± 2%	G
橙色	3	3	3	1 k		
黄色	4	4	4	10 k		
绿色	5	5	5	100 k	± 0.5%	D
蓝色	6	6	6	1 M	± 0.25%	C
紫色	7	7	7	10 M	± 0.10%	B
灰色	8	8	8		± 0.05%	A
白色	9	9	9			
金色				0.1	± 5%	J
银色				0.01	± 10%	K
无					± 20%	M

图 3-17　色环电阻对应数值图

表 3-3　文字符号法示例

电阻值	字母数字混标法	电阻值	字母数字混标法
0.1 Ω	R10	6.8 MΩ	6M8
0.59 Ω	R59	68 MΩ	68M
1 Ω	1R0	270 MΩ	270M
5.9 Ω	5R9	1 000 MΩ	1G
330 Ω	330R	3 300 MΩ	3G3
1 kΩ	1K	59 000 MΩ	59G
5.9 kΩ	5K9	10^5 MΩ	100G
68 kΩ	68K	10^6 MΩ	1T

续表

电阻值	字母数字混标法	电阻值	字母数字混标法
590 kΩ	590K	3.3×10^{6} MΩ	3T3
1 MΩ	1M	6.8×10^{6} MΩ	6T8
3.3 MΩ	3M3	6.9×10^{6} MΩ	6T9

4. 电阻器的检测方法及注意事项

(1)固定电阻器的检测。

①当电阻器的参数标志因某种原因脱落或欲知道其精确阻值时,就需要用仪器对其进行测量。对于常用的碳膜、金属膜电阻器以及线绕电阻器的阻值,可用普通指针式万用表或数字万用表的电阻挡直接测量。

②将两表笔(不分正负)分别与电阻的两端引脚相接即可测出实际电阻值。为了提高测量精度,应根据被测电阻标称值的大小来选择量程。由于欧姆挡刻度的非线性关系,它的中间一段分度较为精细,因此应使指针指示值尽可能落到刻度的中段位置,即全刻度起始的20% ~80% 弧度范围内,以使测量更准确。根据电阻误差等级不同,读数与标称阻值之间分别允许有±5% 、±10% 或±20% 的误差。如不相符,超出误差范围,则说明该电阻值变了。

(2)注意事项。

①测试时,注意"调零",特别是在测几十千欧以上阻值的电阻时,手不要触及表笔和电阻的导电部分。

②被检测的电阻从电路中焊下来,至少要焊开一个头,以免电路中的其他组件对测试产生影响,造成测量误差。

③色环电阻的阻值虽然能以色环标志来确定,但在使用时最好还是用万用表测试一下其实际阻值。

二、电容

电容器简称电容,常用 C 表示。常见电容器实物图如图 3-18 所示。电容的基本单位为法[拉](F),但实际上,法[拉]是一个很不常用的单位,因为电容器的容量往往比 1 F 小得多,常用微法(μF)、纳法(nF)、皮法(pF,又称微微法)等,它们的关系是:1 F = 10^{6} μF,1 μF = 10^{3} nF = 10^{6} pF。

1. 电容器的构造

电容器的基本构造是由两个相互靠近的金属电极板,中间夹一层电介质构成的。常见电容器的符号如图 3-19 所示。

图 3-18　常见电容器实物图

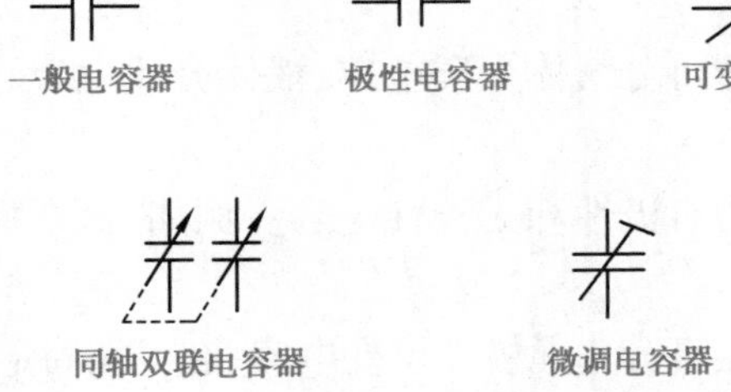

图 3-19　常见电容器的符号

在两个极板上加上电压,电极板上就可以储存电荷。两极板储存的电荷数量相同,极性相反。储存的电荷还可以通过外电路向外释放,即电容器是充、放电荷的电子元件。而电容量的大小,取决于电容器的极板面积、极板间距及电介质常数。

$$C=\frac{\varepsilon S}{d} \tag{3-1}$$

式中　S——极板面积,m^2;

ε——电介质常数,F/m。

d——两极板间距,m。

电容器储存电荷量的多少,取决于电容器两端所加电压。储电量在数值上等于加在导电极板上的电压与电容的乘积。

$$Q=CU \tag{3-2}$$

式中　Q———一个极板上的电荷,C;

U——两极板间的电位差,V;

C——电容量,F。

由式(3-2)可以看出,当电容器电容量一定时,两极板所加电压越高,储存的电荷越多。

2. 电容器的功能

电容器的用途有很多,主要具有以下几种功能。

(1)通交流、隔直流。电容器串联在电路中,达到阻止直流通过而让交流通过电路。

(2)旁路(去耦)。为交流电路中某些并联的元件提供低阻抗通路。

(3)耦合。作为两个电路之间的连接,允许交流信号通过并传送到下一级电路。

(4)滤波。同高频信号,阻低频信号。通常大容量电容滤低频信号,小容量电容去高频信号。

(5)温度补偿。针对电路中其他元件对温度的适用性不够而带来的影响进行补偿,改善电路的稳定性。

(6)定时。电阻与电容器组合,构成 RC 电路,获得电路延时常数。

3. 电容器的分类

电容器类型主要由电极和绝缘介质决定,由于电容绝缘材料不同,所以构成电容器的种类也有所不同。

(1)按其结构分。电容器可分为固定电容器、半可变电容器、可变电容器三种。但常见的是固定电容器。

(2)按介质材料分。电容器可分气体介质电容、液体介质电容、无机固体介质电容、有机固体介质电容。

(3)按极性分。电容器分为有极性和无极性电容。例如,最常见的有极性电容就是电解电容。

(4)按工种原理分。电容器可分为无极性可变电容、有极性固定电容、有极性电容等。

(5)按材料分。

①有机介质:复合介质、纸介质、塑料介质(涤纶、聚苯乙烯、聚丙烯、聚碳酸酯、聚四氟乙烯)、薄膜复合。

②无机介质:云母电容、玻璃釉电容(圆片状、管状、矩形、片状电容、穿心电容)、陶瓷(独石)电容。

③气体介质:空气电容、真空电容、充气电容。

④电解质:普通铝电解、钽电解、铌电解。

4. 电容器的命名方法

电容器的命名由四部分组成:第一部分——主称;第二部分——材料;第三部分——分类特征; 第四部分——序号。具体电容器命名如图 3-20 所示,其各部分的符号和意义见表 3-4。

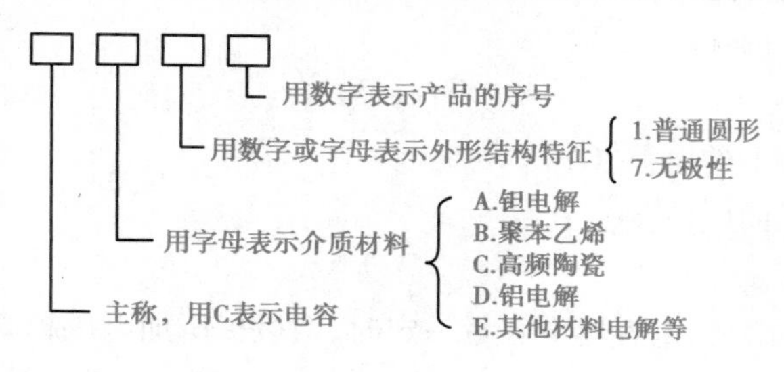

图 3-20 电容器命名

例如：

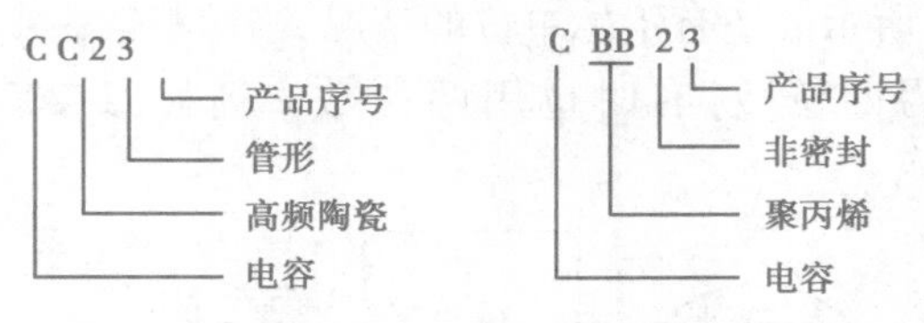

表 3-4　电容器型号命名法

第一部分		第二部分		第三部分		第四部分
用字母表示主称		用字母表示介质材料		用数字或字母表示分类特征		用数字表示产品序号
符号	意义	符号	意义	符号	意义	用字母和数字表示
C	电容器	C	高频瓷	T	铁电	
		T	低频瓷	W	微调	
		I	玻璃釉	J	金属化	
		Y	云母	X	小型	
		V	云母纸	D	低压	
		Z	纸介	M	密封	
		J	金属化纸	Y	高压	
		B	聚苯乙烯等非极性有机薄膜	C	穿心式	
		L	涤纶等级性有机薄膜	S	独石	
		Q	漆膜			
		H	纸膜复合			
		D	铝电解			
		A	钽电解			
		G	金属电解			
		N	铌电解			
		E	其他材料电解			
		0	玻璃膜			

5. 电容器的主要参数

(1)标称容量。标称容量是指电容两端加上电压后它能储存电荷的能力。标在电容外部的电容量数值称为电容的标称容量。

(2)额定耐压值。额定耐压值是表示电容接入电路后,能连续可靠地工作而不被击穿所能承受的最大直流电压。一般选择电容额定电压应高于实际工作电压的 10% ~20% 。如果电容用于交流电路中,其最大值不能超过额定的直流工作电压。

(3)允许误差。电容的容量误差一般分为三级，即±5% 、±10% 、±20% ,或写成Ⅰ级、Ⅱ级、Ⅲ级。有的电解电容的容量误差可能大于 20% 。

6. 电容器的标注方法

电容器的标注方法主要有直标法、色标法、文字符号法、数码法等几种。

(1)直标法。电容器的直标法与电阻器的直标法一样,在电容器外壳上直接标出标称容量和允许偏差,如图 3-21 所示。还有不标单位的情况,当用整数表示时,单位为 pF;用小数表示时,单位为 μF;一般为四位数,有时也用两位数。例如,2 200 为 2 200 pF,0.056 为 0.056 μF。

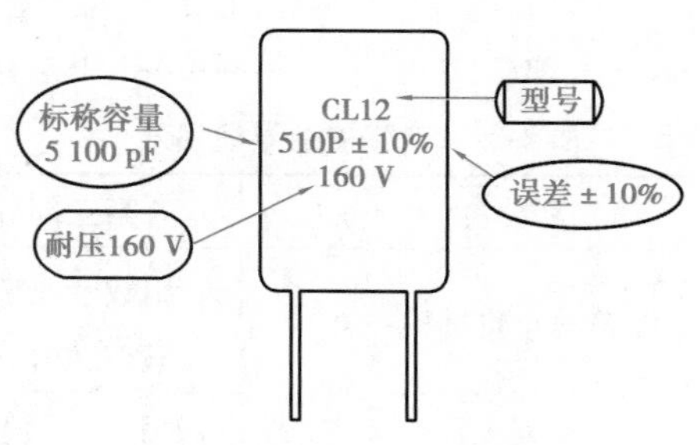

图 3-21 电容直标法

(2)色标法。电容器的色标法与电阻相同,其单位为 pF,如图 3-22 所示。顺着引线方向,第一、二环表示有效值,第三环表示倍乘。也有的用色点表示电容器的主要参数。

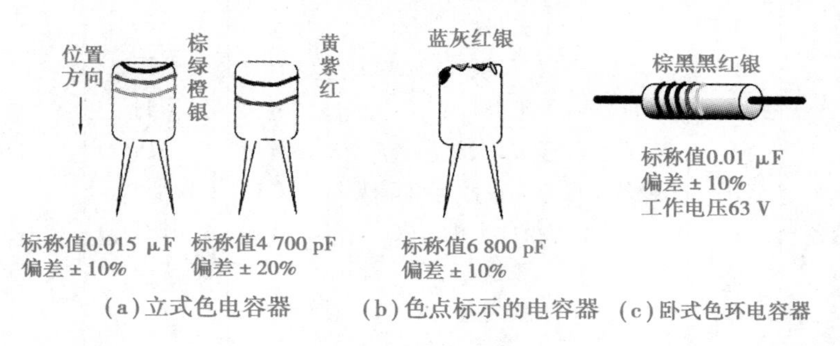

图 3-22 电容色标法

(3)文字符号法。文字符号法采用单位开头字母(p、n、μ、m、F)来表示单位量,允许偏差和电阻的表示方法相同。例如,p1 为 0.1 pF,5p9 为 5.9 pF,5m9 为 5 900 μF。

(4)数码法。数码法是用三位数表示标称容量,再用一个字母表示允许偏差。前两位数是表示有效值,第三位数为倍乘,即 10 的多少次方。对于非电解电容器,其单位为 pF,而对电解电容器而言单位为 μF。例如,182J 为 1 800 pF,偏差±5%。

7. 电容器的作用

在电子线路中,电容器用来通过交流而阻隔直流,也用来存储和释放电荷以充当滤波器,平滑输出脉动信号。小容量的电容器通常在高频电路中使用,如收音机、发射机和振荡器中。大容量的电容器往往用于滤波和存储电荷。其还有一个特点,一般 1 μF 以上的电容器均为电解电容,而 1 μF 以下的电容器多为瓷片电容,当然也有其他的,如独石电容、涤纶电容、小容量的云母电容等。电解电容有个铝壳,里面充满了电解质,并引出两个电极,作为正(+)、负(-)极,与其他电容器不同,它们在电路中的极性不能接错,而其他电容则没有极性。

把电容器的两个电极分别接在电源的正、负极上,过一会儿即使把电源断开,两个引脚间仍然会有残留电压(后续进行学习,可以用万用表观察),这是因为电容器储存了电荷。电容器极板间建立起电压,积蓄电能,这个过程称为电容器的充电。充好电的电容器两端有一定的电压。电容器储存的电荷向电路释放的过程,称为电容器的放电。

至于电容滤波,在使用整流电源听随身听时,一般低质的电源由于厂家出于节约成本考虑使用了较小容量的滤波电容,造成耳机中有嗡嗡声。这时可以在电源两端并接上一个较大容量的电解电容(1 000 μF,注意正极接正极),一般可以改善效果。发烧友制作 Hi-Fi 音响,都要用至少 10 000 μF 以上的电容器来滤波,滤波电容越大,输出的电压波形越接近直流,而且大电容的储能作用,使得突发的大信号到来时,电路有足够的能量转换为强劲有力的音频输出。这时,大电容的作用有点像水库,使得原来汹涌的水流平滑地输出,并可以保证下游大量用水时的供应。

电子电路中的电容器只有在充、放电过程中才有电流流过,充、放电过程结束后,电容器是不能通过直流电的,在电路中起着"隔直流"的作用。电路中,电容器常被用作糊合、旁路、滤波等,都是利用它"通交流,隔直流"的特性。交流电之所以能够通过电容器,是因为交流电不仅方向往复交变,它的大小也在按规律变化。电容器接在交流电源上,电容器连续地充电、放电,电路中就会流过与交流电变化规律一致的充电电流和放电电流。

8. 电容器的选用

电容器的选用涉及很多问题,首先是耐压问题。加在一个电容器两端的电压不得超过它的额定电压,否则电容器就会被击穿损坏。一般电解电容的耐压分挡为 6.3 V, 10 V, 16 V, 25 V, 50 V 等。

9. 电容器的检测

在使用电容器前,必须对电容器进行测量。电容器的测量应用专用仪器,如电容测量仪,但在大多数情况下采用万用表进行检测。电容器常见的性能不良现象有:开路失效、短路击穿、漏电、电容量变小等。

(1)电解电容器的检测。测量时,先将电解电容器两个电极短路,以放掉电容器储存的电荷,然后将万用表红表笔接电解电容器的负极,黑表笔接电解电容器的正极,在刚接触的瞬间,万用表指针即向右偏转较大角度,接着逐渐向左回转,直到停在某位置。此时万用表指示的阻值便是电解电容的正向漏电阻,此值略大于反向漏电阻。实际使用表明,电解电容的漏电阻一般应在几百千欧以上。漏电电阻越大越好,如果万用表指针始终停在"∞"或"0"的位置,说明电容器已开路或短路。

对于正、负极标志不明的电解电容器,可利用上述测量漏电阻的方法加以判别极性。即先任意测一下漏电阻,记住其大小,然后交换表笔再测出一个阻值。两次测量中阻值大的那一次便是正向接法,即与黑表笔相接的是电容器正极,与红表笔相接的是电容器负极。

(2)其他电容器的质量判别技巧。瓷介质电容器、聚酯薄膜介质电容器、涤纶电容器均称为无极性电容,它的容量比电解电容器小,一般在 2 μF 以下,测量时应选用"R×10k"挡。应注意的是,对于 5 000 pF 以下的电容器,测量时表针偏转得很小,容量再小的电容器万用表就测不出来了,此时,可以用电容测量仪进行测量。若测得的阻值为无穷大或零,说明电容器已内部开路或短路。

三、电感器

电感是导体中产生的电动势或电压与产生此电压的电流变化率之比。稳定的电流产生稳定的磁场,不断变化的电流(交流)或直流产生变化的磁场,变化的磁场反过来使处于此磁场的导体产生电动势,这种电动势称为感生电动势。感生电动势的大小与电流的变化率成正比,比例因数称为电感。为了纪念物理学家海因里希·楞次(Heinrich Lenz),电感通常用L表示,单位为亨[利](H)。亨[利](H)是一闭合回路的电感,表示此回路中流过的电流以1 A/s的速率均匀变化时,回路中产生1 V的电动势。电感是闭合回路的一种属性,即当通过闭合回路的电流改变时,会出现电动势来抵抗电流的改变。这种电感称为自感,是闭合回路自己本身的属性。假设一个闭合回路的电流改变,由于感应作用而产生电动势于另外一个闭合回路,这种电感称为互感。

电感器是一种非线性元件,可以储存磁能。由于通过电感的电流值不能突变,因此电感对直流电流短路,对突变的电流呈高阻态。电感器在电路中的基本用途有LC滤波器、LC振荡器、扼流圈、变压器、继电器、交流负载、调谐、补偿、偏转等。常见电感器如图3-23所示。

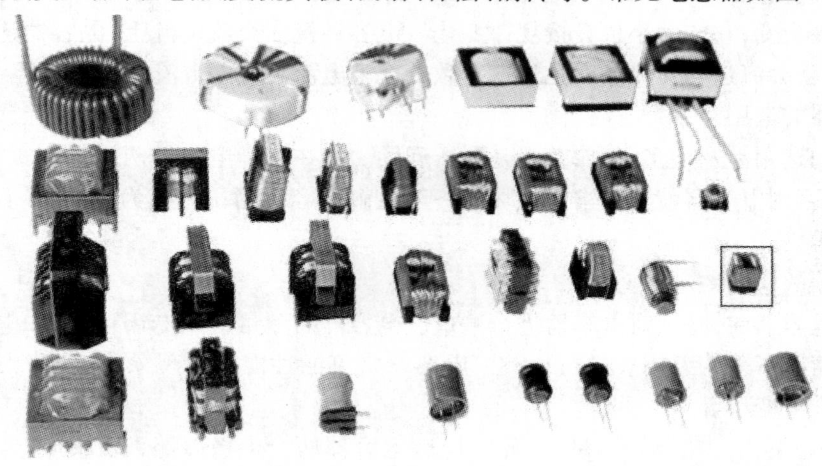

图3-23 常见电感器

1. 电感的结构

电感器是用导线在绝缘骨架上单层或多层绕制而成的,又称电感线圈,也是常用的无线电元件之一。电感的常用表示符号如图3-24所示。

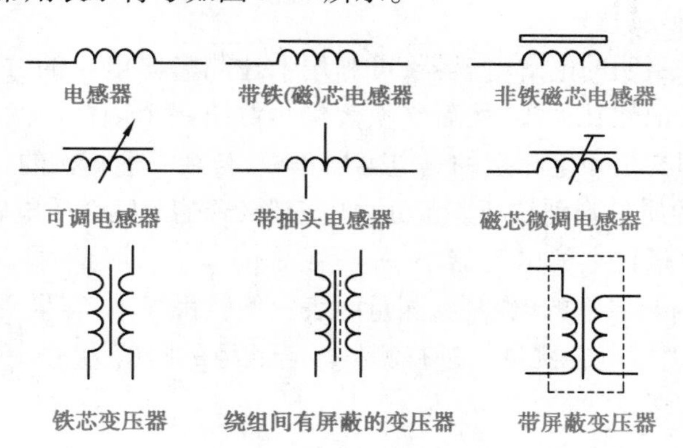

图3-24 常见电感表示符号

由电磁学原理可知,任何通过电路的电流周围都有磁场存在,且当电路中的电流发生变化时,电路周围的磁场也随之变化,而磁场的变化又会在导体内引起感应电动势。这种由于自身电流变化,引起磁场变化,又使自身产生感应电动势的现象,称为自感应。其大小用自感系数表示:

$$L=\frac{\Psi}{I}$$

式中　Ψ——自感磁通量,Wb(V·s);

I——流过导体的电流,A;

L——自感系数,H(Ω·s)。

通常亨[利](H)的单位较大,实用中常用 mH、μH,一般电感的默认基本单位为 μH。它们之间的换算率为 1 H=10^3 mH=10^6 μH。

2. 电感的作用

(1)作为线圈。主要作用是滤波、聚焦、偏转、延迟、补偿,与电容配合用于调谐、陷波、选频、震荡。

(2)作为变压器。主要用于耦合信号、变压、阻抗匹配等。

3. 电感的分类

(1)按功能分。电感可分为振荡线圈、扼流圈、耦合线圈、校正线圈和偏转线圈。

(2)按是否可调分。电感可分为固定电感、可调电感和微调电感。

(3)按结构分。电感可分为空心线圈、磁芯线圈和铁芯线圈。

(4)按形状分。电感可分为线绕电感(单层线圈、多层线圈及蜂房线圈)、平面电感(印制板电感、片状电感)。

4. 电感器的命名

电感器的命名主要由四部分组成:第一部分——主称,用字母表示(L 为线圈,ZL 为限流圈);第二部分——特性,用字母表示(G 为高频);第三部分——型式,用字母或数字表示(X 为小型);第四部分——区别代号,用字母表示。具体各部分的符号和意义可查阅相关手册。

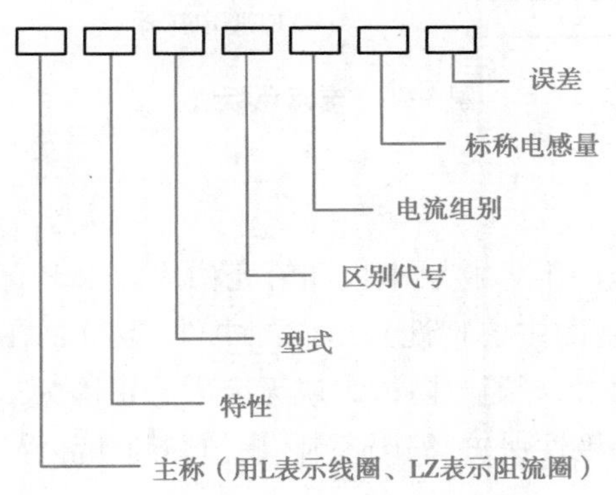

图 3-25　电感型号与命名

特性:一般用 G 表示高频,低频一般不标。

型式:用字母或数字表示。X—小型;1—轴向引线(卧式);2—同向引线(立式)。

区别代号:用字母表示,一般不标。

电流组别:用字母表示,A(50 mA)、B(150 mA)、C(300 mA)、D(700 mA)、E(1 600 mA)。

标称电感量:符合 E 系列,直接用文字标注或数码标出(用数码时单位为 μH)。

误差:用字母表示。

例如,LG1—B—47μH ±10%;高频卧式电感,额定电流 150 mA,47 μH,误差±10%。

5. 电感器的标注方法

电感器的标注方法主要有直标法、文字符号法、数码法、色标法等。

(1)直标法。采用直标法标注电感器时,直接将电感量标在电感器外壳上,并同时标注允许偏差。如直接在电感器上标 65 μH。

(2)文字符号法。用文字符号表示电感的标称容量及允许偏差,当其单位为 μH 时用"R"作为电感的文字符号,其他与电阻器的标注相同。

(3)数码法。电感的数码标示法与电阻器相同,前面的两位数为有效数,第三位为倍乘,单位为 μH。例如,471 表示 470 μH。

(4)色标法。电感器的色标法多采用色环标志法,色环电感识别方法与电阻器相同。通常为四色环,色环电感中前面两道色环代表有效值,第三道色环代表倍率,第四道色环为偏差,具体如图 3-26 所示。

颜色	有效数字	乘数	允许偏差/%
银色	—	10^{-2}	±10
金色	—	10^{-1}	±5
黑色	0	10^{0}	—
棕色	1	10^{1}	±1
红色	2	10^{2}	±2
橙色	3	10^{3}	—
黄色	4	10^{5}	—
绿色	5	10^{4}	±0.5
蓝	6	10^{6}	±0.25
紫	7	10^{7}	±0.1
灰	8	10^{8}	—
白色	9	10^{9}	+50~-20
无色	—	—	±20

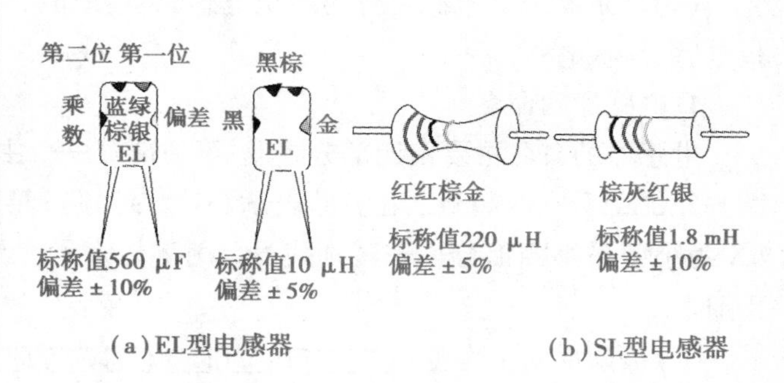

图 3-26 电感色标法

四、二极管

二极管由一个 PN 结,加上引线、接触电极和管壳构成。由 P 区引出的电极为阳极,由 N 区引出的电极为阴极。二极管的主要特性是单向导电性,也就是在正向电压的作用下,导通电阻很小;而在反向电压作用下,导通电阻极大或无穷大。正因为二极管具有上述特性,因而常把它用在整流、隔离、稳压、极性保护、编码控制、调频调制和静噪等电路中。

1. 二极管的分类

(1)按结构分。二极管可分为点接触型和面接触型两种,如图 3-27 所示。点接触型二极管的结电容小,正向电流和允许加的反向电压小,常用于检波、变频等电路;面接触型二极管的结电容较大,正向电流和允许加的反向电压较大,主要用于整流等电路。面接触型二极管中用得较多的一类是平面型二极管,平面型二极管可以通过更大的电流,在脉冲数字电路中用作开关管。

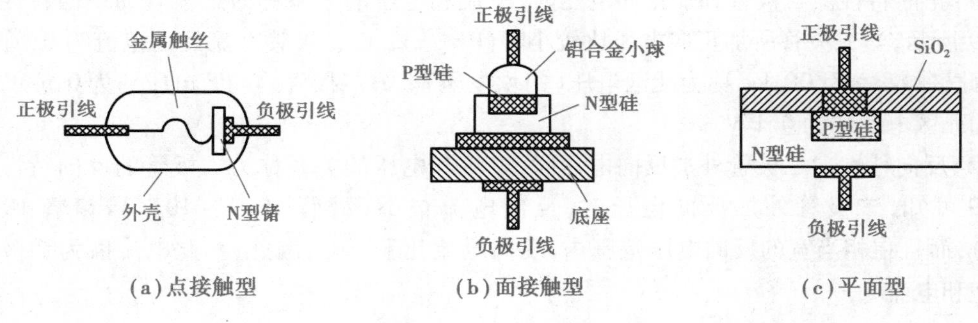

图 3-27　二极管按结构分类

(2)按材料分。二极管可分为锗二极管(Ge 管)和硅二极管(Si 管)。锗管与硅管相比,具有正向压降低(锗管 0.2 ~0.3 V,硅管 0.5 ~0.7 V)、反向饱和漏电流大、温度稳定性差等特点。

(3)按用途分。二极管可分为普通二极管、整流二极管、开关二极管、发光二极管、变容二极管、稳压二极管、隧道二极管、光电二极管等。常见二极管的符号如图 3-28 所示。

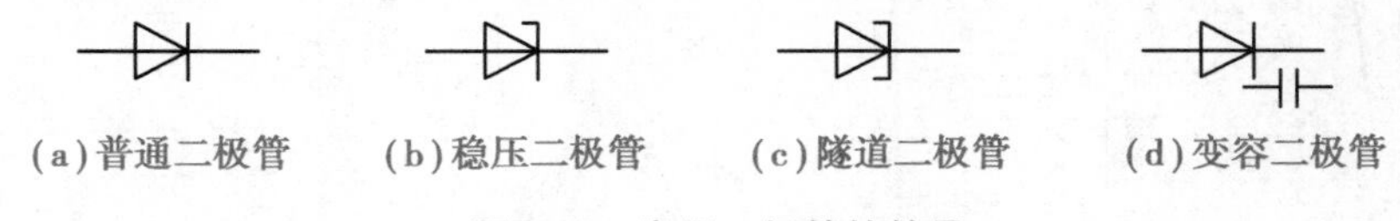

图 3-28　常见二极管的符号

2. 二极管的主要参数

(1)额定正向工作电流,即二极管长期连续工作时允许通过的最大正向电流值(I_F)。因为电流通过管子时会使管芯发热、温度上升,当温度超过容许限度(硅管为 140 ℃,锗管为 90 ℃)时,就会使管芯过热而损坏。所以,二极管使用中不要超过二极管额定正向工作电流值。

(2)最高反向工作电压(U_{RM}),加在二极管两端的反向电压高到一定值时,会将管子击穿,使管子失去单向导电能力。为了保证二极管的使用安全,规定了最高反向工作电压值。

(3)反向电流指二极管在未击穿时的反向电流(I_S)。其值越小,管子的单向导电性能越好。值得注意的是,反向电流与温度有着密切的关系,大约温度每升高 10 ℃,反向电流增大 1 倍。例如,2AP1 型锗二极管,在 25 ℃时反向电流若为 250 μA,温度升高到 35 ℃,反向电流将上升到 500 μA,依此类推,在 75 ℃时,它的反向电流已达 8 mA,此时管子不仅失去了单向导电特性,还会因过热而损坏。又如 2CP10 型硅二极管,25 ℃时反向电流仅为 5 μA,温度升高到 75 ℃时,反向电流也不过 160 μA。故硅二极管与锗二极管相比在高温下具有更好的稳定性。

(4)最高工作频率(f_M)。指二极管能保持良好工作性能条件下的最高工作频率。

3. 二极管的伏安特性

二极管两端的电压 U 及其流过二极管的电流 I 之间的关系曲线,称为二极管的伏安特性。

(1)正向特性。二极管外加正向电压时,电流和电压的关系称为二极管的正向特性。如图 3-29 所示,当二极管所加正向电压比较小时($0<U<V_{th}$),二极管上流经的电流为 0,管子仍截止,此区域称为死区,V_{th} 称为死区电压(门坎电压)。硅二极管的死区电压约为 0.5 V,锗二极管的死区电压约为 0.1 V。

(2)反向特性。二极管外加反向电压时,电流和电压的关系称为二极管的反向特性。由图 3-29 可知,二极管外加反向电压时,反向电流很小(硅管 10^{-15} ~ 10^{-10} A,锗管 10^{-10} ~ 10^{-7} A),而且在相当宽的反向电压范围内,反向电流几乎不变,因此,称此电流值为二极管的反向饱和电流 I_S。

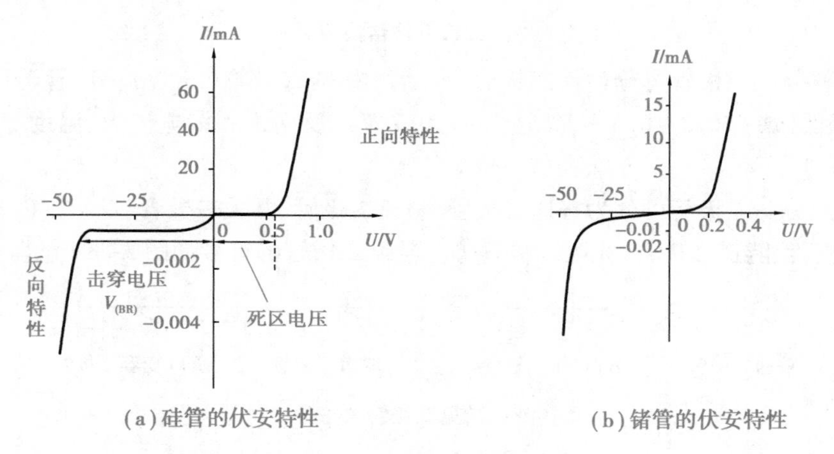

(a)硅管的伏安特性　　(b)锗管的伏安特性

图 3-29　二极管的伏安特性

4. 国产半导体分立器件(二极管)的命名

国产半导体分立器件由五部分组成,如图 3-30 所示。前三部分的符号意义见表 3-5。第四部分用数字表示器件序号,第五部分用汉语拼音字母表示规格号。

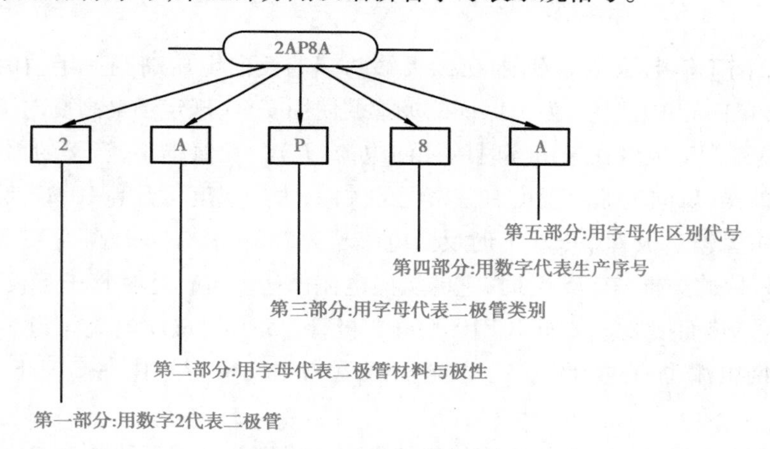

图 3-30　二极管的命名方法

表 3-5　国产半导体分立器件型号命名法第一、二、三部分的意义

第一部分		第二部分		第三部分			
用数字表示器件的电极数目		用字母表示器件的材料和极性		用汉语拼音字母表示器件的类别			
符号	意义	符号	意义	符号	意义	符号	意义
2	二极管	A	N 型,锗材料	P	普通管	S	隧道管
		B	P 型,锗材料	Z	整流管	U	光电管
		C	N 型,硅材料	L	整流堆	N	阻尼管
		D	P 型,硅材料	W	稳态管	Y	体效应管
		E		K	开关管	EF	发光管
3	三极管	A	PNP 型,锗材料	X	低频小功率管	T	晶闸管
		B	NPN 型,锗材料	D	低频大功率管	V	微波管
		C	PNP 型,硅材料	G	高频小功率管	B	雪崩管
		D	NPN 型,硅材料	A	高频大功率管	J	阶跃恢复管
		E	化合物	K	开关管	U	光电管
				CS	场效应管	BT	特殊器件
				FH	复合管	JG	光电器件

例如,某二极管的标号为 2BS21,其含义是 P 型锗材料隧道二极管,如图 3-31 所示。

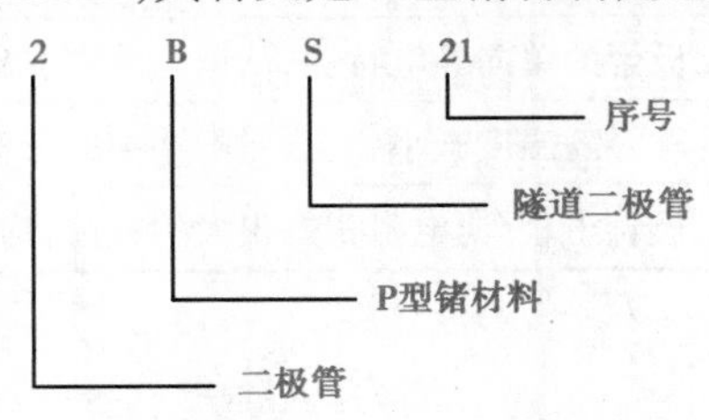

图 3-31　二极管的命名示例

5. 二极管的识别方法

二极管的识别很简单,小功率二极管的 N 极(负极),在二极管外表大多采用一种色圈标出来,如图 3-32 所示。有些二极管也用二极管专用符号来表示 P 极(正极)或 N 极(负极),也有采用符号标志为“P”“N”来确定二极管极性的。发光二极管的正、负极可从引脚长短来识别,长脚为正,短脚为负。

6. 二极管电路的种类和作用

根据二极管的伏安特性,正向单向导电,也就是电流只可以从二极管的一个方向流过。利用这个特性,二极管可以应用于开关电路、整流电路、限幅电路、检波电路、稳压电路、变容电路等各种调制电路,具体见表 3-6。

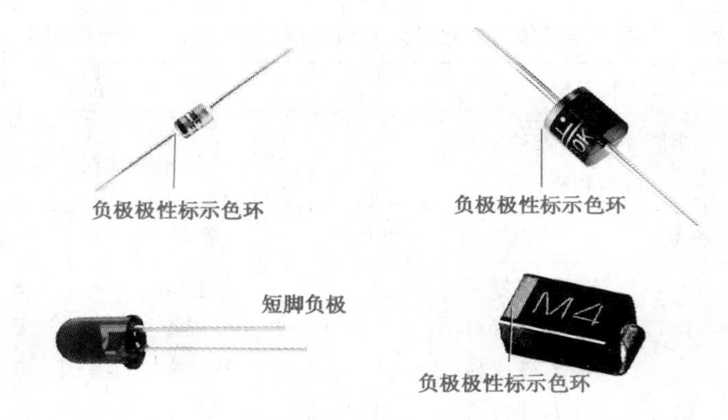

图 3-32　二极管示意图

表 3-6　二极管的种类和作用

电路种类		作用
整流电路	半波整流	只用一只二极管依单向导电特性,将交流变为单向脉动性直流电
	全波整流	用两只二极管,得到两个极性的单向脉动性直流电压
	桥式整流	用四只二极管,得到两个极性的单向脉动性直流电压
	倍压整流	一种大电压小电流整流电路,利用多只二极管构成整流电路
限幅电路	单向限幅	利用二极管导通管压降基本不变特性,对交流信号进行幅度限制
	双向限幅	对交流信号正、负半周进行限幅
检波电路		利用二极管的单向导电特性,从调幅波中取出音频信号
温度补偿电路		利用管压降随温度微小变化,对电路中的三极管进行温度补偿
电子开关电路		利用二极管正、反向电阻相差很大的特性,构成电子开关电路

7. 普通二极管的检测

二极管具有单向导电性的特点,性能良好的二极管,其正向电阻小,反向电阻大,这两个数值相差越大越好。若相差不多,则说明二极管的性能不好或已经损坏。

测量方法:将万用表两表笔分别接在二极管的两个电极上,读出测量的阻值;然后将表笔对换再测量一次,记下第二次阻值。若两次阻值相差很大,说明该二极管性能良好,并根据测量电阻小的那次的表笔接法(称为正向连接),判断出与黑表笔连接的是二极管的正极、与红表笔连接的是二极管的负极。因为万用表的内电源的正极与万用表的"-"插孔连通,内电源的负极与万用表的"+"插孔连通。

如果两次测量的阻值都很小,说明二极管已经击穿;如果两次测量的阻值都很大,说明二极管内部已经断路;如果两次测量的阻值相差不大,说明二极管性能欠佳。在这些情况下,二极管就不能使用了。

必须指出的是,由于二极管的伏安特性是非线性的,用万用表的不同电阻挡测量二极管的电阻时,会得出不同的电阻值;实际使用时,流过二极管的电流会较大,因而二极管呈现的电阻值会更小些。

五、三极管

常见的导体三极管有双极型半导体三极管和场效应半导体三极管两大类。场效应管在集成电路中经常用到，这里只介绍双极型三极管。双极型三极管是一种控制电流的半导体器件，可用来对微弱信号进行放大和做无触点开关。它具有结构牢固、寿命长、体积小、耗电省等一系列优点，在各个领域得到广泛应用。常见的双极型三极管如图3-33所示。

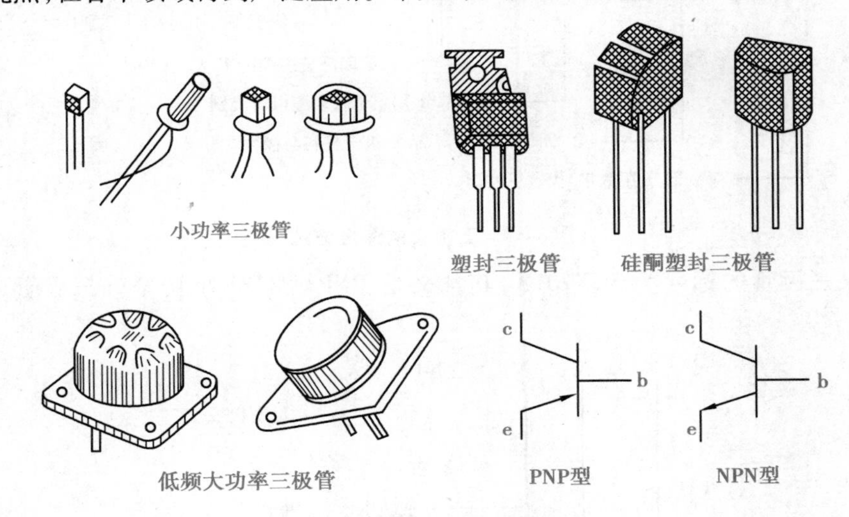

图3-33　双极型三极管外形图

1. 三极管的分类

三极管符号如图3-34所示。其种类很多，按频率分，有高频管、低频管；按功率分，有小功率管、中功率管、大功率管；按半导体材料分，有硅管、锗管；按结构分，有NPN型三极管和PNP型三极管；按封装形式分，有直插三极管、贴片式三极管等。

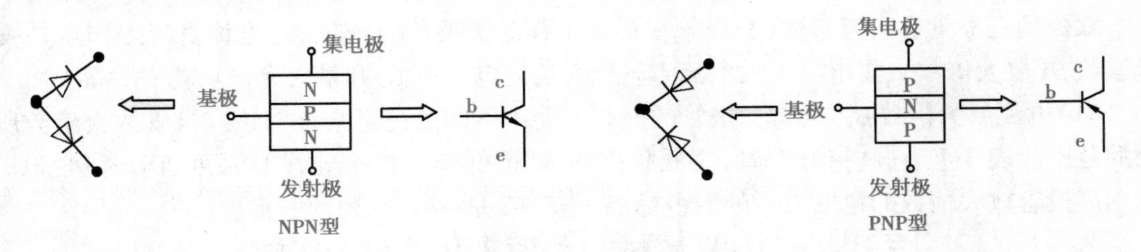

图3-34　双极型三极管示意图

2. 三极管的命名

国产三极管的命名规则与二极管类似，三极管的命名由五部分组成，如图3-35所示。其中第二、三部分各字母含义见表3-5。而对于进口的三极管来说，命名就各有不同，在实际使用过程中要注意积累资料。常用的进口管有韩国的90××、80××系列，欧洲的2S×系列，在该系列中，第三位含义同国产管的第三位基本相同。

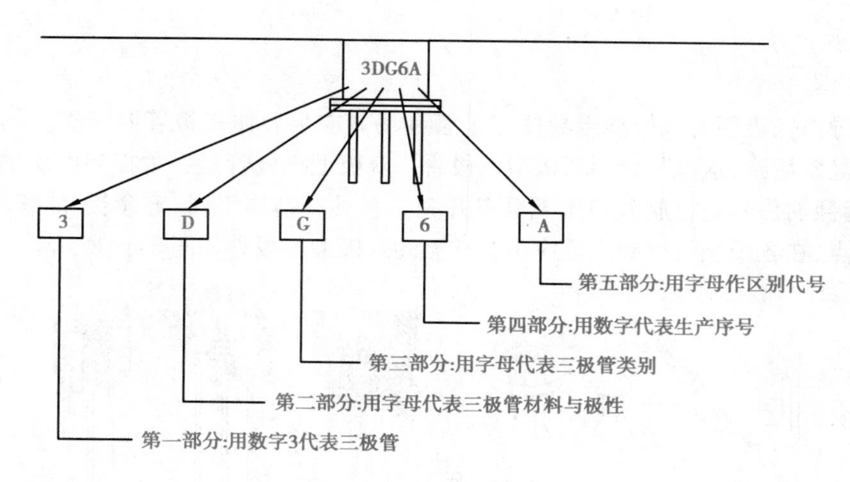

图 3-35 三极管的命名方法

例如,某三极管的标号为 3CX701A,其含义是 PNP 型低频小功率硅三极管,如图 3-36 所示。

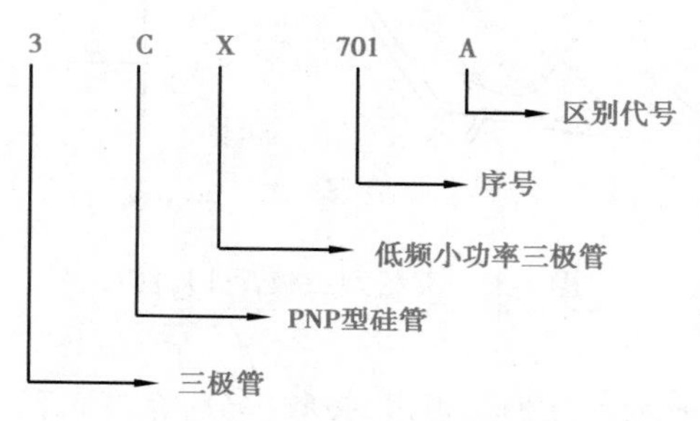

图 3-36 三极管命名示例

3. 双极型三极管的主要参数

双极型三极管有直流参数(三极管在正常工作时需要的直流偏置,也称直流工作点),交流参数 β(放大倍数)、集电极最大电流 I_{CM}、最大反向电压 U_{CEO} 和最大允许功耗 P_{CM} 等。

(1)电流放大倍数 β。通常三极管的外壳上会用不同的色标来表明该三极管放大倍数所处的范围。表 3-7 为硅、锗开关管,高低频小功率管,低频大功率硅管 D 系列、DD 系列、3CD 系列三极管放大倍数的色度表示的颜色标记。表 3-8 是 3AD 系列的表示法。

表 3-7 D 系列、DD 系列、3CD 系列三极管的放大倍数色标法

β	0 ~ 15	15 ~ 25	25 ~ 40	40 ~ 55	55 ~ 80	80 ~ 120	120 ~ 180	180 ~ 270	270 ~ 400	400 ~ 600
色标	棕	红	橙	黄	绿	蓝	紫	灰	白	黑

表 3-8 3AD 系列三极管的放大倍数色标法

β	20 ~ 30	30 ~ 40	40 ~ 60	60 ~ 90	90 ~ 140
色标	棕	红	橙	黄	绿

(2)集电极最大允许电流 I_{CM}。指三极管的电流放大系数明显下降时的集电极电流。应注意的是,当三极管电流 I_C 大于 I_{CM} 时,三极管不一定会烧坏,但 β 等参数将明显变化,会影

响管子的正常工作。

(3)反向击穿电压 U_{CEO}。指三极管基极开路时,允许加在集电极和发射极之间的最高电压。通常情况下 c、e 间电压不能超过 U_{CEO},否则会引起管子击穿或性能变差。

(4)集电极最大允许功耗 P_{CM}。指三极管参数变化不超过规定允许值时的最大集电极耗散功率。使用三极管时,实际功耗不允许超过 P_{CM},通常还应留有余量,因为功耗过大往往是三极管烧坏的主要原因。

4. 三极管的判别与选用

(1)放大倍数与极性的识别方法。一般情况下可以根据命名规则从三极管管壳上的符号辨别出它的型号和类型,同时还可以从管壳上色点的颜色来判断管子的放大倍数 β 值的大致范围,见表 3-9。

表 3-9　色标表示 β 范围

色标	棕	红	橙	黄	绿	蓝	紫	灰	白	黑
β	0 ~ 15	12 ~ 25	25 ~ 40	40 ~ 55	55 ~ 80	80 ~ 120	120 ~ 180	180 ~ 270	270 ~ 400	400 以上

例如,色标为橙色,表明该管的 β 值在 25 ~ 40。但有的厂家并非按此规定,使用时要注意。当从管壳上知道它们的类型、型号及 β 值后,还应进一步判别它们的三个极。

对于小功率三极管来说,有金属外壳和塑料外壳封装两种。对于金属外壳封装的,如果管壳上带有定位销,那么,将管底朝上,从定位销起,按顺时针方向,三根电极依次为 e、b、c;如果管壳上无定位销,且三根电极在半圆内,将有三根电极的半圆置于上方,按顺时针方向,三极电极依次为 e、b、c,如图 3-37(a)所示。

对于塑料外壳封装的,面对平面,将三根电极置于下方,则从左到右,三根电极依次为 e、b、c,如图 3-37(b)所示。

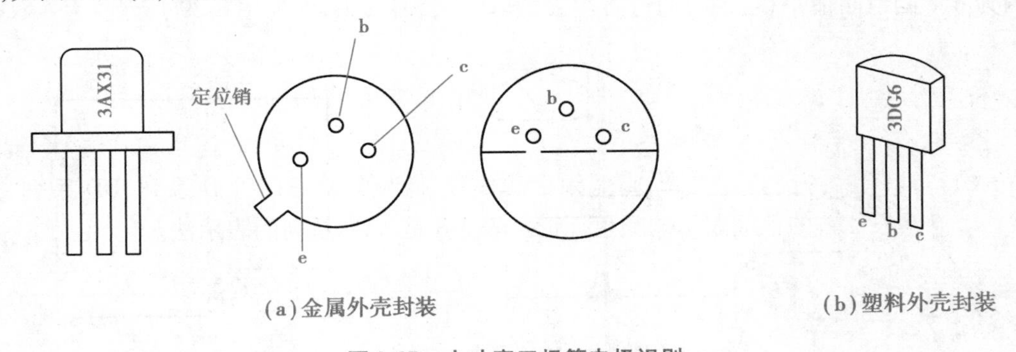

(a)金属外壳封装　　(b)塑料外壳封装

图 3-37　小功率三极管电极识别

对于大功率三极管来说,外形般分为 F 型和 G 型两种,如图 3-38 所示。F 型管,从外形上只能看到两根电极。将管底面对自己,两根电极置于左侧,则上为 e、下为 b、底座为 c,如图 3-38(a)所示。G 型管有三个电极,将管底面对自己,三根电极中单独一根的置于左方,从最下电极起,顺时针方向,依次为 e、b、c,如图 3-38(b)所示。

三极管的管脚必须正确确认,否则接入电路中不但不能正常工作,还可能烧坏管子。

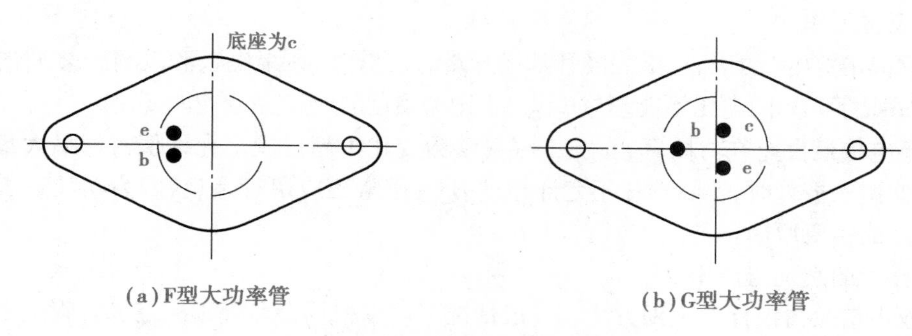

(a) F型大功率管

(b) G型大功率管

图 3-38 大功率三极管电极识别

(2)三极管的检测方法。

1)应用万用表判别三极管管脚。

先判别基极 b 和三极管的类型。将万用表欧姆挡置于“R×100”或“R×1k”挡,先假设三极管的某极为基极,并将黑表笔接在假设的基极上,再将红表笔先后接到其余两个电极上,如果两次测得的电阻值都很大(或都很小),而对换表笔后测得两个电阻值都很小(或都很大),则可以确定假设的基极是正确的。如果两次测得的电阻值是一大一小,则可以肯定假设的基极是错误的,这时就必须重新假设另一电极为基极,再重复上述的测试。

当基极确定以后,将黑表笔接基极,红表笔分别接其他两极。此时,若测得的电阻都很小,则该三极管为 NPN 型管;反之,则为 PNP 型管。

再判别集电极 c 和发射极 e。以 NPN 型管为例,把黑表笔接到假设的集电极 c 上,红表笔接到假设的发射极 e 上,并且用手握住 b 和 c 极(b 和 c 极不能直接接触),通过人体,相当于在 b、c 之间接入偏置电阻。读出表所示 c、e 间的电阻值,然后将红、黑两表笔对换重测,若第一次电阻值比第二次小,说明原假设成立,即黑表笔接的是集电极 c,红表笔接的是发射极 e。因为 c、e 间电阻值小,正说明通过万用表的电流大,偏值正常,如图 3-39 所示。

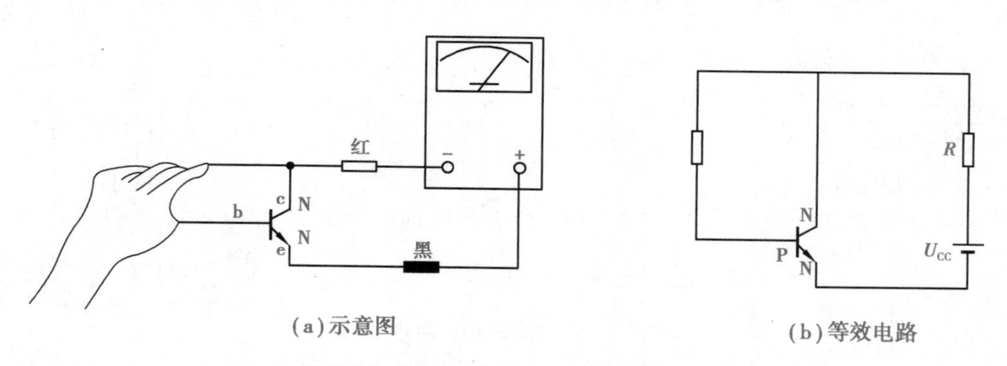

(a)示意图

(b)等效电路

图 3-39 判别三极管 c、e 电极的原理图

2)三极管性能的简单测试。

①检查穿透电流 I_{CEO} 的大小。以 NPN 型为例,将基极 b 开路,测量 c、e 极间的电阻。万用表红表笔接发射极,黑表笔接集电极,若阻值较高(几十千欧以上),则说明穿透电流较小,管子能正常工作。若 c、e 极间电阻小,则穿透电流大,受温度影响大,工作不稳定。若测得阻值接近 0,表明管子已被击穿;若阻值为无穷大,则说明管子内部已断路。

②检查直流放大系数 β 的大小。在集电极 c 与基极 b 之间接入 100 kΩ 的电阻 R_b，测量 R_b 接入前后发射极和集电极之间的电阻。万用表红表笔接发射极、黑表笔接集电极，电阻值相差越大，则说明 β 值越高。

一般数字万用表具备测 β 值的功能，将晶体管插入测试孔中，即可从表头刻度盘上直接读出 β 值。若依此法来判别发射极和集电极也很容易，只要将 e、c 脚对调一下，看表针偏转较大的那一次插脚正确，从数字万用表插孔旁标记即可辨别出发射极和集电极。

（3）三极管的选用原则。

①类型选择。按用途选择三极管的类型。如按电路的工作频率，可分低频放大三极管和高频放大三极管，应选用相应的低频管或高频管；若要求管子工作在开关状态，应选用开关管。根据集电极电流和耗散功率的大小，可分别选用小功率管或大功率管，一般集电极电流在 0.5 A 以上、集电极耗散功率在 1 W 以上的，选用大功率三极管，否则，选用小功率三极管。习惯上也有把集电极电流 0.5 ~ 1 A 的称为中功率管，而 0.1 A 以下的称小功率管。还有按电路要求，选用 NPN 型或 PNP 型管等。

②参数选择。对放大管，通常必须考虑四个参数 β、$U_{(BR)CEO}$、I_{CM} 和 P_{CM}。一般希望 β 值偏大，但并不是越大越好，需根据电路要求选择 β 值，若 β 值太高，易引起自激振荡，工作稳定性差，受温度影响也大。通常选 β 值在 40 ~ 100。$U_{(BR)CEO}$、I_{CM} 和 P_{CM} 是三极管的极限参数，电路的估算值不得超过这些极限参数。

六、集成电路

集成电路（Integrated Circuit，IC），俗称芯片，是一种微型电子器件或部件，采用特殊工艺，把一个电路中所需的晶体二极管、三极管、电阻、电容、电感等元件按设计要求集成在硅片上而形成的具有特定功能的器件，实现材料、元器件和电路的三位一体化。集成电路与独立式元件相比，具有体积小、功耗低、性能好、稳定性好、可靠性高和成本低等优点，广泛运用于社会生产的各个方面。

1. 集成电路的分类

①按照传送信号的功能分类。集成电路按功能可分为模拟集成电路、数字集成电路和数/模混合集成电路。

模拟集成电路又称线性电路，用来产生、放大和处理各种模拟信号（其幅值跟随时间变化的信号，如常见的音频信号等），其输入与输出信号成比例关系。常用的模拟集成电路主要有运算放大器、功率放大器、集成稳压电路、自动控制集成电路和信号处理集成电路等。

数字集成电路用来产生、放大和处理各种数字信号，该信号在时间上和幅度上是离散的信号，如计算机 CPU、数码相机、数字电视的逻辑控制和数频信号等。常用的数字集成电路有 TTL 型、ECL 型、CMOS 型三大类。

②按制造工艺分类。集成电路按制造工艺可分为半导体集成电路、膜集成电路和由两者合成的混合集成电路，膜集成电路又分为厚膜集成电路和薄膜集成电路。

③按集成度高低分类。集成电路按集成度高低的不同，可分为小规模集成电路（Small Scale Integrated Circuits，SSIC）、中规模集成电路（Medium Scale Integrated Circuits，MSIC）、大规

模集成电路(Large Scale Integrated Circuits,LSIC)、超大规模集成电路(Very Large Scale Integrated Circuits,VLSIC)、特大规模集成电路(Ultra Large Scale Integrated Circuits,ULSIC)、巨大规模集成电路(Gida Scale Integrated Circuits,GSIC)也称极大规模集成电路或超特大规模集成电路。

④按导电类型不同分类。集成电路按导电类型不同,可分为双极型和单极型集成电路。双极型集成电路工艺复杂,功耗较大,常见的双极型集成电路有 DTL、TTL、ECL、HTL 等。单极型集成电路制作工艺简单、功耗相对较低,易于制成大规模集成电路的制作,常见的单极型集成电有 JFET、NMOS、PMOS、CMOS 四种。

⑤按应用领域分类。集成电路按应用领域不同,可分为标准通用集成电路和专用集成电路。

⑥按外形分类。集成电路按外形可分为圆形(金属外壳晶体管封装型,一般适用于大功率器件)、扁平形(稳定性好、体积小)和双列直插式 DIP 封装。

2. 集成电路的封装

从集成电路的封装材料来看,最常用的封装材料有塑料、陶瓷及金属三种。从封装形式来看,有晶体管式封装、扁平封装和直插式封装等。常见的集成电路封装如图 3-40 所示。

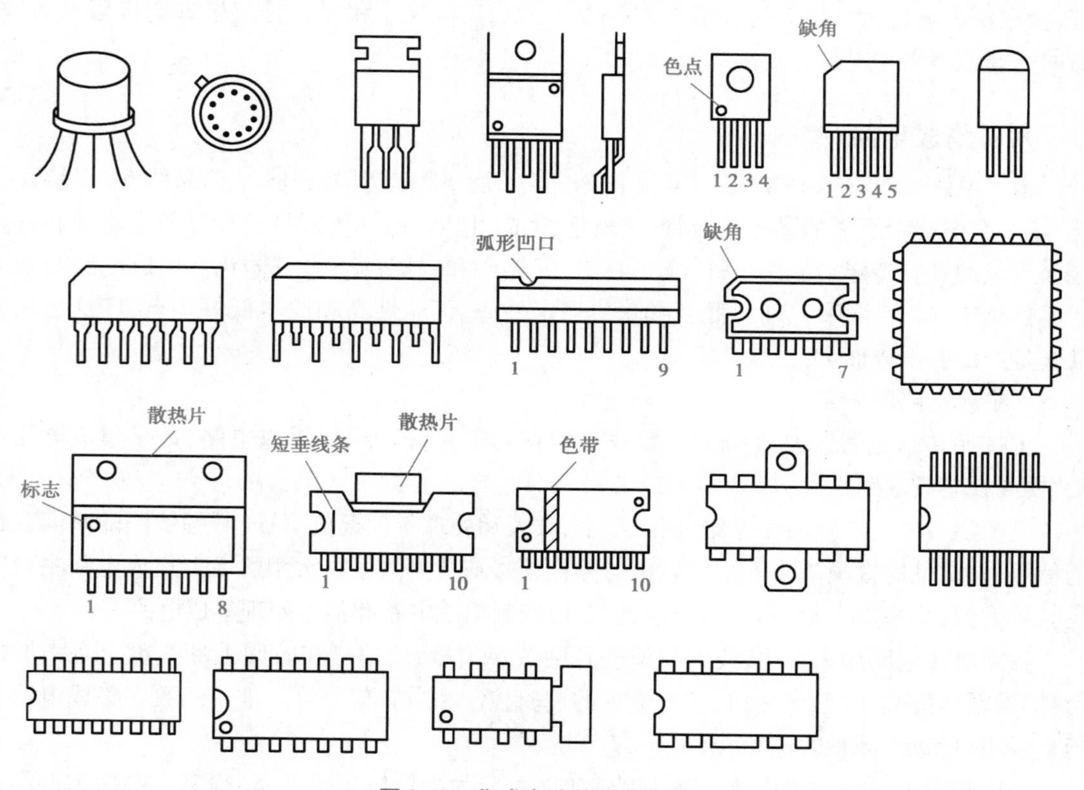

图 3-40 集成电路的封装形式

3. 集成电路的引脚排列

集成电路的引脚排列次序有一定的规律,一般是从外壳顶部向下看,从左下脚按逆时针方向读数，其中第一脚附近一般有参考标志，如凹槽、色点等。

集成电路的引脚识别：集成电路的封装形式多种多样，因此引脚的排列也各不相同，但无论是模拟集成电路还是数字集成电路，不同的封装都有各自的排列规律，并且这些引脚排列以及引脚功能说明均能在相应的器件说明文件中查到，因此这里只讲述实验中最常用到的双列直插式封装的引脚排列 DIP 封装，其实物图如图 3-41 所示。

图 3-41　双列直插式集成电路

双列直插式集成电路的引脚排列示意图如图 3-42 所示，其定位标志一般为缺口、凹坑、色点、小孔或凸起键等。识别时面对集成电路印有商标的正面，并使其定位标志位于左侧，则集成电路左下方为第 1 脚，从第 1 脚向右逆时针依次为 2、3、4、…脚。

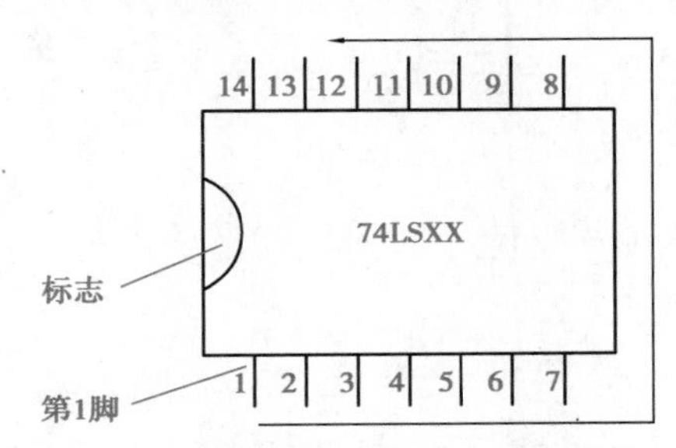

图 3-42　双列直插式集成电路引脚排列示意图

4. 集成电路的检测

集成电路常用的检测方法有非在线测量法、在线测量法和代换法。

（1）非在线测量法。非在线测量法是在集成电路未焊入电路时，通过测量其各引脚之间的直流电阻值，与已知正常同型号集成电路各引脚之间的直流电阻值进行对比，以确定其是否正常。

（2）在线测量法。在线测量法是利用电压测量法、电阻测量法及电流测量法等，通过在电路上测量集成电路的各引脚电压值、电阻值和电流值是否正常来判断该集成电路是否损坏。

（3）代换法。代换法是用已知完好的同型号、同规格集成电路来代换被测集成电路，从而判断该集成电路是否损坏。

5. 集成电路使用的注意事项

（1）使用前应对集成电路的功能、内部结构、电特性、外形封装及与该集成电路相连接的电路作全面的分析和理解，使用情况下的各项电性能参数不得超出该集成电路所允许的最大使用范围。

（2）安装集成电路时要注意方向，不要弄错，在不同型号间互换时更要注意。

(3)正确处理好空脚,遇到空的引脚时,不应擅自接地,这些引脚为更替或备用脚,有时也作为内部连接。CMOS 电路不用的输入端不能悬空。

(4)注意引脚承受的应力与引脚间的绝缘。

(5)对功率集成电路需要有足够的散热器,并尽量远离热源。

(6)切忌带电插拔集成电路。

(7)集成电路及其引线应远离脉冲高压源。

(8)防止感性负载的感应电动势击穿集成电路,可在集成电路相应引脚接入保护二极管,以防止过压击穿。注意供电电源的极性和稳定性,可在电路中增设诸如二极管组成的保证电源极性正确的电路和浪涌吸收电路。

任务三　项目实操训练

一、项目实操教程

(一)实训名称

常用电子元器件测量实训。

(二)实训目的

(1)熟悉常见的半导体材料元器件的结构、分类、特性及其用法。
(2)掌握常见元器件的参数含义鉴别及使用。
(3)掌握直流电源的组成和工作原理。
(4)进一步熟悉万用表等电工电子监测工具的使用。

(三)实训器材

实训器材明细清单见表3-10。

表3-10　实训器材明细清单

序号	实训器材名称	型号	数量	备注
1	万用表	VC890D	1块	根据工作操作环境选择合理测量工具
2	电阻	四环、五环电阻	若干	通过色环读数与表测量数字在误差允许的范围之内
3	电容	瓷介铝电解电容	若干	能通过外观判读电容的极性,通过万用表检测电容充放电以及电容的大小
4	二极管	稳压、整流、发光二极管	若干	能通过表检测二极管的极性和材料
5	三极管	9012、9013、9014	若干	能通过表检测三极管的极性、材料和放大倍数

(四)实训内容

1. 万用表的使用方法
(1)功能作用与主要用途。
(2)使用方法要点。
(3)万用表的正确使用。
(4)使用过程中的注意事项。
(5)考核要点。

万用表的选用和使用操作考核评分表见表3-11。

表3-11 万用表的选用和使用操作考核评分表

考评项目	考评内容	配分	扣分原因	得分
万用表的选择与使用	万用表的认识	25	口述万用表的功能□ 错漏每项扣5分	
	万用表的检查	25	外观检查,未检查□ 扣5分 合格检查,未检查□ 扣10分	
	万用表的正确使用	50	未使用前检查□ 扣10分 未使用前校准□ 扣10分 选择规格不对□ 扣10分 操作不正确□ 扣50分	
	否定项	给定的任务,无法选择合理的工具□ 给定的测量不会测量方法与步骤□ 违反操作安全规范,导致自身或工具处于不安全状态□		
	合计	100	无法选择合适的万用表与违反安全操作、违反安全操作规范,导致自身或工具处于不安全状态,本项目为零分	

2. 元器件的测量

(1)元器件的结构、符号与分类。

①熟记元器件颜色对应的数值。

②掌握元器件的特性及用途,了解它们之间的差异。

③了解参数的识别、极性的判断及选型。

(2)元器件的工作特点与主要参数。

①掌握元器件的工作特性,总结元器件的工作特点。

②掌握元器件之间各主要参数之间的关系。

③了解元器件的极限参数。

(3)元器件的识别与检测操作考核。

元器件的识别与检测操作考核评分表见表3-12。

表 3-12　元器件的识别与检测操作考核评分表

考评项目	考评内容	配分	扣分原因	得分
元器件的识别与检测	运行操作	60	不能正确识别元器件的极性□　扣 10 分 不会直标读数□　扣 5 分 测量过程不规范□　扣 10 分	
	安全作业环境	20	操作不文明、不规范□　扣 10 分 工位不整洁□　扣 5 分	
	问答	20	回答不正确□　扣 10 分 回答不完整□　扣 5 分	
	否定项	测量值与实际值误差较大,超出误差允许范围□		
	合计	100	损坏设备、违反安全操作规范。本项目为零分	

二、项目实操报告册

(一)实训名称

常用电子元器件测量实训。

(二)实训报告

本项目实训报告见表 3-13。

表 3-13　实训报告

一、实训目的
二、实训内容 (一)实训器材

续表

（二）常用电器元件极性判断，标称值读取及参数测量方法

电阻	色环法读电阻值的方法	电阻值的测量方法
电容	电容极性的判别方法	电容容量及充放电功能的检测方法
二极管	二极管极性的判别方法	二极管导通电压的测量方法
三极管	三极管极性及管型判别方法	三极管导通电压及放大倍数测量方法

三、测量结果

（一）电阻测量结果

项目测量元件	四环电阻	五环电阻
读取值		
允许误差（合格）范围		
测量值		
是否合格		

（二）电容测量结果

项目测量元件	瓷介电容	铝电解电容
标称电容值		
测量电容值		
充放电功能是否正常		

续表

(三)二极管测量结果

项目 测量元件	稳压二极管	整流二极管	发光二极管
导通电压			
材料			
正接电阻			
反接电阻			
功能好坏			

(四)三极管测量结果

项目 测量元件	9012	9013	9014
导通电压	BC： BE：	BC： BE：	BC： BE：
管型			
材料			
放大倍数			

四、实训结果分析与总结

家庭照明配电线路安装与检测

知识目标

(1)了解家庭常用照明灯线路中计量表的结构与工作原理。
(2)能根据家庭照明电路图设计进行安装与布线。
(3)能通过在线测量判断双控开关的公共端。
(4)能使用万用表进行测量相应参数,并检查、分析和排除故障。

能力目标

(1)能根据家庭用户的需求,选择合适的配电入户装置元器件的规格。
(2)具备家庭配电板的安装与布线的能力。
(3)具备识别平面图的能力。

素养目标

挖掘思政元素理论“方法论与认知论”。通过原理图的规范性、过程工艺的规范性、操作的规范性,强调党要管党,从严治党,靠什么管?凭什么治?就是要靠严明的纪律和法律法规。

在人们的日常生活中,电气照明所占据的电能消耗比可高达我国总电能的20%以上,如何保障人们生活和工作环境中的照明环境符合人们身体健康;如何保障电路设备在安全运行下能够将消耗的电能100%转化为最合适的照明度;如何保障照明电路的实用性、节约性、节能性。通过本项目的学习,以达到在日常生活中用电安全、故障实时处理,电路运行经济实用、绿色环保的目的。

任务一　常用家庭照明电路的组成与基本概念

家庭室内照明设计的目的是实现利用光的合理设置来强化人与建筑空间的有效交流，创造适宜的照明环境，有助于人的生理需求和生理需求在室内空间的实现，并满足人的精神需求，以期达到安全性与舒适性相统一。

一、家庭照明电路的组成

照明电路是我们生活中接触最为频繁的电路，常用的家庭照明电路一般由供电线路、电能表、断路器、总开关、开关、插座、用电器、照明灯具等组成，如图 4-1 所示。

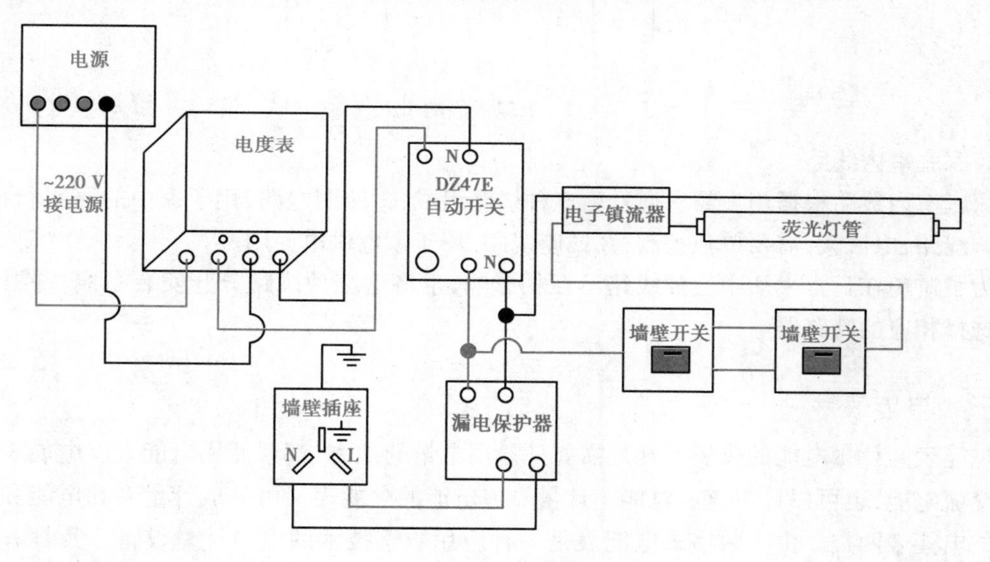

图 4-1　常用家庭照明电路示意图

二、供电线路

1. 电力入户线路

电力线路是将变、配电所与各电能用户或用电设备连接起来，由电源端（变、配电所）向负荷端（电能用户或用电设备）输送和分配电能的导体回路。而电力入户线路是从电力线路中将火线与零线引入用户家庭电能表，从而构成电力入户线路，简称家庭供电线路，如图 4-2 所示。常见的家庭电路一般由两根进户线（也叫电源线，火线 L 和零线 N，它们之间有 220 V 的电压）、电能表、闸刀开关（现一般为空气开关）、漏电保护器、保险设备（空气开关等其他类型符合标准的熔断器）、用电器、插座、导线、开关等组成（多数为并联，少数为串联）。

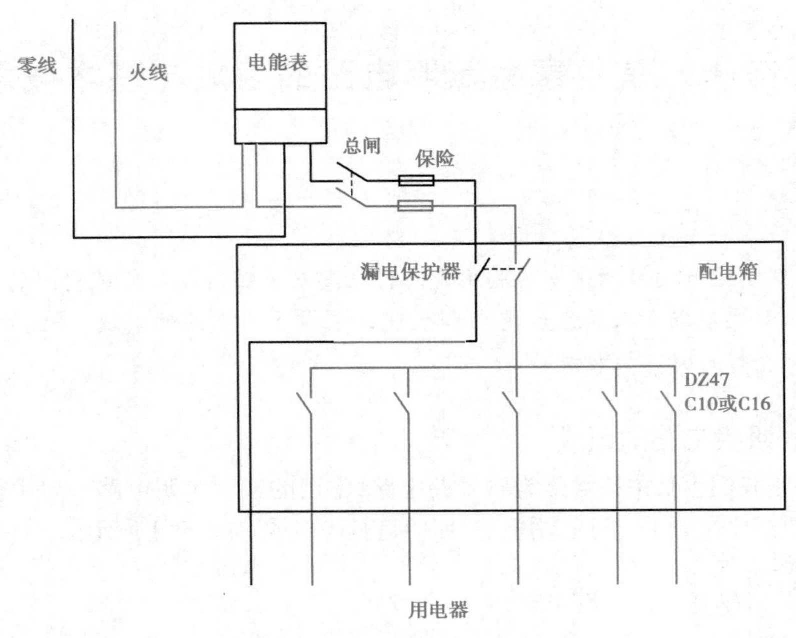

图 4-2 供电线路的引入

2. 家庭室内线路

家庭室内线路根据用户需求通常由三种线路组成:①照明电路,用于家中的照明和装饰;②空调线路,电流大,需要单独控制;③插座线路,用于家电供电使用。

为了避免在日常生活中三种线路不互相影响,常将这三种线路分开安装布线,并根据需要来选择相应的断路器。

三、电能表

电能表是计量电能的仪表。凡是需要计量用电量的地方,都要使用电能表。电能表可以计量交流电能,也可以计量直流电能。计量交流电能的电能表又可分成计量有功电能和无功电能的电能表两类。由于数字式电能表是一种应用数字技术的电力计量设备。其具有可靠性和耐用性高、更高精度、支持非线性和低功率因数负载、易于校表、防篡改数据、自动抄表和远程抄表等优点。它可以自动采集电能消费数据并通过网络远程传输,使电力供应商更加便捷地收集信息,实现精准计费、远程监控。其工作原理图如图 4-3 所示。

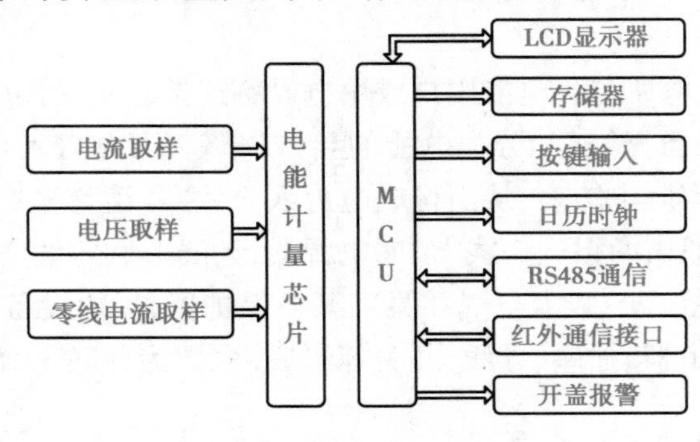

图 4-3 数字式电能表工作原理图

数字式电能表主要由电源模块、存储模块、计量模块(采样)、安全模块、时钟模块、显示模块、通信模块及断送电模块八个部分组成,如图4-4所示。

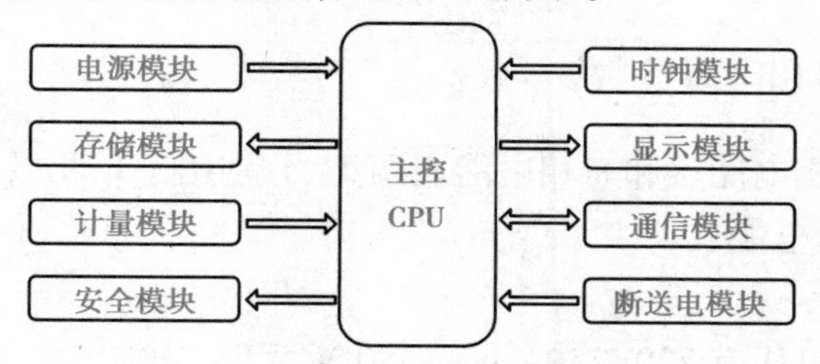

图4-4　数字式电能表工作模块组成图

①电源模块。给电能表体高工作电源,目前有线性电源(优点:纹波小,调整率好,对外干扰小;缺点:体积大,效率较低)与开关电源(优点:体积小,效率高;缺点:对周围干扰强)。

②存储模块。采集到的电能数据会被存储在闪存或其他数字存储介质上,以便后续的查询、传输及处理。

③计量模块。即采样部分,智能电能表通过内部的采样装置,对电网所提供的电流和电压信号进行采样。采样时需要将电流、电压信号转换为数字信号,以便数字电路进行后续的处理。

④安全模块。即安全报警模块,用于系统故障或者越权报警。

⑤主控CPU。即系统处理部分,采样后的数字信号会通过处理器进行数字信号处理,执行精确的计算、测量和控制功能。

⑥时钟模块。为系统提供实时时钟,作为电量冻结,费率切换的依据。

⑦显示模块。用来显示电量和相关数据。

⑧通信模块。智能电能表可以通过有线或无线通信方式与电网终端或集中管理系统进行数据传输与通信。有线通信方式主要是指通过数据通信线路进行数据传输,无线通信方式主要是指通过无线网络进行数据传输。

⑨断送电模块。帮助电力供应商监控和分析用户的用电情况,从而进行合理的电能分配,提高能源使用效益。同时,智能电能表的应用,也为用户提供了更加准确的能源使用信息,帮助用户进行节能减排,降低用电成本。

(一)数字式电能表型号的含义

数字式电能表型号的含义见表4-1。

表4-1　数字式电能表型号的含义

类别代号	组别代号		设计序号
	第一字母	第二字母	
D—电能表	D—单相 S—三相三线 T—三相四线 B—标准表 X—无功 Z—最大需量	F—复费率表 S—全电子式 D—多功能表 Y——预付表 Z——智能表	阿拉伯数字(可指代是某个厂家的产品)

例如,DSSD27 的含义是三相三线全电子式多功能电能表;DTSD27 的含义是三相四线全电子式多功能电能表;DDSY42 的含义是单相全电子式预付费表。

(二)电能表的规格和电气参数

交流电能表分为单相电能表和三相电能表两类,分别用于单相及三相交流系统中电能的计量,本书主要介绍家庭电能表。

1. 额定电压

单相电能表的额定电压有 220(250) V 和 380 V 两种,分别用在 220 V 和 380 V 的单相电路中。

三相电能表的额定电压有 380 V、380/220 V、100 V 三种,分别用在三相三线制(或三相四线制的平衡负荷)、三相四线制的平衡或不平衡负荷以及通过电压互感器接入的高压供电系统中。

2. 额定电流

电能表的额定电流有多个等级,如 1 A、2 A、3 A、5 A 等。它们表明了该电能表所能长期安全流过的最大电流。目前电能表的额定电流标通常标有两个值,后面一个写在括号中,如电能表面板标注是 2(4) A,这说明该电能表的额定电流为 2 A,最大负荷可达 4 A。

3. 频率

国产交流电能表都用在 50 Hz 的电网中,故其使用频率也都是 50 Hz。

4. 电能表常数

电能表常数表示每用 1 kW · h 的电,数字式电能表的采用计数器进行工作。例如,某块电能表的电能表常数为 3 200 imp/(kW · h),说明电能表每计数 3 200,即为 1 kW · h 的电能,发光二极管闪烁 3 200 次。因此,根据电能表常数可以测算出用电设备的功率。

(三)数字式电能表的功能

1. 电能计量

电能计量是对电能消耗进行精确测量的方法。在电能计量中,通常使用电能表来记录电能消耗的数据。其功能如下:

(1)记录初始读数。

(2)定期读取电能表。

(3)计算电能消耗。

2. 电量冻结

(1)月电量冻结。电能表在每月规定日零点自动冻结当时电量成为上月末电量,冻结后的上月末电量应保存在断电不丢失的数据储存单元中。一般要求至少保存最近连续 3 个月(不同的地方可能会有不同的要求)的冻结电量。

(2)日电量冻结。电能表在每日规定时间自动冻结本电量作为本日电量,并将其保存在断电不丢失的储存单元中,每日零点电量至少保持 7 日。

(3)小时电量冻结。电能表能自动冻结每小时整点的电量,并将其保存在断电不丢失的储存单元中,每小时整点电量至少保持 2 日。

3. 停电显示

电能表停电后能够显示电量和相关信息（如时间、表号等）。

4. 停送电控制

通断电的状态检测一般是对继电器输出端的电压状态进行检测，以便检测出断电后人为短路的行为。

5. 负荷控制

可设置电能表的最大用电负荷，如果超过规定负荷，电能表可以控制断电，并记录此次事件。

6. 用户权限

用户权限分为三级密码管理。一级：超级用户（用户名、口令可更改，便于厂家向供电部门移交），可进行授权二级用户、所有功能设置；二级：设置用户，由超级用户授权（分配用户名及初始口令），可进行所有授权功能的设置、电能表抄读；三级：根据用户的不同要求设置权限。

7. 费率

费率主要对于多费率电能表，一般至少能设置 4 个费率，8 个时段，具有备用时段表。

（四）电能表的倍率及计算方法

电能表以它的计数器来显示累计用电量。计数器每加个位 1，也就是常说的电能表走一个字，说明用电量为 1 kW · h。假如电能表是通过电流互感器接入，而且电能表的额定电流是 5 A，那么，在某一段时间的用电量，就应是起始与终了这段时间计数器的数字差与电流互感器的倍率的乘积。例如：

某段时间实际用电量＝（本次电表读数－上次电表读数）×互感器变比

（五）电能表的安装要求

（1）电能表应安装在清洁、干燥的场所，周围不能有腐蚀性或可燃性气体，不能有大量的灰尘，不能靠近强磁场。与热力管应保持 0.5 m 以上的距离。环境温度应在 0 ~ 40 ℃。

（2）明装电能表距地面应在 1.8 ~ 2.2 m，暗装电能表应不低于 1.4 m。装于立式盘和成套开关柜时，不应低于 0.7 m。电能表应固定在牢固的表板或支架上，不能有震动。安装位置应便于抄表、检查和试验。

（3）电能表应垂直安装，垂度偏差不应大于 2°。

（4）电能表配合电流互感器使用时，电能表的电流回路应选用 2.5 mm^2 的独股绝缘铜芯导线，中间不能有接头，不能设开关与保险。所有压接螺丝要拧紧，导线端头要有清楚而明显的编号。互感器的二次绕组的一端要接地。

（六）电能表的安全要求

（1）电能表的选择。电能表的型号和结构与被测的负荷性质和供电制式相适应，电压额定值要与电源电压相适应，电流额定值要与负荷相适应。

（2）要弄清电能表的接线方法，然后再接线。接线一定要细心，接好后应仔细检查。如果发生接线错误，轻则造成计量不准或电表反转，重则导致烧表，甚至危及人身安全。

（3）配用电流互感器时，电流互感器的二次侧在任何情况下都不允许开路。二次侧的一端应良好的接地。接在电路中的电流互感器如暂时不用时，应将二次侧短路。

（4）容量在 250 A 及以上的电能表，需要加装专用的接线端子，以备校表使用。

（七）单相电能表的直接接线

单相电能表有四个接线孔，两个接进线，两个接出线。按照进出线的不同，单相电能表可分为顺入式和跳入式接线。跳入式接线方式如图 4-5、图 4-6 所示。

对于一个具体的电能表，它的接法是确定的，在使用说明书上均有说明，一般在接线端盖的背后也印有接线图。另外，还可以用万用表的电阻挡来判断电能表的接线。电能表的电流线圈串在负荷电路中，它的导线粗，匝数少，电阻近似为零；而电压线圈并在输入电压上，导线细，匝数多，电阻值很大。因此很容易把它们区分开。

1. 安装接线

根据原理图 4-5，在面板选择元件，并按图 4-6 接线。

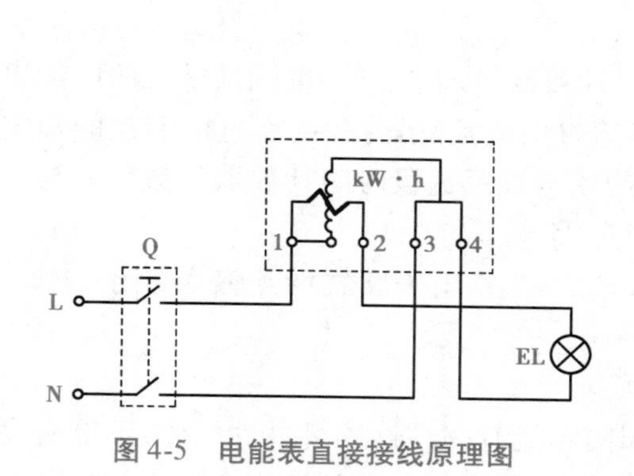

图 4-5　电能表直接接线原理图

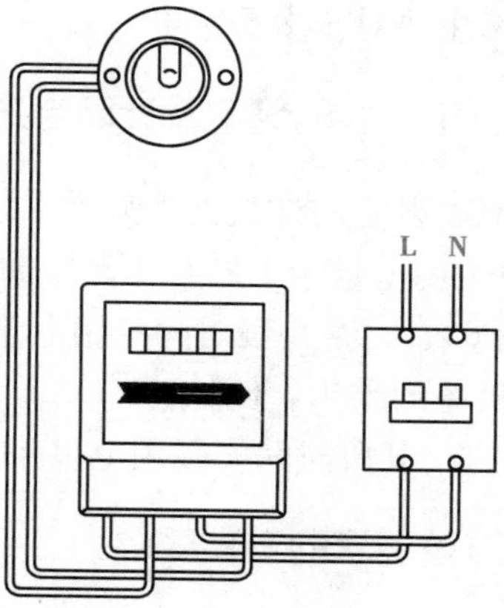

L　N

图 4-6　电能表直接接线安装实物图

2. 测试与调试

检查接线无误后，按下控制面板上的电源启动按钮。电源启动后，合上开关 Q，充当负载的灯泡亮，观察电能表的铝圆盘，应看到它从左往右匀速转动。

（八）单相电能表经电流互感器接线

如果电能表计量的负荷很大，超过了电能表的额定电流，就要配用电流互感器。配用电流互感器的电能表的接线图如图 4-7 所示。此时，电能表的电流线圈不再串联在负载电路中，而是与电流互感器的二次侧相连，电流互感器的一次侧绕组串联在负载电路中。这样，电能表的电压线圈将无法从它邻近的电流接线端得到电压。因此，电压线圈的进线端必须单独引出一根线，接到电流互感器一次回路的进线端。要特别注意的是，电流互感器的两个绕组的同名端和电能表的两个同名端的接法不可弄错，否则可能引起电能表倒转。

1. 安装接线

由原理图 4-7 可知，在面板选择相应的电器元件，并按图 4-8 接线。

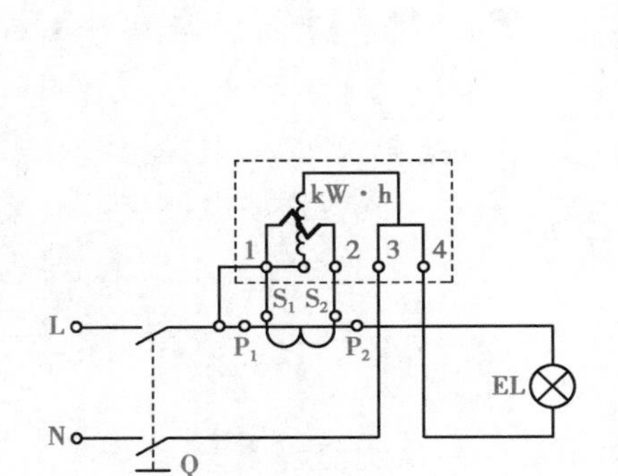

图 4-7　电能表互感接线原理图

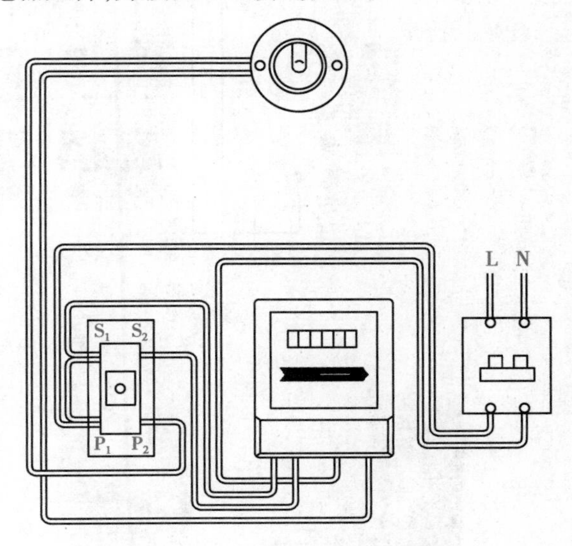

图 4-8　电能表互感安装实物图

与“单相电能表直接接线”相比，电能表互感接法仅加了一个电流互感器。在电路负载比较小的情况下，可以将电能表直接接入电路，但在负载比较大的电路中，负载电流比较大，若直接将电能表接入电路，可能会损坏电能表，所以需要使用电流互感器将负载电流变成较小的电流互感器二次侧电流。

2. 测试与调试

检查接线无误后，按下控制面板上的电源启动按钮。电源启动后，合上开关 Q，充当负载的灯泡亮，观察电能表的铝圆盘，应看到它从左往右匀速转动。电流互感器的变比是 5∶5，所以电能表转盘的转动速度应与直接接线时的速度相同。

四、电路开关

总开关是指电源进户的首位控制开关，从线路开关位置的顺序来看，接在电能表之后，断路器之前，用于控制家庭整个电路的通断。如果线路突然出现危险且不清楚是哪个开关控制时，那么就可以直接将总开关关闭。开关是最普通、使用最早的电器。其作用是分合电路、开断电流。目前家庭常用自动空气开关（空气断路器）。家庭入户总接线示意图如图 4-9 所示。

（一）带空气开关的漏电保护

空气开关就是利用空气来熄灭开关过程中产生的电弧，也就是断路器。在电路中做接通、分断和承载额定工作电流，并能在线路上发生过载、短路、欠压的情况下进行可靠的保护。断路器的动、静触头及触杆设计成平行状，利用短路产生的电动斥力使动、静触头断开，分断能力高，限流特性强。目前家庭的总开关常用空气开关，其结构外观如图 4-10 所示。

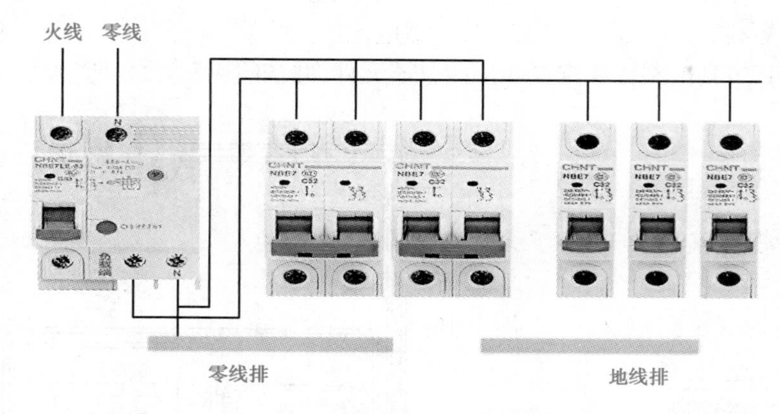

图 4-9 家庭入户总接线示意图

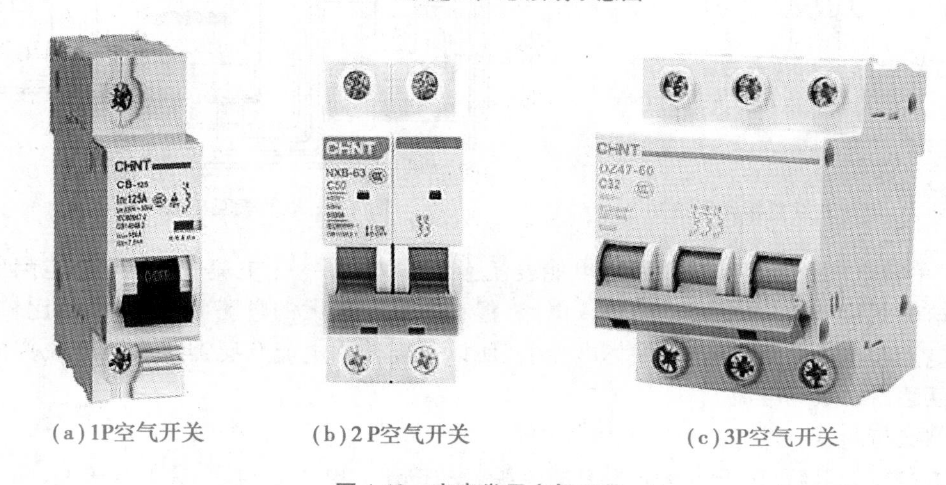

(a) 1P空气开关　(b) 2 P空气开关　(c) 3P空气开关

图 4-10 家庭常用空气开关

1. 空气开关的工作原理

常用的空气开关有从 1P 到 4P。1P 是控制一相(火)线;2P 是控制一相线与零线;3P 是控制三相 380 V;4P 是控制三相四线(380 V 带零线)。通常在过载、短路与欠压三种情况下,空气开关动作,常见的 3P 自动空气开关原理示意图如图 4-11 图所示。

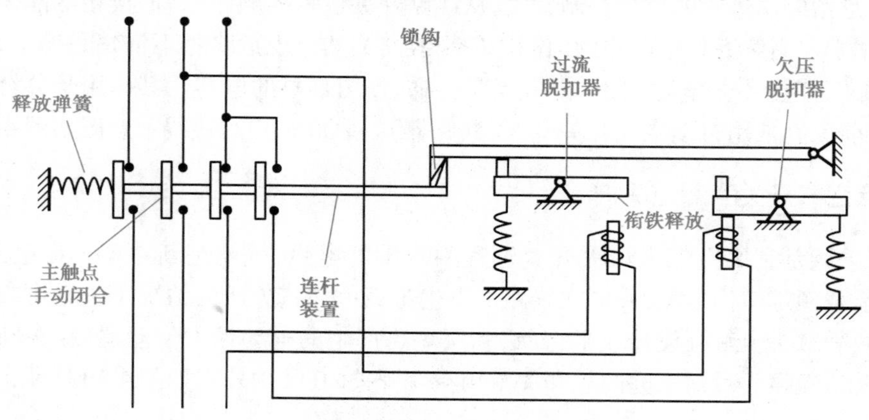

图 4-11 自动空气开关断路器原理示意图

(1)过载。当线路发生一般性过载时,过载电流虽不能使电磁脱扣器动作,但能使热元件产生一定热量,促使双金属片受热向上弯曲,推动杠杆使搭钩与锁扣脱开,将主触头分断,切断电源。

(2)短路。当线路发生短路或严重过载电流时,短路电流超过瞬时脱扣整定电流值,电磁脱扣器产生足够大的吸力,将衔铁吸合并撞击杠杆,使搭钩绕转轴座向上转动与锁扣脱开,锁扣在反力弹簧的作用下将三副主触头分断,切断电源。

(3)欠压。在电压正常时,电磁吸力吸住衔铁,主触点才得以闭合。一旦电压严重下降或断电时,衔铁就被释放而使主触点断开。当电源电压恢复正常时,必须重新合闸后才能工作,实现了失压保护。

2. 空气开关与漏电开关的区别

家庭用电在电能表的出线端装空气开关,由于线的距离相对电能表比较远,如果装漏电开关可能会因导线而引起故障,故漏电开关装在电能表与家用电器设备之间较好,两者的区别在于空气开关是超过其规定的额定电流时会动作,而漏电开关是超过它的额定电流或者漏电都会跳闸。两者作用的具体区别如下:

(1)空气开关是平常的俗称,它正确的名称叫作空气断路器。空气断路器一般为低压的,即额定工作电压为 1 kV。空气断路器是具有多种保护功能的、能够在额定电压和额定工作电流状况下切断和接通电路的开关装置。它的保护功能的类型及保护方式由用户根据需要选定,如短路保护、过电流保护、分励控制、欠压保护等。其中,前两种保护为空气断路器的基本配置,后两种为选配功能。所以空气断路器能在故障状态(负载短路、负载过电流、低电压等)下切断电气回路。

(2)漏电开关的正确名称为漏电保护断路器,是一种具有特殊保护功能(漏电保护)的空气断路器。它除空气断路器的基本功能外,还能在负载回路出现漏电(其泄漏电流达到设定值)时能迅速分断开关,以避免在负载回路出现漏电时造成对人员的伤害和对电气设备的不利影响。

(3)漏电开关不能代替空气开关。虽然漏电开关比空气开关多了一项保护功能,但在运行过程中因漏电的可能性经常存在而会出现经常跳闸的现象,导致负载会经常出现停电,影响电气设备的持续、正常的运行。所以,一般只在施工现场临时用电或工业与民用建筑的插座回路中采用空气开关,而漏电开关主要用于家庭或办公照明,保证人的安全。

(4)漏电开关也可以说是空气开关的一种,机械动作、灭弧方式都类似。但由于漏电开关保护的主要是人身,一般动作值都是毫安级。另外,动作检测方式不同。漏电开关用的是剩余电流保护装置,它所检测的是剩余电流,即被保护回路内相线和中性线电流瞬时值的代数和(其中包括中性线中的三相不平衡电流和谐波电流)。为此其额定动作电流只需躲开正常泄漏电流值(毫安级)即可,所以能十分灵敏地切断接地故障,以防直接接触电击。而空气开关就是纯粹的过电流跳闸(安级)。

(5)空气开关只能起到过负荷,短路跳闸的作用。漏电开关在空气开关的基础上加装了一套防漏电装置,能起到漏电跳闸的作用,可以保护人身及电气设备的安全。但漏电开关只是在人体触摸单线时起保护作用,如果人体同时触摸零线和火线的话就起不到保护作用。

(6)空气开关只通断电流,长时间超过设定值会保护跳开,也带短路保护。漏电保护在漏电的电流超过设定值时断开。有的空气开关同时带漏电保护。

(7)空气开关不带电的情况按下试验按钮可以跳开;漏电开关不带电的情况按下试验按钮不会跳开的。

3. 常用家庭漏电开关

为了保护家庭日用电的人身安全与家庭电器设备的保护,选择既有过载保护,又有漏电保护的电器元件,起双重保险的作用,同时也保证元器件的性价比。因此,家庭或办公照明常选择漏电开关,家庭常用1P带空气开关漏电保护器如图4-12所示。

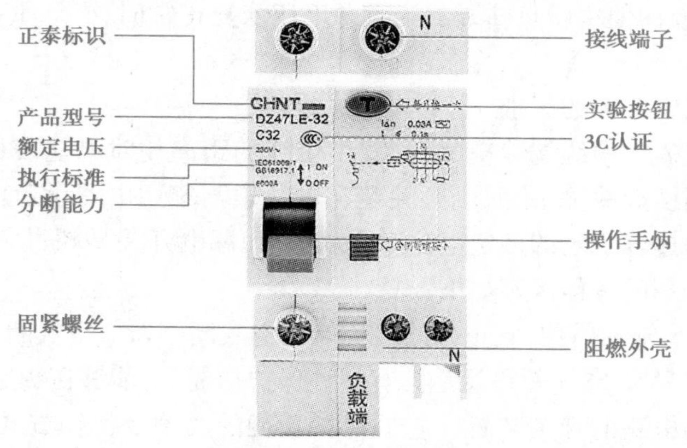

图4-12 家庭常用1P带空气开关漏电保护器

4. 常用家庭漏电开关选择

漏电开关通常首字母D代表动力,C代表照明。目前家庭使用DZ系列的空气开关(带漏电保护的小型断路器),常见的有以下型号/规格:C16、C25、C32、C40、C60、C80、C100、C120等,其中C表示脱扣电流,即起跳电流。

目前工业上常见的型号有动力电路用DW和DZ型、C20、C32、C50、C63、C80、C100、C125、C160、C250、C400、C600、C800、C1000(单位A)。

漏电空开选择的要点:①空气开关额定电压大于等于线路额定电压;②空气开关额定电流和过电流脱扣器的额定电流大于等于线路计算负荷电流;③应根据直接接触保护和间接接触保护的不同要求来选用防止人身触电的漏电保护器(两者的技术参数是不同)。

(二)线路控制开关

1. 单控开关

常见的单控开关如图4-13所示,其接线图如图4-14所示。

2. 双控开关

常见的双控开关如图4-15所示,其接线图如图4-16所示。一开多控开关接线图(三开关控制同一盏灯),如图4-17所示。

图 4-13　一开单控开关实物图

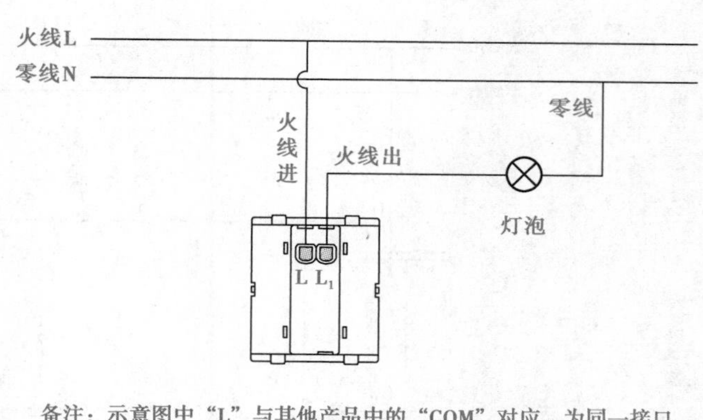

(a)一开单控开关接线图

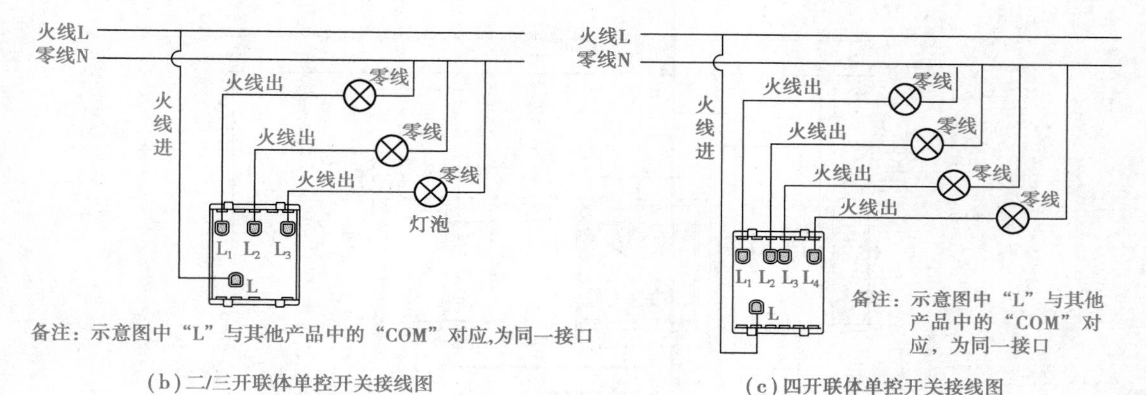

(b)二/三开联体单控开关接线图　(c)四开联体单控开关接线图

图 4-14　单控开关接线原理图

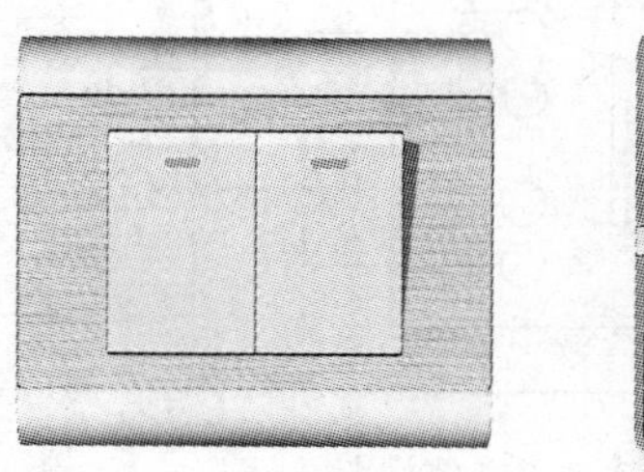

(a)双控开关实物图

(b)双控开关背面图

图 4-15　双控开关实物图

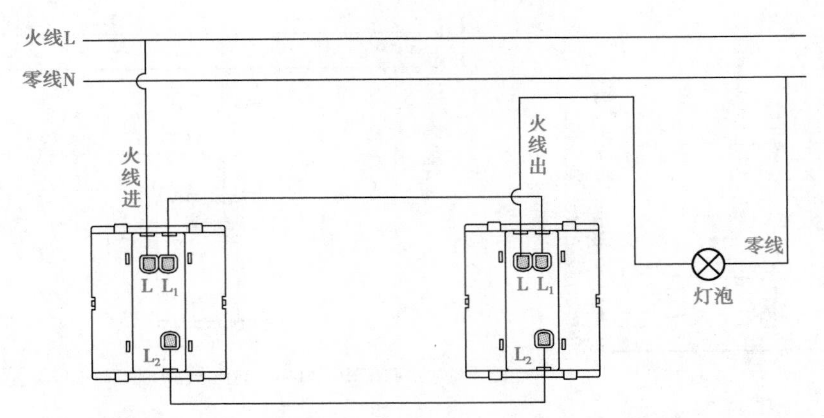

备注：示意图中“L”与其他产品中的“COM”对应，为同一接口

图 4-16　一开双控开关接线图(二开关控制同一盏灯)

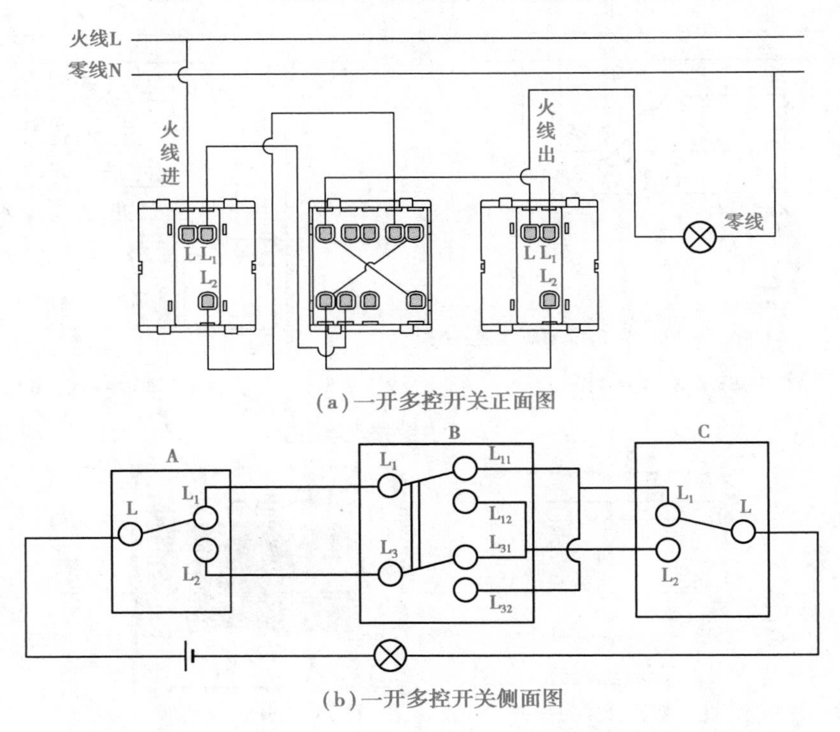

(a)一开多控开关正面图

(b)一开多控开关侧面图

图 4-17　一开多控开关接线图(三开关控制同一盏灯)

五、电源插座

1. 不带开关控制的插座接线图

不带开关控制的插座接线图如图 4-18 所示。

2. 带开关控制的插座接线图

带开关控制的插座接线图如图 4-19 所示。

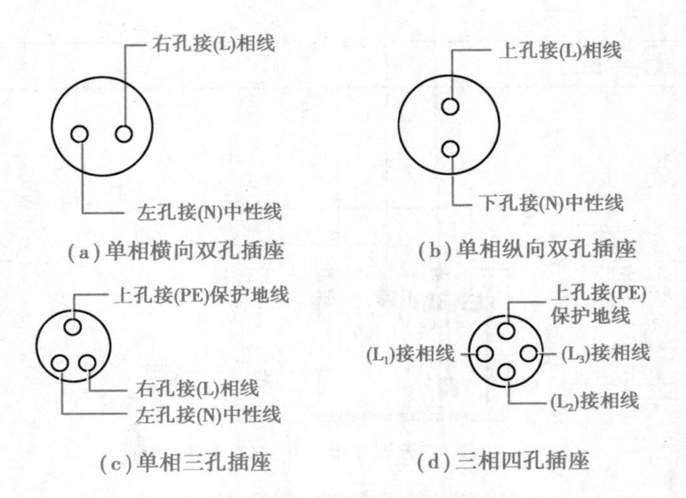

图 4-18　不带开关控制的插座接线图

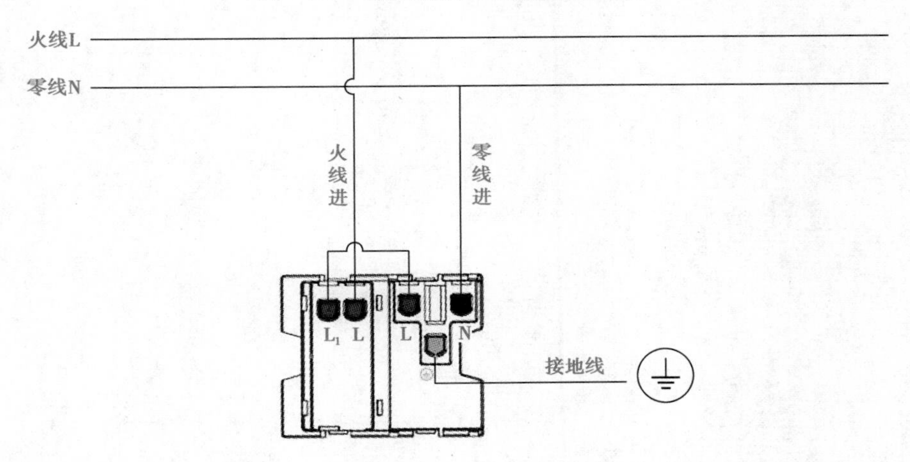

备注：示意图中开关侧“L”与其他产品中的“COM”对应，为同一接口

(a)一开五孔单控开关接线图(开关控制插座)

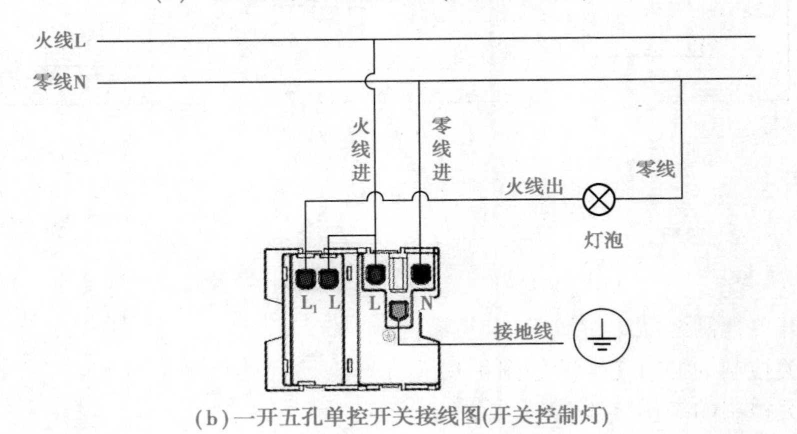

(b)一开五孔单控开关接线图(开关控制灯)

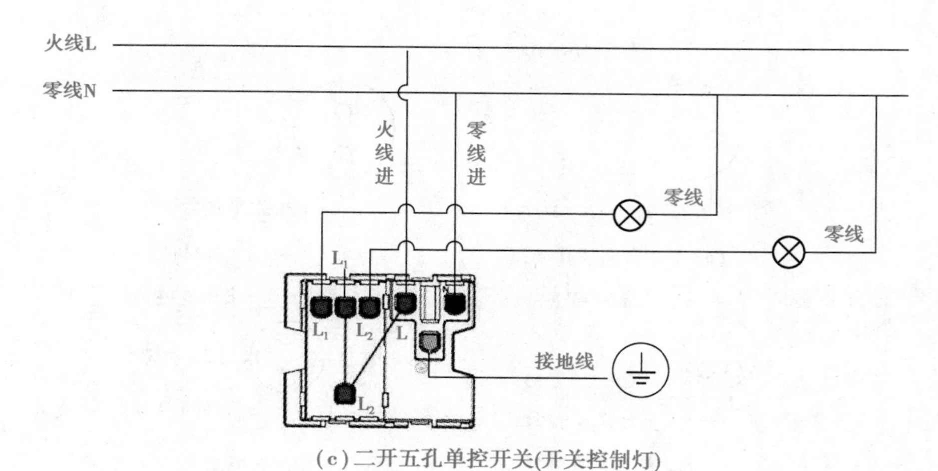

(c)二开五孔单控开关(开关控制灯)

图 4-19　带开关控制的插座接线图

任务二　常见照明电路的安装与调试

照明室内布线是电工必须掌握的基本常规技术，室内照明装置的安装应遵守“正规、合理、牢固、整齐”八字方针。通过照明电路的安装与调试学习，掌握常见家庭照明电路开关、插座、灯具、常用电器及所有附件的规章与流程，合理选择各种照明电路，以期掌握室内典型布线操作技能，并达到整个家庭照明线路技术安全指标。

一、室内布线基本知识

（一）室内布线的类型与方式

1. 室内布线的类型

室内布线就是敷设室内照明与家用电器供电线路和控制线路。常见的室内布线有明装式和暗装式两种。明装式通常是线路电线沿着室内墙面、天花板等表面敷设线路，而暗装是通过将导线穿管埋设在墙体/地面下或装设在顶棚里面。

2. 室内布线的方式

室内布线的方式通常采用一定的将供电线路和控制线路保护起来，常见的室内布线方式有槽板布线、护套布线、线管布线等。目前常用的家庭室内布线大多采用塑料管布线。

（二）室内布线的技术要求

1. 导线型号的含义

导线型号的含义如图 4-20 所示。

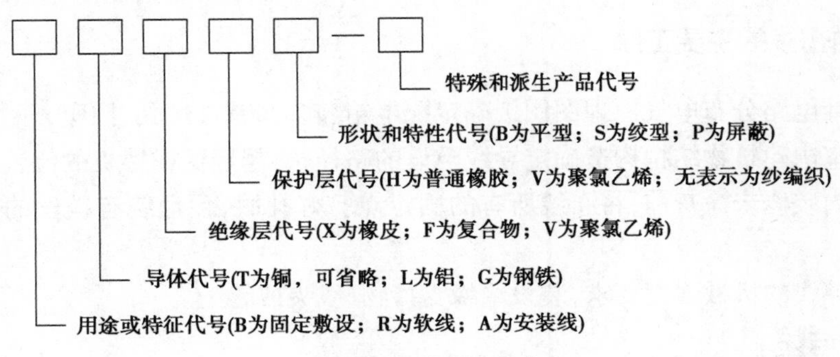

图 4-20　导线型号的含义

2. 导线的选择

导线的选择根据其使用环境、工作条件等因素确定。通常要求导线的规格符合线路载流量、电压损失和机械强度，其机械强度与照明电路导线线芯对应的截面见表 4-2。

（1）所选线路导线的额定电压应大于线路正常工作电压。

表 4-2 照明导线的最小线芯截面积

用途或敷设方式		线芯最小截面/mm^2	
		铜芯	铝芯
灯头引下线		1.0	2.5
架设在绝缘材料支持上的导线，支持间距 L	室内 $L\leqslant 2$	1.0	2.5
	室外 $L\leqslant 2$	1.5	2.5
	$2<L\leqslant 6$	2.5	4
	$6<L\leqslant 15$	4	6
	$15<L\leqslant 25$	6	10
穿管敷设		1.0	2.5
槽板、护套线、扎头明敷		1.0	2.5
线槽		1.0	2.5

(2)导线的绝缘性应符合线路敷设工作环境与安装环境条件。

(3)布线过程中，线路尽量减少导线接头。若必须有接头时，尽量采用特殊工艺处理。比如，压接和焊接，或者平接与 T 接等，然后用绝缘胶布包缠好。

(4)保证在导线的接头处不能受到机械力的作用。

(5)敷设中间不能有导线接头。

(6)布线时应水平或垂直敷设。水平敷设时，导线距离地面不小于 2.5 m，垂直敷设时，导线距离地面不小于 2 m。否则，应将导线穿在钢管内加以保护，以防导线机械损伤。同时布线位置要便于检查与维护。

二、室内布线工艺

(一)室内布线的主要工序

(1)按设计电路分布电气原理图图纸确定配电箱、起动装置、灯具、插座、开关等的位置。

(2)根据室内建筑物结构构造确定导线敷设的路径，穿越墙壁或楼板的位置。

(3)在室内装修未涂灰前，将布线所有的固定点打好孔眼，预埋绕有铁丝的木螺栓、螺栓或木砖。

(4)根据导线的机械强度要求，装设绝缘支持物、线夹或管子。

(5)敷设导线。

(6)导线的连接、分支和封端，并将导线出线接头和设备连接。

(二)线管布线

常见的布线总类有很多，比如，瓷夹板布线、瓷瓶布线、槽板布线、护套线布线和线管布线等。目前家庭室内布线通常采用线管布线。其原因在于线管布线安全可靠、可避免腐蚀气体侵蚀和免遭机械损伤。

线管布线有明装式和暗装式两种,明装式要求线管布管符合家装美观;暗装式要求线管尽量短、弯头少。线管布线工艺与安装步骤见附录2。

三、室内照明线路

(一)电气照明线路知识

电气照明广泛地应用于各类生产生活中,但是由于用户对照明的要求属性不同,因而决定照明的整体对象与属性不同,对其照明的指标参数要求不同。从照明的用途来看,大多数照明由电光源(即照明灯泡)和灯具组成。

电光源的要求通常是:①提高照明光效;②延长寿命;③改善光色;④增加类型品种;⑤减少线路附件。

灯具的要求通常是:①提高效率;②配光合理;③能满足环境与电光源配套要求;④采用绿色材料、新工艺;⑤便于组装、轻型化、标准化、系列化等。

以上两者总体要求提高整个照明质量、达到节约用电、维护方便、实用简洁等优点。

(二)照明的分类

目前通常有按照照明的方式和照明的种类两种分类方式。

(1)按照照明的方式分类。

①一般照明:在照明场所要求均匀照明。

②局部照明:针对场所某部分有特色照明要求。

③混合照明:一般照明与局部照明共同组合照明。

(2)按照照明的种类分类。

①正常照明:正常工作与生活环境所使用的室内照明。

②事故照明:因电力事故引发正常照明电路发送故障的情况下,保障特殊环境能够继续从事供电照明,如安全出口通道。

(三)照明灯的种类和选用

目前常用照明灯的种类有白炽灯、日光灯、LED灯(目前家庭照明首选)等。照明灯的选用通常根据用户的照明实际需求、工作场所等选择。

四、室内照明线路工艺

(一)室内照明线路的组成

室内照明线路通常由电源、导线、控制开关和受控负载组成。

1. 电源

目前中国照明电源为220 V,50 Hz,引入常用的家庭配电箱,其作用在于向照明灯提供持续不断的电力。照明灯具连接在一根相线与中性线(地线)之间,形成闭合回路。

2. 导线

导线是电源与照明灯之间连接的桥梁纽带，在选择导线时，需要注意它的载流量与机械强度。而载流量通常以导线允许的电流密度作为选择的依据。铜导线的密度可取 6 A/mm^2，软铜电线的密度可取 5 A/mm^2，铝导线的密度可取 4.5 A/mm^2。

3. 开关

开关的作用通常是用来控制线路的通断，常用的电路开关有单控开关、双联控制开关、三联控制开关。常见家庭控制开关如图 4-21 所示。白炽灯的控制原理如图 4-22 所示。

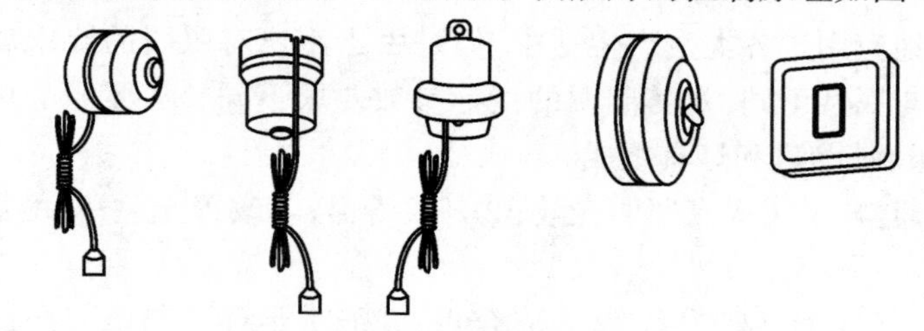

图 4-21 常见家庭控制开关

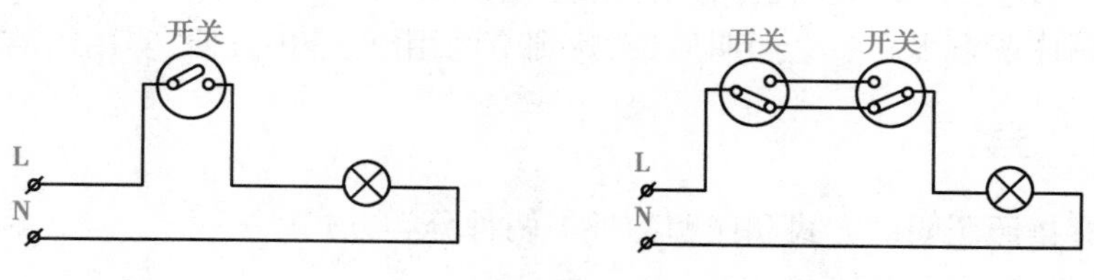

图 4-22 白炽灯的控制原理

（二）室内常用照明灯的工作原理和线路

1. 白炽灯的工作原理和线路

白炽灯也称钨丝灯泡，当电流通过钨丝时，将灯丝加热到白炽状态而发光。钨丝灯泡主要由耐热的球形玻璃壳和钨丝组成，分真空泡和充气泡（充有氯气或氢气）两种。功率为 25 W 以下的，一般为真空泡；功率为 40 W 以上的，一般为充气泡，灯泡充气后，除了使钨丝的蒸发和氧化作用减缓，还能提高灯泡的发光效率及使用寿命，白炽灯的结构简单、使用可靠、价格低廉，且便于安装和维修，故应用较广泛。

2. 荧光灯的工作原理和线路

荧光灯又称日光灯，俗称光管，它由灯管、启辉器（启动器）、镇流器、灯架和灯座等组成。荧光灯的线路图如图 4-23 所示。

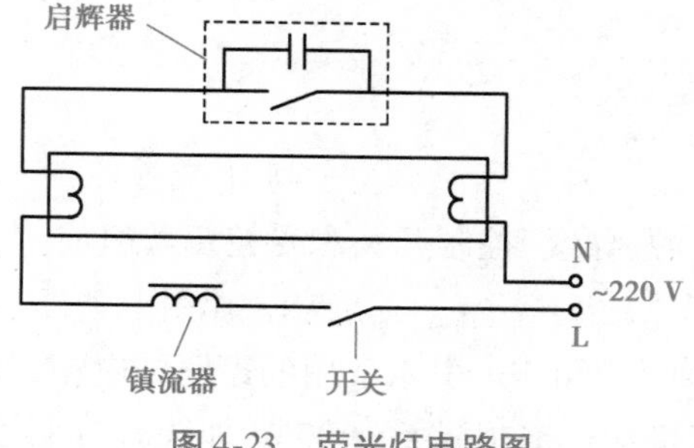

图 4-23 荧光灯电路图

当荧光灯刚接通电源时，启辉器就辉光放电而导通，使线路接通，灯丝与镇流器、启辉器串接在电路中，灯丝发热，发射出大量的电子；启辉器停止辉光放电，就在启辉器断开的一瞬间，镇流器的两端产生了感应电动势，它与电源电压同时加在灯管的两端，使管内的氩气电离放电，氩气放电后，管内温度升高，使管内水银蒸气压力上升，从而使氢气电离放电，很快过渡到水银蒸气电离放电；放电时，辐射的紫外线激励管壁上的荧光粉，使它发出像白光一样的光线。同时，由于灯管开始电离放电，启辉器两端的电压下降而不再辉光放电。随着灯管水银蒸气电离放电的进行，灯管电流逐渐增大，这时镇流器便起到了限流的作用。

荧光灯发光效率高、使用寿命长，光色较好，且节电、经济，故被广泛应用。

3. LED 日光灯的工作原理和线路

发光二极管（Light-Emitting Diode，LED）是一种能够将电能转化为可见光的固态的半导体器件，它可以直接把电转化为光。LED 的核心是一个半导体晶片，晶片的一端附在一个支架上，是负极；另一端连接电源的正极，使整个晶片被环氧树脂封装起来。LED 的特点非常明显：寿命长、光效高、无辐射与低功耗；白光 LED 的能耗仅为白炽灯的 1/10，节能灯的 1/4，目前市场上的 LED 灯使用电压、灯头与普通白炽灯一样。

LED 日光灯采用最新的 LED 光源技术，节电高达 70% 以上，12W 的 LED 日光灯光强相当于 40W 的日光灯管，LED 日光灯寿命为普通日光灯管的 10 倍以上。目前市面上使用的 LED 日光灯不需要镇流器、启辉器，使用电压、灯头与普通日光灯一样，LED 日光灯有逐步取代白炽灯、日光灯的趋势。LED 日光灯的线路图如图 4-24 所示。

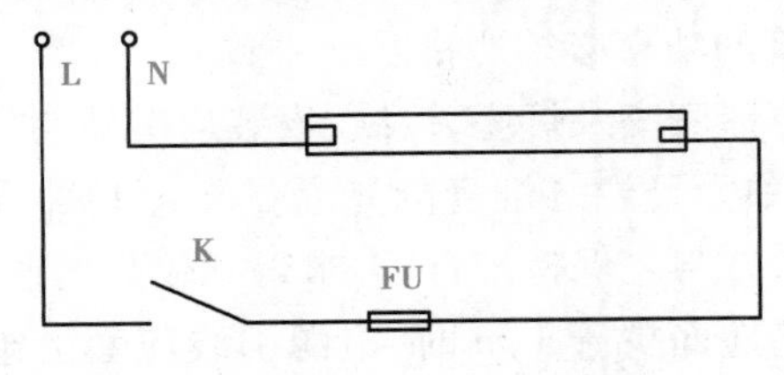

图 4-24　LED 日光灯电路图

（三）室内照明线路的安装工艺

1. 室内照明安装规程

（1）技术要求。

①灯具和附件的质量要求。各种灯具、开关、插座、吊线盒以及所有的附件品种、规格、性能参数必须符合实际生产和生活照明指标需求。如额定电流、电压等参数。

②灯具和附件应适应使用环境的需要。如防腐、防潮、防暴等。

③移动照明灯的工作电压应低于 36 V。

（2）安装要求。

①灯具安装要求。要求灯具与附件的连接必须正确且牢固。吸顶灯及壁灯必须牢固地敷设在室内建筑物的平面上；吊灯必须有吊线盒，每只吊线盒只允许安装一盏吊灯（双管日光灯和特殊吊灯除外），吊灯的电源引线绝缘必须良好，吊灯自身太重必须采用金属链条或者其他支撑方法加固支撑。

②灯头的离地要求。环境相对湿度经常在 85% 以上的，环境温度经常在 40 ℃以上的，工

作环境有导电地面的场所，环境中有导电尘埃的，以及户外电灯等，其离地的距离不低于2.5 m；不属于上述条件的场地其离地的距离不低于2 m；如因工作、生活、生产等需要，而必须把电灯放低时，其离地距离不能低于1 m，并应在放低的吊灯电源引线上穿套绝缘管加以保护，且必须采用安全灯座；灯座离地低于1 m所使用的电灯，必须采用36 V及以下低压安全灯。

③开关和插座离地要求。普通电灯开关和普通插座的离地距离不应低于1.3 m；特殊需要时，插座允许低装，但离地不得低于150 mm，且应采用安全措施。

④安装规范、合理、牢固和整齐要求。各种灯具、开关、插座及所有附件的安装必须遵守相关规程和要求，选用的各种照明器具必须正确、安全、可靠，安装的位置符合生活实际需求，遵守使用方便，使用安全，可靠、耐用的原则。

2. 室内照明灯的安装

(1)白炽灯的安装。白炽灯的安装通常有悬吊式、壁式和吸顶式。

①悬吊式又分软线悬吊灯、链条悬吊灯和钢管吊灯。通常吊灯的安装由安装圆木固定吊线盒或者法兰盘，安装吊线盒，安装灯座，安装开关。

②吸顶灯的安装一般直接将圆木(也可以用塑料代替圆木)固定在天花板上。

③壁灯的安装时，将壁灯直接安装在墙上或者安装在柱子上。

(2)日光灯的安装。

①安装前检查灯管、镇流器和启辉器等元器件是否损坏，镇流器和启辉器是否与灯管的功率因子匹配(镇流器和灯管的功率必须严格匹配一致)。

②安装镇流器，安装启辉器底座及灯座，接线，安装启辉器与灯管。

③日光灯安装的注意事项。日光灯灯管的光通量在中间部分最高，因此安装时，应将灯管中部置于被照面的正上方，并与之保持平行，力求得到较高的照度；灯架不可直接贴装在可燃性的建筑材料上，灯架在离地面少于1 m时，电源引线应套上绝缘管，灯架背部加防护盖，镇流器部位的盖罩上要钻孔通风，悬吊式灯架的电源线必须从吊线盒中引出，一般要求一灯一吊线盒；为了防止灯管下坠，应选用弹簧灯座或在灯管的两端加关卡，并用尼龙线扎牢。

(3)LED灯的安装。LED灯的安装与日光灯安装类似，主要区别在于LED灯不需要安装镇流器和启辉器。

3. 插座的安装

插座是家庭常用移动电器取电点，如电风扇、电视机、冰箱、台灯等。一般插座不用控制开关控制，而是直接接入电源，故插座始终是带电的。通常插座有双孔插座、三孔插座、四孔插座三种类型。家用照明线路通常选用双孔插座和三孔插座，其中三孔插座应选用扁空结构，圆孔结构容易发生三孔互换事件造成事故。

(1)插座安装时，双孔水平排列时接线应左零右相，双孔垂直排列时接线应下零上相；安装三孔插座时，插座下方两个孔接电源线(左零右相)，上面大孔接保护接地线。

(2)插座的安装高度一般与地面保持1.3 m的垂直距离，个别场所允许低装时，离地不得低于0.15 m，但是幼儿活动场所禁止低装。

(3)同一插座相数与电压必须相同，接地空必须规范，不同的相数与电压应选用具有明显区别的插座，并应标明电压。

(四)室内照明线路的故障和检修

1. 室内照明线路常见的故障和检修

(1)短路故障。

短路通常是指电路或者电路中的一部分被导线短接,造成电流未经过负载而形成的闭合回路。电力系统中,所谓“短路”是指电力系统正常运行情况以外的相与相之间或相与地(或中性线)之间的接通,在三相系统中短路的基本形式有三相短路、两相短路、单粗接地短路、两相接地短路。当发生短路时,电流剧增,若保护装置失灵,就会烧毁线路和设备。

采用绝缘导线的线路,线路本身发生短路的可能性较少,往往由于用电设备、开关装置和保护装置内部发生故障所致。因此,检查和排除短路故障时应先使故障区域内的用电设备脱离电源,试看故障是否能够解除,如果故障依然存在,再逐个检查开关和保护装置。管线线路和护套线线路往往因为线路上存在严重过载或漏电等故障,使导线长期过热,绝缘老化,或因外界机械损伤而破坏了导线的绝缘层,这些都会引起线路的短路。所以,要定期检查导线的绝缘电阻和绝缘层的结构状况,如发现绝缘电阻下降或绝缘层龟裂,应及时更换。

造成短路的原因大致有以下几种:①用电器具接线不好,以至于接头碰在一起;②灯座或开关进水,螺口灯头内部松动或灯座顶芯歪斜,造成内部短路;③导线绝缘外皮损坏或老化损坏,并在零线和相线的绝缘处碰线。

发生短路故障时,会出现打火现象,并引起短路保护动作(熔丝烧断)。当发现短路打火或熔断时,应先查出发生短路的原因,找出短路故障点,并进行处理后再更换熔丝恢复送电。

(2)断路故障。

如果线路存在断路,线路就无法形成闭合回路,因此电器元件就无法正常工作。

如果一个灯泡不亮而其他灯泡都亮,应先检查灯丝是否烧断。若灯丝未断,则应检查开关和灯头是否接触不良、有无断线等。为了尽快查出故障点可用试电笔测灯座(灯口)的两极是否有电,若两极都不亮说明相线断路;若两极都亮(带灯泡测试),说明中性线(零线)断线;若一极亮一极不亮,说明灯丝未接通。对于日光灯来说,还应对其启辉器进行检查。

如果几盏电灯都不亮,应首先检查总保险是否熔断或总闸是否接通。也可按上述方法,用试电笔判断故障点在总相线还是在总零线上。

造成断路故障的原因通常有以下几个方面:①开关没有接通、导线线头连接点松散或脱落、铝线接头腐蚀;②断线或小截面的导线被老鼠咬断;③导线因受外物撞击或勾拉等机械损伤而断裂;④截面的导线因严重过载或短路而熔断;⑤单股小截面导线因质量不佳或因安装时受到损伤,其绝缘层内的线芯断裂;⑥活动部分的连接线因机械疲劳而断裂。

断路故障的排除方法,应根据故障的具体原因,采取相应措施使线路接通。

(3)漏电故障。

相线绝缘损坏而接地、用电设备内部绝缘损坏使外壳带电等原因,均会造成漏电。漏电不但造成电力浪费,还可能造成人身触电伤亡事故。漏电分为相间漏电和相地间漏电两类。存在漏电故障时,在不同程度上会反映出耗电量的增加。随着漏电程度的发展,会出现类似过载和短路故障的现象,如熔体经常烧断、保护装置容易动作及导线和设备过热等现象。

引起漏电的原因主要有以下几个方面:①线路和设备的绝缘老化或损坏;②线路装置安

装不符合技术要求；③线路和设备因受潮、受热或受化学腐蚀而降低了绝缘性能；④修复的绝缘层不符合要求，或修复层绝缘带松散；⑤穿墙部位和靠近墙壁或天花板等部位是漏电多发点。

漏电故障的排除方法，应根据上述原因采取相应措施，如更换导线或设备、纠正不符合技术要求的安装形式、排除潮气等。为了保障用电安全，在电路中应安装漏电保护器，出现漏电时会自动断开电路。若发现漏电保护器动作，则应查出漏电接地点并进行绝缘处理后再通电。

在选购家用单相漏电保护器时，根据额定电流、泄漏电流、漏电动作时间等来选择。在交流 220 V 的工作电压下，可按 1 kW 负载有 4.5 ~5 A 的电流粗略估算漏电保护器的额定电流。如某一家庭用电设备功率总和约为 4 kW，则应选用额定电流为 20 A 的单相漏电保护器。家庭生活用电所选配漏电保护器，最主要的目的是防止人身触电，故应选用额定漏电动作电小于或等于 30 mA 的高灵敏度产品。用以防止人身触电为最主要目的的家庭用单相漏电保护器，应选用漏电动作时间小于或等于 0.1 s 的快速型产品。

(4)发热故障。

发热故障是指线路导线的发热或连接点的发热，其故障原因通常有以下几个方面：①导线规格不符合技术要求，若截面过小便会出现导线过载发热的现象；②用电设备的容量增大而线路导线没有相应地增大截面；③线路、设备和各种装置存在漏电现象；④单根载流导线穿过具有环状的磁性金属，如钢管等；⑤导线连接点松散，因接触电阻增加而发热。

发热故障的现象比较明显，造成故障的原因也比较简单，针对故障原因采取相应的措施，予以排除。

2. 电气照明常见的故障与检修

照明电路中线路由电源、导线、开关、负载以及一定的辅助设备组成，图 4-25 为常见的典型家庭照明电路，其中涉及日光灯的接线、白炽灯的接线、两地控制一盏灯、触摸开关的应用、单相电能表的接线及插座的接线等。

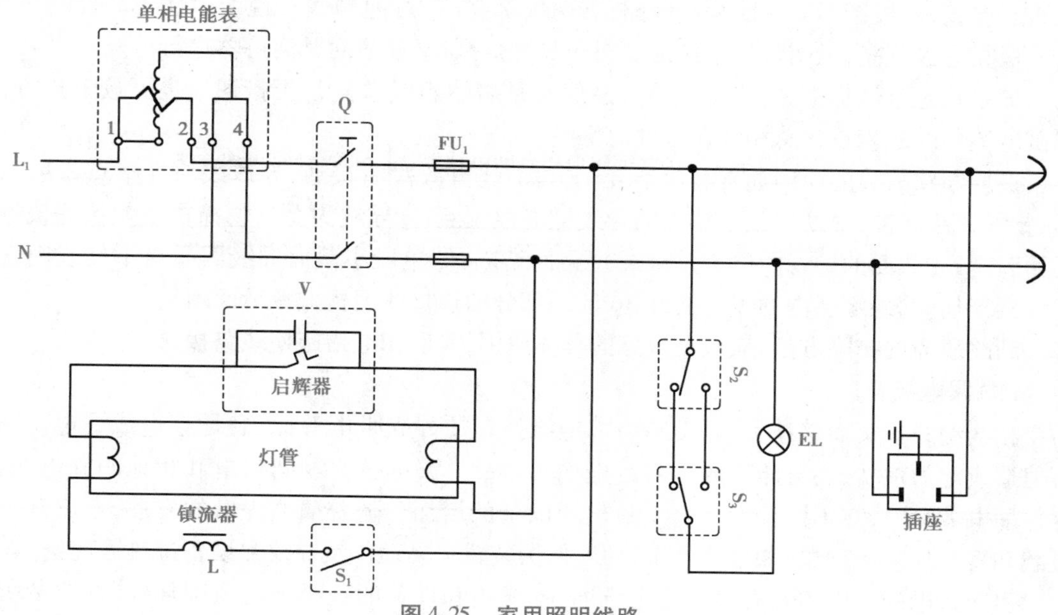

图 4-25　家用照明线路

在照明电路中,电源、导线、开关、负载以及一定的辅助设备只要其中之一发生故障,均会使照明线路停止工作。常见的照明线路故障现象及处理方法见表4-3。

表4-3　常见的照明线路故障现象及处理方法

<table>
<tr><th>故障现象</th><th>产生原因</th><th>处理方法</th></tr>
<tr><td rowspan="4">灯泡不亮</td><td>灯泡钨丝烧断</td><td>调换新灯泡</td></tr>
<tr><td>电源熔断器的熔丝烧断</td><td>检查熔丝烧断的原因并更换熔丝</td></tr>
<tr><td>灯座或开关接线松动或接触不良</td><td>检查灯座和开关的接线并修复</td></tr>
<tr><td>线路中有短路故障</td><td>用电笔检查线路的断路处并修复</td></tr>
<tr><td rowspan="5">开关合上后熔断器熔丝烧断</td><td>灯座内两线头短路</td><td>检查灯座内两线头并修复</td></tr>
<tr><td>螺口灯座内中心铜片与螺旋铜圈相碰短路</td><td>检查灯座并板正中心铜片</td></tr>
<tr><td>线路中发生短路</td><td>检查导线绝缘是否老化或损坏并修复</td></tr>
<tr><td>用电器发生短路</td><td>检查用电器并修复</td></tr>
<tr><td>用电量超过熔丝容量</td><td>减小负载或更换熔断器</td></tr>
<tr><td rowspan="4">灯泡忽亮忽暗或忽亮忽熄</td><td>灯丝烧断,但受振动后忽接忽离</td><td>更换灯泡</td></tr>
<tr><td>灯座或开关接线松动</td><td>检查灯座和开关并修复</td></tr>
<tr><td>熔断器熔丝接头接触不良</td><td>检查熔断器并修复</td></tr>
<tr><td>电源电压不稳定</td><td>检查电源电压</td></tr>
<tr><td rowspan="2">灯泡发强烈的白光,并瞬时或短时烧坏</td><td>灯泡额定电压低于电源电压</td><td>更换与电源电压相符的灯泡</td></tr>
<tr><td>灯泡钨丝有搭丝,从而使电阻减小,电流增大</td><td>更换新灯泡</td></tr>
<tr><td rowspan="3">灯光暗淡</td><td>灯泡内钨丝挥发后积聚在玻璃壳内,表面透光度降低,同时由于钨丝挥发后变细,电阻增大,电流减小,光通量减小</td><td>正常现象,不必修理</td></tr>
<tr><td>电源电压过低</td><td>提高电源电压</td></tr>
<tr><td>线路因年久老化或绝缘损坏有漏电现象</td><td>检查线路,更换导线</td></tr>
<tr><td rowspan="6">不能发光或发光困难,灯管两头发亮或灯光闪烁</td><td>电源电压太低</td><td>不必修理</td></tr>
<tr><td>接线错误或灯座与灯脚接触不良</td><td>检查线路和接触点</td></tr>
<tr><td>灯管衰老</td><td>更换灯管</td></tr>
<tr><td>镇流器配用不当或内部接线松脱</td><td>修理或调换镇流器</td></tr>
<tr><td>气温过低</td><td>加热或加罩</td></tr>
<tr><td>启辉器配用不当,接线断开。电容器短路或触点熔焊</td><td>检查后更换</td></tr>
</table>

续表

故障现象	产生原因	处理方法
灯管发黑或生黑斑	灯管陈旧,寿命将终	更换灯管
	电源电压太高	测量电压并适当调整
	镇流器配用不合适	更换适当镇流器
	如果为新灯管,可能因启辉器损坏而使灯丝发光物质加速挥发	更换启辉器
	灯管内水银凝结,属正常现象	将灯管旋转 180°安装
灯管寿命短	镇流器配合不当或质量差,使电压失常	选用适当的镇流器
	受到剧振,致使灯丝断裂	更换灯管,改善安装条件
	接线错误导致灯管烧坏	检修线路后使用新灯管
	电源电压太高	调整电源电压
	开关次数太多或灯光长时间闪烁	减少开关次数,及时检修闪烁故障
镇流器有杂声或电磁声	镇流器质量差,铁芯未夹紧	调换镇流器
	镇流器过载或其内部短路	检查过载原因,调换镇流器,配用适当灯管
	启辉器不良,启动时有杂声	调换启辉器
	镇流器有微弱声响	属于正常现象
	电压过高	设法调整电压
镇流器过热	灯架内温度太高	改进装接方式
	电压太高	适当调整
	线圈匝间短路	处理或更换
	过载,与灯管配合不当	检查调换
	灯光长时间闪烁	检查闪烁原因并修复

任务三　项目实操训练

一、项目实操教程

(一)实训名称

家庭低压配电线路安装与检测综合实训。

(二)实训目的

(1)了解常见单相电能表的分类、型号及铭牌符号的含义。
(2)了解单相电能表的连接方法。
(3)能通过电工仪表测量(直接或间接测量)家庭电路常见的参数。
(4)能阐述双控电路的工作原理,掌握照明电路双控线路的安装与布线。

(三)实训器材

实训器材明细清单见表4-4。

表4-4　实训器材明细清单

序号	实训器材名称	型号	数量	备注
1	漏电保护器	DP47-LE-2P-5A	1只	接地与接零区别;电源侧与负荷侧漏电不得接反;保护线与工作零线不得接反
2	空气开关	DP47-IP-3A	2只	供电方式;所带负载功率
3	双控开关	CD200-DG862K2	2只	直观法与仪器测量法如何寻找公共端
4	电源插座	DG862K1	2只	开关控制插座;开关控制电灯
5	单相电能表	DD862A	1只	家庭负荷与电能表额定参数选择
6	螺口平灯座	3 A　250 V ~	1只	灯泡与导线的负载是否与之匹配
7	螺口灯泡	220 V/25 W	1只	灯泡的亮度与色调
8	配电箱	—	1只	安装电器元件尺寸大小与绝缘性
9	86型暗盒	—	2只	安装电器元件尺寸大小与绝缘性
10	PVC管	$\phi25$	1.5 m	根据工作场景要求选择合理的绝缘材料
11	PVC管	$\phi16$	2.5 m	根据工作场景要求选择合理的绝缘材料
12	PVC杯疏	$\phi25$	2个	根据工作场景要求选择合理的绝缘材料
13	PVC杯疏	$\phi16$	3个	根据工作场景要求选择合理的绝缘材料
14	导线	BVR1.5/2.5	若干	根据工作场景要求选择合理的绝缘材料

(四)实训内容

1. 单相电能表的相关规程

(1)阐述单相电能表的功能作用与主要用途。

(2)阐述单相电能表的相关铭牌标识符。

(3)安装场地的选择、安装高度的规定、表位线的选择。

(4)使用过程中的注意事项。

(5)考核要点。

电工工具的选用和使用操作考核评分表见表4-5。

表4-5 电工工具的选用和使用操作考核评分表

考评项目	考评内容	配分	扣分原因	得分
电工工具安全使用	电能表的认识	25	口述电能表的功能□ 错漏每项扣5分	
	电能表的检查	25	外观检查,未检查□ 扣5分 合格检查,未检查□ 扣10分	
	电能表的正确使用	50	未使用前检查□ 扣10分 未使用前校准□ 扣10分 选择规格不对□ 扣10分 操作不正确□ 扣50分	
	否定项	给定的任务,无法选择合理的电能表□ 给定的测量,不会测量方法与步骤□ 违反操作安全规范,导致自身或电表处于不安全状态□		
	合计	100	无法选择合适的电能表或违反安全操作、违反安全操作规范,导致自身或电能表处于不安全状态,本项目为零分	

2. 电能表与双控开关的安装(双控一灯)

(1)单相电能表的正确安装。

①检查安装的位置与环境是否符合规程要求。

②检查电源入口电压是否符合单相电能表标准电压值范围之内。

③根据使用场合、负载电流的大小、经济指标等综合因素选择单相电能表参数是否匹配。同时选择经济、安全合理指标导线进行入户安装连接。

(2)双控开关的连接。

①通过直标法与测量法找到双控开关的三个接口,分别是公共端、1路开关和2路开关。

②在进行电气接线操作之前,务必先切断电源,确保安全。

③选择合理的电工工具与铜芯线,按照双控开关直连接步骤与操作说明进行操作。

(3)考核要点。

单相电能表双控一灯安装操作考核评分表见表4-6。

表 4-6　单相电能表双控一灯安装操作考核评分表

考评项目	考评内容	配分	扣分原因	得分
单相电能表与双控开关的安装	运行操作	60	电路少一半功能或不能停止□　扣 25 分 接线松动露铜超标□　扣 5 分 接线不规范□　扣 10 分 元器件与导线选择不规范□　扣 10 分	
	安全作业环境	20	操作不文明、不规范□　扣 10 分 工位不整洁□　扣 5 分 不能使用正确的仪表与工具□　扣 5 分	
	问答	20	回答不正确□　扣 10 分 回答不完整□　扣 5 分	
	否定项	接线不正确，无功能□ 跳闸或熔断器烧毁或损坏设备□ 违反安全操作规范□ 带电接线或拆线□		
	合计	100	通电不成功、跳闸、熔断器烧毁、损坏设备、违反安全操作规范。本项目为零分	

二、项目实操报告册

实训报告见表 4-7。

表 4-7　家庭照明配电线路安装与检测实训报告表

一、实训目的
二、实训内容 (一)理论分析 1. 实训器材

续表

2. 家庭用电能表的组成及各模块功能 (1)电能表的组成及其作用。   (2)电能表的主要功能。   (3)电能表的型号及各字母的含义。   3. 照明电路控制元件(简要画图说明) (1)断路器的工作原理及其符号。   (2)控制开关及其符号。   (3)连接导线选择。   4. 家庭工作电流检测基本原理(钳形电流表)

续表

(二)家庭照明配电线路安装训练

1. 家庭单相电能表线路安装

(1)家庭单相电能表线路安装步骤。

①电能表接线原理图(画图)。

②电能表接线步骤及注意事项。

(2)家庭单相电能表实际接线图(附实际图)。

2. 家庭双控照明电路安装

(1)双控开关各接线端的判别方法及注意事项(简要画图分析)。

(2)家庭照明双控控制电路通断分析(具体分析开关1、2不同通断情况对灯泡正常工作的影响)。

接通情况1:(简要画图分析)

接通情况2:(简要画图分析)

(3)家庭照明双控线路实际接线图(附图)。

续表

(4)家庭双控电路通断情况验证(附图说明)。

(5)实验故障分析。

灯泡不亮(若存在该情况,实验过程中如何排查?简要写出排查步骤及注意事项)

3. 家庭照明电路电流检测

(1)操作注意事项。

(2)检测结果并记录电流及电压值(附图)。

项目	理论值(额定)	测量值
灯泡额定功率/W		
电压值/V	220	
电流/A		

(3)结果分析(结合灯泡额定功率)。

4. 家用照明线路一般故障及维修方法

三、实训结果分析与总结

低压电器安装与调试

知识目标

(1)了解常用低压电器(开关类继电器、熔断器、交流接触器、继电器)的用途。
(2)掌握常用低压电器的结构、符号的表示方法。
(3)掌握常用低压电器组装、拆装、检查、维护的基本工艺要求。
(4)了解电气控制系统的基本知识。
(5)掌握常用的电机启动、正转、反转、机械互锁、电气互锁电路结构与工作原理。

能力目标

(1)能根据实际需求正确选择常用的低压电器元件。
(2)能根据电气原理图在实际操作平面上布线与安装。
(3)会对常用低压电器检查、拆装,并能排除典型故障。

素养目标

挖掘思政元素理论“严谨求实悟真、责任担当”。在实验过程中引入勤奋求实的思维习惯,严谨的科学态度,专业责任担当,树立牢固的大国工匠精神,使科学育人与学科育人相结合。

随着现代社会的不断发展,电力已成为我们日常生活中必不可少的一部分,低压电工作业是保障电力不间断供应的重要保障之一。然而低压作业中存在一定的安全隐患,因此需要加强低压电工作业人员的安全教育和技能培训,作业人员应掌握常用低压电工术语与电器元器件的工作原理,学会对电气设备进行检修和维护,熟悉遵守操作规程,懂得现场监管等措施,从而有效减少低压电工作业的安全事故。

任务一 常用低压电器基础知识

低压电器是组成各种电气控制系统的基础配套组件，被广泛应用于工业电气和建筑电气控制系统中，它的正确使用是电力系统可靠运行、安全用电的基础和保障。本任务主要通过介绍电气控制领域中常用低压电器元件的工作原理、用途、型号、规格及符号等基本知识，了解和熟悉由低压电器构成的简单电器控制线路，正确选择和合理使用常用电器元件，学会看懂并分析电气控制线路，为后继电接触器控制系统设计的学习打下基础。

一、低压电器定义与分类

1. 低压电器的定义

低压电器通常是指在交流电压 1 200 V 或直流电压 1 500 V 以下工作的电器。常见的低压器有开关、熔断器、接触器、漏电保护器和继电器等，其电器是用来完成对被控对象实施控制、调节、检测和保护等作用的电气设备（器件）的总称。电气线路安装时，电源和负载（如电动机）之间用低压电器通过导线连接起来，可以实现负载的接通、切断、保护等控制功能，目前主要应用于电能的产生、输送、分配和电气控制。

2. 低压电器的分类

低压电器由低压配电电器和低压控制电器两类组成。低压配电电器包括断路器、漏电保护器、熔断器、刀开关、转换开关等，主要用来实现电能的分配和电气保护（短路、过载、欠压、防漏电等）。低压控制电器包括接触器、继电器、起动器、控制器、主令电器、电阻器、变阻器、电磁铁等，主要用来实现电路的接通和断开（实现被控对象的运行和停止）。

（1）低压配电电器的分类。低压配电电器包括断路器、漏电保护器、熔断器、刀开关、转换开关等。

（2）低压控制电器的分类。低压控制电器的分类包括接触器、继电器、起动器、控制器、主令电器、电阻器、变阻器、电磁铁等。

二、低压断路器

低压断路器是用于线路和设备保护的电气产品，它具有短路、过载、欠压等保护功能。按种类划分低压断路器有保护配电线路、保护电动机、保护照明负载和漏电保护四种用途，按结构划分有框架式和装置式。常见的低压电器图形符号如图 5-1 所示。

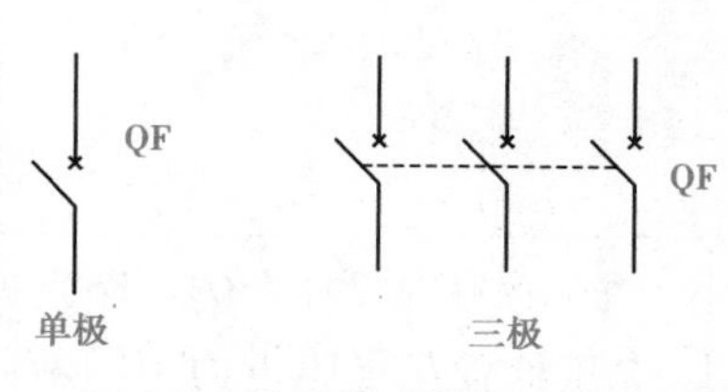

图 5-1 低压断路器图形符号

1. 低压断路器的组成

低压断路器主要由触头系统、灭弧装置、操作机构以及各种脱扣机构组成。

（1）触头系统和灭弧装置。触头系统是低压断路器的执行机构，主触头用于实现主电路的接通和断开，其配套的辅助触头用于控制电路中的联锁控制。灭弧装置用于主触头的熄弧。

(2)操作机构和自由脱扣机构。操作机构和自由脱扣机构是低压断路器的机械传动部分，主要实现低压断路器主触头和辅助触头的接通和断开，其操作形式有手柄操作、杠杆操作、电磁铁操作和电动机操作。低压断路器的自动脱扣由短路、过载、欠压三种保护装置实现，当电路传来故障信号时，相应的脱扣装置动作，最终推动主杠杆上移，主杠杆驱动自由脱扣机构而使其挂钩摘除，主触头靠反力弹簧的作用实现分断，电路得到了保护，其动作原理图如图 5-2 所示。

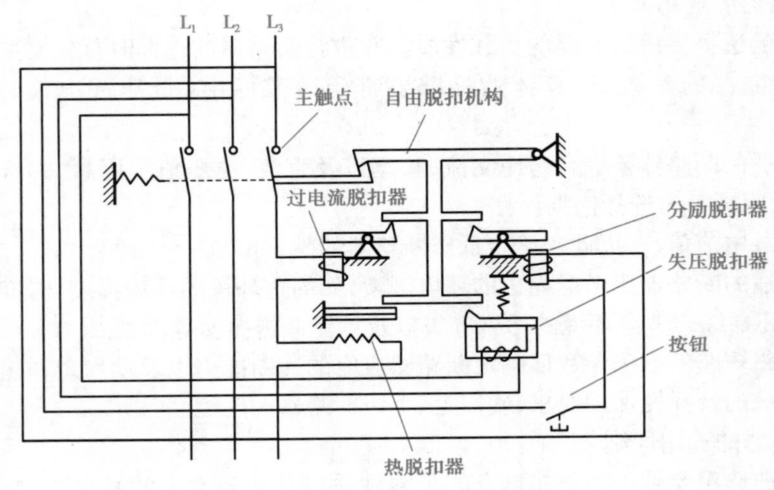

图 5-2　低压断路器动作原理图

(3)电磁脱扣器。电磁脱扣器是由开口铁芯和励磁线圈组成的，主触头闭合后，工作电流流过主触头和电磁脱扣器的励磁线圈，当电路正常工作时(工作电流不大于电磁脱扣器整定的电流值)，电磁脱扣器的衔铁不吸合，电路发生短路故障时，电路中的短路电流会剧增(一般是工作电流的 5 ~7、10 ~14 倍)，电磁脱扣器的衔铁吸合并推动主杠杆上移，杠杆驱动自由脱扣机构使低压断路器分断。

(4)过载脱扣器。过载脱扣器由发热元件和双金属片组成。主触头闭合后，工作电流流过加热元件，当电路正常工作时(工作电流不大于过载整定的电流值)，双金属片虽发生变形，但不足以推动主杠杆。电路发生过载故障时，发热元件产生的热量增加致使双金属片发生较大的变形并推动主杠杆上移，主杠杆驱动自由脱扣机构使低压断路器分断。过载时，发热元件和双金属片的动作受惯性影响而不能瞬间动作，其动作时间和当前电流值成反时限特性。

(5)欠压脱扣器。欠压脱扣器是由开口铁芯和励磁线圈组成的。当有外电压时(电压应来自主触头的上口)，欠压脱扣器的励磁线圈有电流流过，衔铁吸合且不影响低压断路器的正常分断，外电压失压或电压偏低时，衔铁释放并推动主杠杆上移，主杠杆驱动自由脱扣机构使低压断路器分断，此时低压断路器不能接通。

2. 低压断路器的型号种类

低压断路器的结构和型号种类繁多，目前我国常用的有 DW 和 DZ 系列。DW 型也称为万能式空气开关，DZ 型称为塑料外壳式空气开关，其产品代号含义如图 5-3 所示。

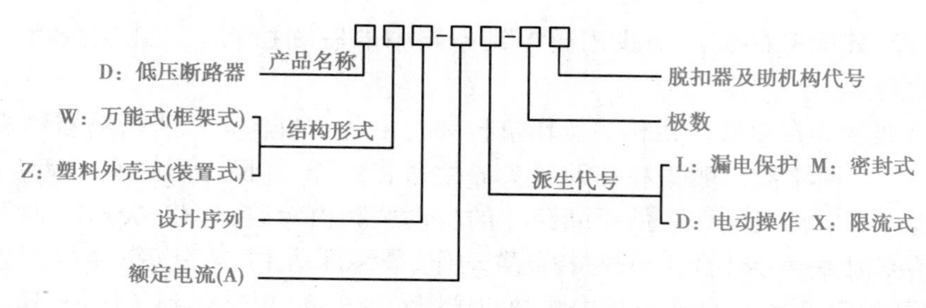

图 5-3 低压断路器型号及含义

3. 低压断路器的选用要求

(1)断路器的选择要满足线路的负载性质。在进行断路器的选择时首先要准确了解其性能,以此来整定电器的参数值,具体的标准要符合国家标准《低压配电设计规范》(GB 50054—2011)。

(2)选择合适的断路器要综合考虑交流、频率以及直流、电压值等因素,并且要以回路的额定电压以及额定频率为选择依据。

(3)确定负载电流值,并以此来确定低压断路器的整定电流。

(4)选择合适的断路器要考虑周边的环境因素,如周边环境的环境温度、湿度以及地势的海拔高度,此外还要综合考虑环境的污染等级以及承受冲击振动等因素。

(5)依据回路短路的准确参数值确定断路器应有的通断能力以及动稳定和热稳定能力。

(6)根据系统的选择性保护要求,确定上、下级断路器的匹配。

4. 低压断路器的选用原则

(1)断路器的选用要满足断路器自身的负载性质以及故障类别的基本要求,比如民用常用的 C 型断路器主要用于照明控制;而在工业或电机使用较多的场合,选用 D 型,因为它的分断电流是额定电流的 10 ~ 16 倍,当瞬间电流较大时不容易引起误动作。

(2)断路器的额定电压值和频率要与其所在回路的标称电压以及标称频率相适应。另外,正常运行时要能够保证低压断路器工作的额定电流值要大于其所在回路的负载计算电流值。

(3)选择合适的低压断路器时要充分考虑周边的环境条件。

(4)在短路情况下,低压断路器要能够符合动稳定以及热稳定的基本要求。

5. 低压断路器不能合闸的原因及处理方法

低压断路器不能合闸的原因及处理方法见表 5-1。

表 5-1 低压断路器不能合闸的原因及处理方法

故障现象	原因分析	处理方法
断路器不能合闸	合闸电磁铁控制电源电压小于 85%	合闸电磁铁电源电压必须不小于 85%
	合闸电磁铁已损坏	更换合闸电磁铁
	抽屉式断路器二次回路接触不良	把抽屉式断路器拉出后重新按到“接通”位置,检查二次回路是否连接可靠

三、漏电保护器

漏电保护器又称剩余电流保护器,用于在电路或电器绝缘受损发生对地短路时防人身触电和电气火灾的保护电器，一般安装于每户配电箱的插座回路上和全楼总配电箱的电源进线上，用于防止触电和保护电气设备避免发生火灾的保护电器。漏电保护器分单独器件和组合器件两种，组合器件主要是和低压断路器组合。

(一)漏电器的工作原理

漏电保护器按动作原理分有电压型、电流型和脉冲型，目前前两种基本被淘汰。按结构分有电磁式和电子式两种。按漏电保护器功能分为漏电继电器、漏电开关和漏电保护插座。目前，市场上应用广泛的是电流型，其漏电保护器的工作原理如图5-4所示。

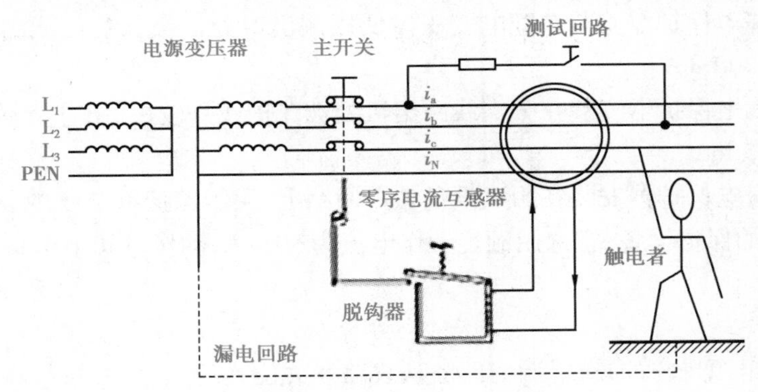

图5-4　电流型漏电保护器的工作原理图

通过人体的电流只有20～30 mA，一般不能直接引起心室颤动，或心脏停止跳动。但如果时间较长，仍可导致心脏停止跳动。

当被保护线路的相线直接或通过非预期负载对大地接通，而产生近似正弦波形并且其有效值是缓慢变化的剩余电流，当该电流大于一定数值时，保护器切断该线路起保护作用。在图5-4中是通过检测穿过零序电流互感器的3根相线和1根N线的电流相量和是否达到漏电保护器的动作电流值来决定其是否脱扣。对于正常工作的三相四线配电系统，不论其所带负载如何，均有 $i_a+i_b+i_c+i_N=0$，漏电保护器不动作。一旦发生接地故障时，故障相有一部分电流经故障点流入大地，此时零序电流互感器内电流相量和不等于零，即 $i_a+i_b+i_c+i_N\neq0$，漏电保护器动作，切断故障回路，从而保证人身安全。

漏电保护器的额定漏电流有10 mA、30 mA、50 mA、100 mA、300 mA、500 mA，其中10 mA用来保护动物、儿童、浴室、游泳池、医院中外科手术器械等；30 mA是用来保护正常人的生命安全；50 mA以上主要是保护设备和厂房避免发生火灾。漏电保护器应每隔6个月进行一次性能指标的测试，测试应使用专用测试仪器，不合格的漏电保护器可以降级使用。

(二)漏电保护器与空气开关的区别

漏电保护器也可以说是空气开关的一种，机械动作灭弧方式都类似。但是漏电保护器是防止人员发生触电事故时进行保护的。空气开关是保护电路及设备用的。两者动作检测方式不同，漏电开关用的是剩余电流保护装置，它所检测的是剩余电流(毫安级)，而空气开关就是纯粹的过电流跳闸(安级)。

(三)漏电保护器的选型

1. 漏电保护参数

(1)额定漏电动作电流。在规定的条件下,使漏电保护器动作的电流值。例如,30 mA 的保护器,当通入电流值达到 30 mA 时,保护器即动作断开电源。

(2)额定漏电动作时间。指从突然施加额定漏电动作电流起,到保护电路被切断为止的时间。例如,30 mA×0.1 s 的保护器,从电流值达到 30 mA 起,到主触头分离止的时间不超过 0.1 s。

2. 漏电保护器额定电流的选择

(1)第一级漏电保护器安装在配电变压器低压侧出口处该级保护的线路长,漏电电流较大,一般取 100 ~ 300 mA。

(2)第二级漏电保护器安装在分支线路出口处被保护线路较短,用电量不大,漏电电流较小,一般取 30 ~ 75 mA。

(3)第三级漏电保护器安装在用电设备独立回路上,用于保护单个或多个用电设备,是直接防止人身触电的保护设备,宜选用额定动作电流为 30 mA,动作时间小于 0.1 s。

四、总开关

总开关是指电源进户的首位控制开关,从线路开关位置的顺序来看,接在电能表之后,断路器之前,用于控制家庭整个电路的通断。如果线路突然出现危险且不清楚是哪个开关控制时,那么就可以直接将总开关关闭。开关是最普通、使用最早的电器。其作用是分合电路、开断电流。常用的有刀开关、按钮开关、隔离开关、负荷开关、转换开关(组合开关)、自动空气开关(空气断路器)等。

(一)刀开关

刀开关又名闸刀,如图 5-5 所示,一般用于不需经常切断与闭合的交、直流低压(不大于 500 V)电路,在额定电压下其工作电流不能超过额定值。在机床上,刀开关主要用作电源开关,它一般不用来接通或切断电动机的工作电流。刀开关分单极、双极和三极,常用的三极刀开关长期允许通过电流有 100 A、200 A、400A、600A 和 1 000 A 五种。生产的产品型号有 HD(单投)和 HS(双投)等系列。

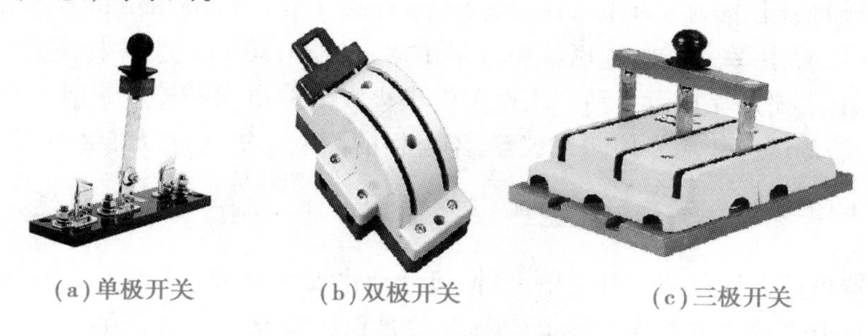

(a)单极开关　(b)双极开关　(c)三极开关

图 5-5　刀开关

1. 刀开关的结构

刀开关是一种结构较为简单的手动电器,主要由手柄、触刀、静插座和绝缘底板等组成,如图 5-6 所示。

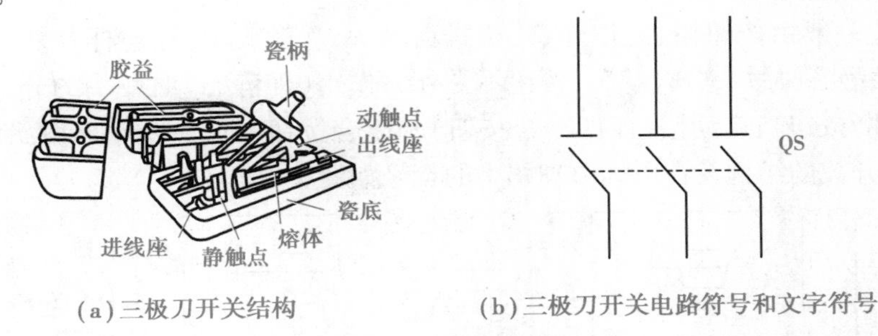

(a) 三极刀开关结构 (b) 三极刀开关电路符号和文字符号

图 5-6 三极刀开关结构图及符号

2. 刀开关选择与使用时的注意事项

(1) 安装刀开关时应将电源线接在静插座上，将用电器接在刀开关的出线端。这样在分闸时，刀片和熔丝不会带电，以保证装换熔丝和维修电器人员的安全。

(2) 刀开关结构形式的选择应根据刀开关的作用和装置的安装形式来选择，如是否带灭弧装置。若分断负载电流时，应选择带灭弧装置的刀开关。根据装置的安装形式来选择，是正面、背面或侧面操作形式，是直接操作还是杠杆传动，是板前接线还是板后接线的结构形式。

(3) 刀开关的额定电流的选择一般应等于或大于所分断电路中各个负载额定电流的总和。对于电动机负载，应考虑其启动电流，所以应选用额定电流大一级的刀开关。若再考虑电路出现的短路电流，还应选用额定电流更大一级的刀开关。

(4) 长期使用的刀开关，刀口部分容易被电弧灼伤，严重灼伤的刀开关应及时更换。应正确使用熔断器，如果出现熔断器连接部分与导线连接部分氧化或烧黑的部分，要及时进行清理，必要时进行更换。

(5) 严禁在没有盖好开关盖的情况下，接通或断开有负载电路。操作刀开关时不能动作迟缓、犹豫不决。动作越慢，越容易出现电弧，影响开关使用寿命，容易发生危险。

(二) 按钮开关

按钮也是一种手动开关，利用人体施加压力按钮推动传动机构，使动触点与静触点接通或断开并实现电路换接的开关，是一种结构简单，应用十分广泛的主令电器。在电气自动控制电路中，用于手动发出控制信号以控制接触器、继电器、电磁起动器等。常见的按钮开关的实物如图 5-7 所示。

图 5-7 按钮开关实物图

1. 按钮开关的结构

按钮开关一般由按钮帽、复位弹簧、桥式动触头、静触头、支柱连杆及外壳等部分组成。根据按钮开关静态时触头分合状况，按钮不受外力作用（即静态）时触头的分合状态，分为停止按钮（即动断按钮）、启动按钮（即动合按钮）和复合按钮（即动合、动断触头组合为一体的按钮）。按钮开关的结构及在电气原理图中的符号如图 5-8 所示。

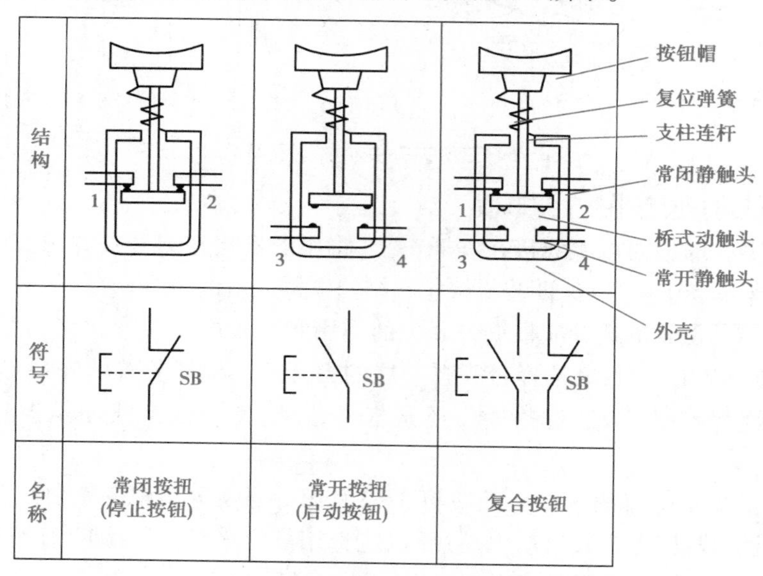

图 5-8　按钮结构及符号

2. 按钮开关的工作原理

按钮开关的工作原理是一种用人体某一部分（一般为手指或手掌）施加外力于具有弹簧储能复位的控制开关上，以达到电路的通断目的。按钮的触头允许通过的电流较小，一般不超过 5 A。因此，一般情况下它不直接控制主电路（大电流电路）的通断，而是在控制电路（小电流电路）中发出指令信号，控制接触器、继电器等电器，再由它们去控制主电路的通断、功能转换或电器联锁。其特点是安装在工作进行中的机器、仪表中，大部分时间是处于初始自由状态的位置上，只是在有要求时才在外力作用下转换到第二种状态（位置），当外力一旦除去，由于弹簧的作用，开关就又回到初始位置。按钮开关可以完成启动、停止、正反转、变速以及互锁等基本控制。通常每一个按钮开关有两对触点。每对触点由一个常开触点和一个常闭触点组成。当按下按钮时，两对触点同时动作，常闭触点断开，常开触点闭合。

3. 按钮开关的型号及含义

按钮开关的型号通常包含有关其特性和规格的重要信息，如其保护模式、操作方式等。常见的按钮开关的型号含义如图 5-9 所示。

4. 按钮开关的颜色及含义

为了便于操作人员识别，避免发生误操作，生产中用不同的颜色和符号标志来区别按钮的功能与作用。按钮开关的颜色及含义见表 5-2。

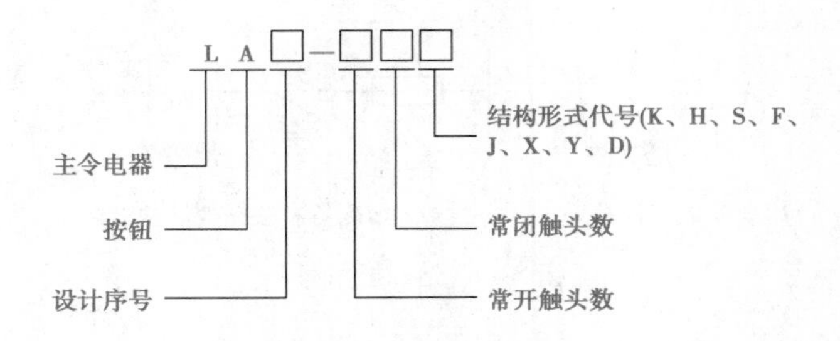

图 5-9　按钮型号及含义

其中,K—开启式,适用于嵌装在操作面板上;H—保护式,带保护外壳,可防止内部零件受机械损伤或人偶然触及带电部分;S—防水式,具有密封外壳,可防止雨水侵入;F—防腐式,能防止腐蚀性气体进入;J—紧急式,作紧急切断电源用;X—旋钮式,用旋钮旋转进行操作,有通和断两个位置;Y—钥匙操作式,用钥匙插入进行操作,可防止误操作或供专人操作;D—光标按钮,按钮内装有信号灯,兼作信号指示

表 5-2　按钮开关的颜色及含义

按钮颜色	含义	说明	应用示例
红	紧急	危险或紧急情况时操作	急停
黄	异常	异常情况	干扰制止异常情况
绿	正常	正常情况时启动操作	—
蓝	强制性	要求强制动作情况下操作	复位功能
白	未赋予特殊含义	除急停以外的一般功能启动	启动/接通(优先)、停止/断开
灰			启动/接通、停止/断开
黑			启动/接通、停止/断开(优先)

5. 按钮开关的选用原则

(1)根据使用场合和具体用途选择按钮的种类。如开启式、防水式、防腐式等。

(2)根据工作状态指示和工作情况要求,选择按钮或指示灯的颜色。

(3)根据控制回路的需要选择按钮的数量。如单钮、双钮、三钮、多钮等。

(4)根据用途,选用合适的形式。如钥匙式、紧急式、带灯式等。

五、低压熔断器

低压熔断器是一种结构简单、价格便宜、使用方便的保护电器,主要用于配电线路和电动机的快速过载和短路保护,熔断器符号如图 5-10 所示。低压熔断器由熔断管、熔体和插座三部分组成。当瞬时电流超过规定值并经过足够时间后,使熔体熔化。低压熔断器一般串接在电气回路中,当熔体熔断后,回路开路,电气设备从电源中分离出来,从而起到保护作用。

熔断器有螺旋式、无填料管式、有填料管式、瓷插式等。这些通常在低压电气控制回路中选用,半导体元件、可控硅元件、大功率晶体管的短路保护通常选用快速熔断器来做保护。

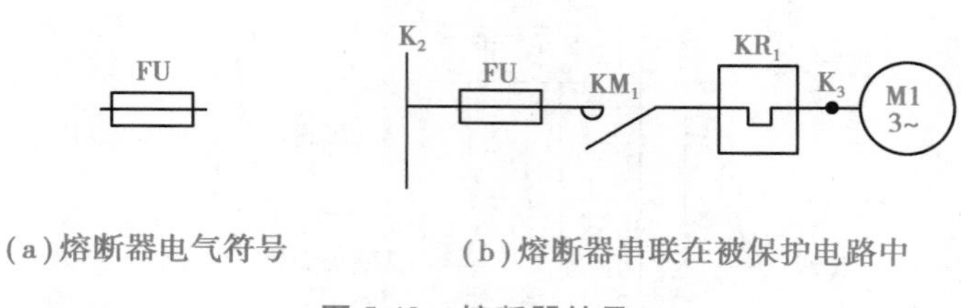

(a)熔断器电气符号　　(b)熔断器串联在被保护电路中

图 5-10　熔断器符号

(一)低压熔断器的主要参数指标

1. 额定电压

额定电压是指熔断器长期工作时和分断后能正常工作的电压。如果熔断器所接电路电压超过熔断器额定电压,熔断器长期工作可能使绝缘击穿,或熔体熔断后电弧不能熄灭。熔断器的额定电压应大于或者等于所接电路的额定电压。

2. 额定电流

额定电流是指熔断器长期工作,各部件温升不超过允许值时所允许通过的最大电流。

3. 极限分断能力

极限分断能力是指熔断器在规定的额定电压下能分断的最大电流值,它取决于熔断器的灭弧能力,与熔体的额定电流无关。

4. 熔断器的保护特性

熔断器的保护特性又称安秒特性,指流过熔体的电流与熔化时间的关系,这一关系与熔体材料和结构有关,其特征曲线是反时限的,如图 5-11 所示。

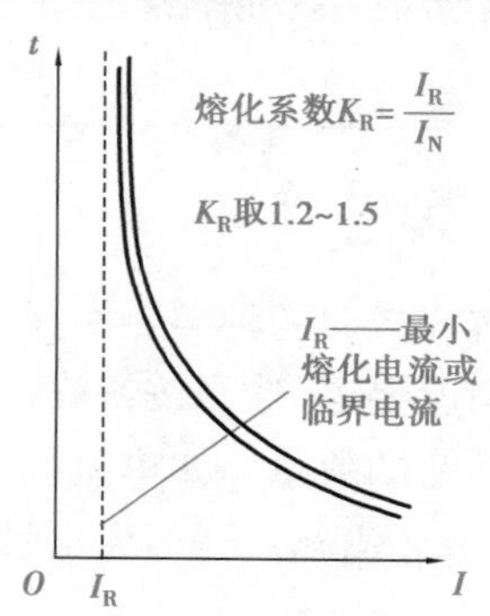

图 5-11　熔断器的伏安特性

(二)低压熔断器的选择

1. 低压熔断器类型的选择

选择熔断器可依据负载的保护特性、短路电流的大小和使用场合。一般按电网电压选用相应电压等级的熔断器,按配电系统中可能出现的最大短路电流选择有相应分断能力的熔断器,根据被保护负载的性质和容量选择熔体的额定电流。即电网配电一般用刀型触头熔断器(如 HDLRT0 RT36 系列);电动机保护一般用螺旋式熔断器;照明电路一般用圆筒帽形熔断器;保护可控硅元件则应选择半导体保护用快速式熔断器。

2. 低压熔断器电流的选择

①照明回路冲击电流很小，所以熔断器的选用系数应尽量小一些。即

$$I_{RN} \geqslant I \text{ 或 } I_{RN} = (1.1 \sim 1.5)I$$

式中　I_{RN}——熔体的额定电流，A；

I——电器的实际工作电流，A。

②单台电动机负载电气回路中有冲击电流，熔断器的选用系数应尽量大一些。

$$I_{RN} \geqslant (1.5 \sim 2.5)I$$

③多台电动机负载电气回路中，应考虑电动机有同时起动的可能性，所以熔断器的选用应按下列原则选用。

$$I_{RN} = (1.5 \sim 2.5)I_{Nm} + \sum I_N$$

式中　I_{Nm}——设备中最大的一台电动机的额定电流，A；

I_N——设备中去除对最大一台电动机后其他电动机的额定电流之和，A。

低压熔断器在选用时应严格注意级间的保护原则，切忌发生越级保护的现象，选用中除了依据供电回路短路电阻外，还应适当地考虑上下级的级差，一般级差为 1 ~2 个。

3. 低压熔断器电压的选择

①熔断器的额定电压是从安全使用熔断器的角度提出的，它是熔断器处于安全工作状态时电路的最高工作电压。

②熔断器额定电压大于等于熔断器工作点的电路额定电压。一般情况下，熔断器的额定电压应按电网的额定电压选定。

(三)低压熔断器的维护

低压熔断器的常见故障及处理方法见表 5-3。

表 5-3　低压熔断器的常见故障及处理方法

故障现象	原因分析	处理方法
电路接通瞬间，熔体熔断	熔体电流等级选择过小	更换熔体
	负载侧短路或接地	排除负载故障
	熔体安装时受机械损伤	更换熔体
熔体未熔断，但电路不通	熔体或接线座接触不良	重新连接

六、交流接触器

交流接触器广泛用作电力的开断和控制电路。它利用主触点开闭电路，用辅助触点执行控制指令。在电力拖动中，广泛用于实现电路的自动控制。接触器的优点是能实现远距离自动操作，具有欠压和失压自动释放功能，控制容量大，工作可靠，操作频率高，适用于远距离频繁接通和断开电路及大容量的控制电路。因此，交流接触器被广泛应用于电动机、小型发电机、电热设备、机床和电焊机等电路上。其缺点是噪声大、寿命短，且交流接触器只能接通和分断负荷电流，不具备断路保护作用，故必须与熔断器、热继电器等保护电器配合使用。图

5-12 所示为 CJX2 系列交流接触器的外观形状、电路图符号表示。

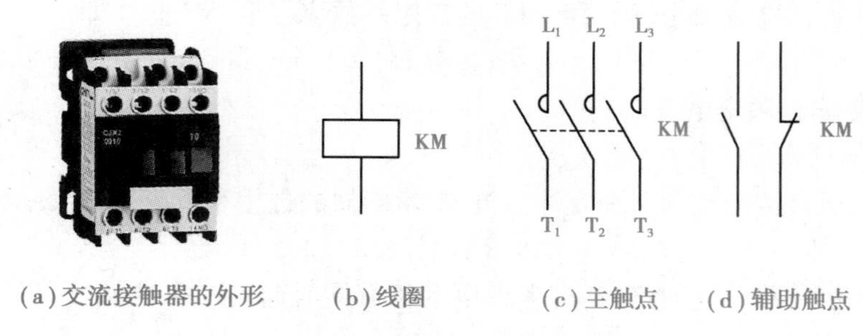

(a)交流接触器的外形　(b)线圈　(c)主触点　(d)辅助触点

图 5-12　CJX2 系列交流接触器的外形与符号

(一)交流接触器的结构及工作原理

交流接触器是采用电磁控制结构，主要由电磁系统、触点系统、灭弧装置三部分与附件等组成，如图 5-13 所示。

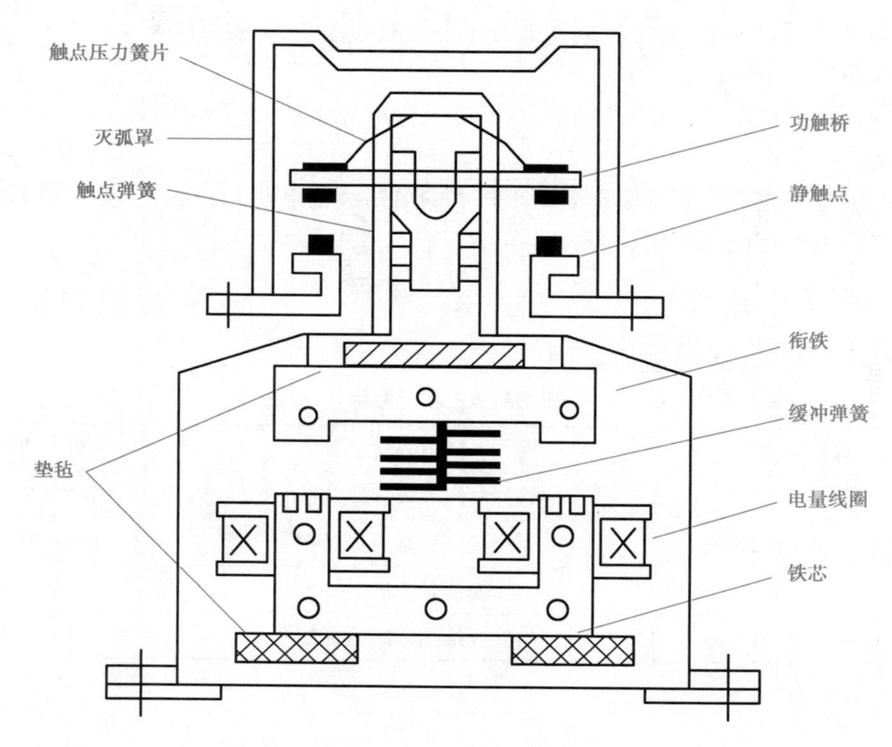

图 5-13　交流接触器结构示意图

1. 电磁系统

电磁系统由电磁线圈、静铁芯、动铁芯三部分组成。其中动铁芯与动触点支架相连。线圈装在静铁芯上，当线圈通电时产生磁场，使动铁芯、静铁芯磁化而相互吸引，当动铁芯被静铁芯吸引时，与动铁芯相连的动触点也被拉向静触点，使其闭合而接通电路。电磁线圈断电后，磁场消失，动铁芯在复位弹簧作用下回到原位，牵动动触点与静触点分离，分断电路。

铁芯是交流接触器发热的主要部件，动铁芯和静铁芯一般用 E 形硅钢片叠压而成，以减少铁芯的涡流和磁滞损耗，避免铁芯过热。另外，在E形铁芯的中柱端面留有0.1～0.2 mm的气隙，以减少剩磁影响，避免线圈断电后衔铁粘住不能释放。静铁芯的两个端面上嵌有短路环，用以消除电磁系统的振动和噪声。线圈做成粗而短的圆筒形，且在线圈和铁芯之间留有空隙，以增强铁芯的散热效果。

2. 触头系统

触头系统按功能不同分为主触点和辅助触点两类。主触点用来接通和分断电气控制主路，辅助触点接在控制电路中，完成相应的自锁、互锁、联锁等控制作用。

3. 灭弧装置

交流接触器在分断较大电流电路时，在动、静触点之间会产生较强的电弧，不仅会烧伤触点、延长电路分断时间，严重时还会造成相间短路。因此在容量稍大的电气装置中，均装了一定的灭弧装置用以熄灭电弧。

4. 交流接触器的附件

交流接触器除了上述三个主要部件，还有外壳、传动机构、接线装置、反作用弹簧、复位弹簧、缓冲弹簧、触点压力弹簧等附件。

5. 交流接触器的工作原理

当交流接触器线圈通电后，线圈中电流产生磁场，使静铁芯磁化出动铁芯、静铁芯磁化产生足够大的电磁力，克服反作用弹簧的反作用力将动铁芯吸合，动铁芯带动传动机构使辅助常闭触头先断开，三对常开主触点和辅助常开触点后闭合。当电磁线圈断电或电压显著下降时，铁芯的电磁力消失，动铁芯在复位弹簧反作用下回到原位，牵动动触点与静触点分离，分断电路，并带动各触点恢复到初始状态。

（二）交流接触器的使用类别和选用

在使用过程中，可依据手册中的具体参数选用。根据《低压开关设备和控制设备　第4-1部分：接触器和电起动机起动器　机电式接触器和电动机起动器（含电动机保护器）》（GB/T 14048.4—2020）将接触器分为四种使用类别。

AC—1：表示用接触器控制无感或微感负载、电阻炉。

AC—2：表示用接触器控制绕线式感应电动机的起动、分断。

AC—3：表示用接触器控制笼型感应电动机的起动、运转中分断。

AC—4：表示用接触器控制笼型感应电动机的起动、反接制动或反向运转、点动。

根据负载及其工作参数选择接触器的额定参数：根据负载的电流等级确定接触器的额定电流；根据负载的电压等级确定接触器的额定电压；根据控制电路的电压等级确定接触器线圈的额定电压。选用交流接触器时，通常负载的额定电流应为接触器额定电流的70%～80%，同时应注意接触器的安装形式、主路参数、控制参数、辅助参数。控制频繁起动或反接制动时接触器额定电流应降低一级，接触器要根据电动机的不同工作制（长期、短时、反复短时）来确定。

七、常用继电器

继电器是一种电子控制器件，它具有控制系统（又称输入回路）和被控制系统（又称输出回路)，通常应用于自动控制电路中，它实际上是用较小的电流去控制较大电流的一种“自动开关”。故在电路中起着自动调节、安全保护、转换电路等的作用。当输入量(如电压、电流)达到规定值时，使被控制的输出电路导通或断开的电器。其具有动作快、工作稳定、使用寿命长、体积小等优点，被广泛应用于电力保护、自动化、运动、遥控、测量和通信等装置中。常用的继电器有热继电器、中间继电器、时间继电器、速度继电器等。

(一)热继电器

1. 热继电器的结构与符号

热继电器是对电动机和其他用电设备进行过载保护的控制电路。热继电器的外形和电路符号如图5-14所示，主要由热元件、触点、动作机构、复位按钮和整定电流调节装置等组成。

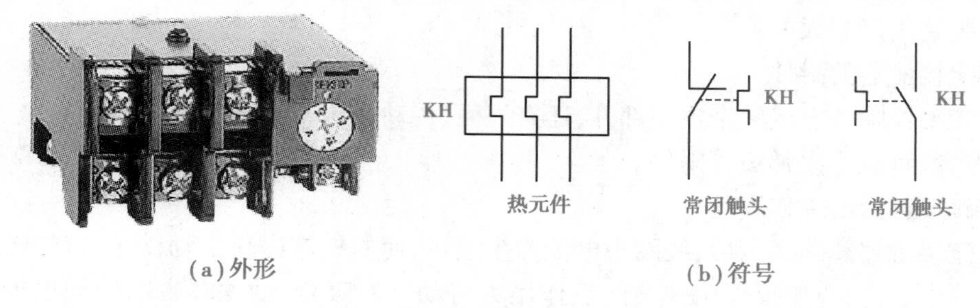

(a)外形 (b)符号

图5-14 热继电器

2. 热继电器的工作原理

三极双金属热继电器的动作原理如图5-15所示。热继电器的常闭触点串联在控制电路中，它的热元件由电阻值不高的电热丝或电阻片绕成，靠近热元件的双金属片是用两种热膨胀系数差异较大的金属薄片叠压在一起。热元件串联在控制设备(如电动机等)的主电路中。当控制设备正常工作时，通过热元件的电流未超过允许值，则热元件温度不高，不会导致双金属片产生过大的弯曲，热继电器处于正常工作状态使线路处于导通状态。当电路过载时，会产生较大的电流通过热元件，热元件使得双金属片温度过高，因双金属片上层相对下层热膨胀系数较小，则使得下层金属片向上弯曲，从而使得扣板在弹簧的拉力作用下带动绝缘牵引板，分断接入控制电路中的常闭触点，切断主电路，起到过载保护设备作用。热继电器动作后，一般不能立即自动复位，待电流恢复正常，双金属片复原后，再按动复位按钮，才能使动断触点恢复到闭合状态。

热继电器在保护形式上分为二相保护式与三相保护式两种。二相保护式热继电器内装有两个发热元件，分别串入三相电路中的任何两相。对于三相电压和三相负载平衡的电路，可用二相保护式热继电器；对于三相电源严重不平衡，或三相负载严重不对称的场合则不能使用，这种情况下只能用三相保护式热继电器。因三相保护式热继电器内装有三个热元件，分别串入三相电路中的每一相，只要其中一相过载，都将导致热继电器动作。

热继电器可以作过载保护，但不能作短路保护，因其双金属片从升温到发生变形断开动作触点有一个时间过程，不可能在短路瞬时产生动作迅速分断电路。

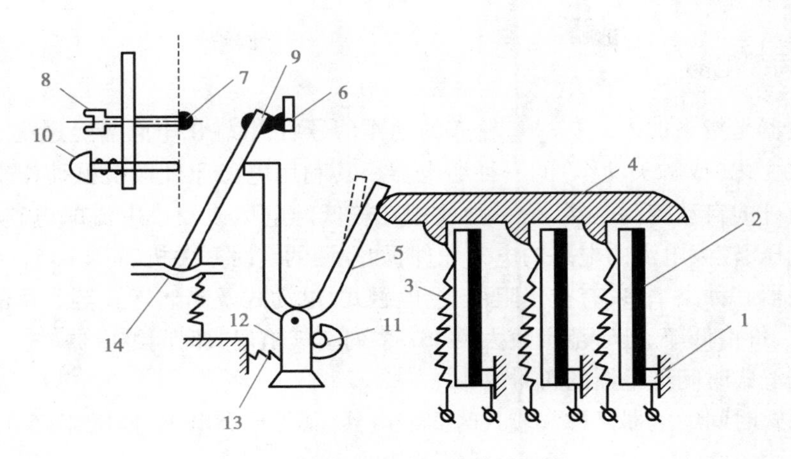

图 5-15 三极双金属片热继电器

1—双金属片固定支点;2—双金属片;3—热元件;4—导板;5—补偿双金属片;6—常闭触点;7—常开触点;8—复位螺钉;9—动触点;10—复位按钮;11—调节旋钮;12—支撑;13—压簧;14—排杆

热继电器的整定电流是指热继电器长期运行而不动作的最大电流。通常只要负载电流超过整定电流的 1.2 倍,热继电器必须动作。整定电流的调整可通过旋转外壳上方的旋钮完成,旋钮上刻有整定电流标尺,作为调整的依据。

(二)中间继电器

中间继电器属于电磁继电器的一种,通常用于控制各种电磁线圈,使有关信号放大,还可以将信号同时传达给几个元件,使它们相互配合,起到自动控制的作用。

中间继电器的基本结构和工作原理与小型交流接触器基本相同,也是由电磁线圈、动铁芯、静铁芯、触点系统、反作用弹簧和复位弹簧等组成的。其外形和电路符号如图 5-16 所示。它的触点系统无主与辅之分,各对触点载流量基本相同,多为 5 A。如果被控制电路的额定电流在 5 A 以内时,中间继电器可直接当作交流接触器使用。

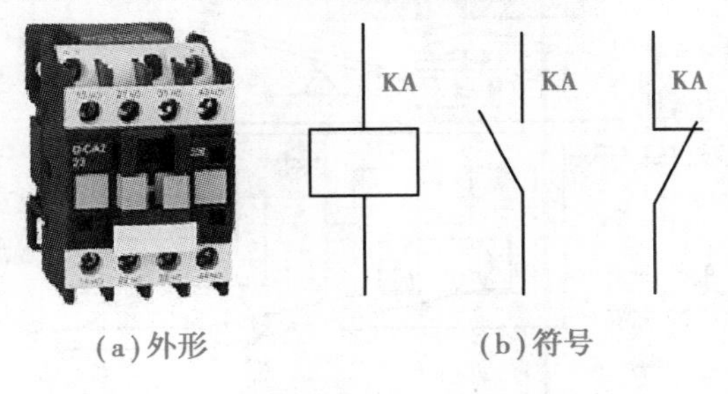

(a)外形　　(b)符号

图 5-16 中间继电器

中间继电器通常用来传递信号和同时控制多个电路,也可用来直接控制小容量电动机或其他电气执行元件。当选用中间继电器时,应该根据被控制电路的电压等级、所需触点对数、种类和容量综合考虑。中间继电器的结构和工作原理与交流接触器基本相同,与交流接触器的主要区别是触点数目多且触点容量小。

(三)时间继电器

时间继电器是指当加入(或去掉)输入的动作信号后,其输出电路需经过规定的准确时间才产生跳跃式变化(或触头动作)的一种继电器。其利用电磁原理或机械动作实现触点延时闭合或延时断开的自动控制电器,是一种使用在较低的电压或较小电流的电路上,用来接通或切断较高电压、较大电流的电路的电气元件,如空调的定时开关机。

时间继电器其种类繁多,有空气阻尼式、电磁式、电动式及晶体管式等。目前市场上普遍采用结构简单、价格低廉、延时范围较大的 JS7 系列空气阻尼式时间继电器。

1. 空气阻尼式时间继电器的符号

空气阻尼式时间继电器又称气囊式时间继电器,其外形和电气符号如图 5-17 所示。

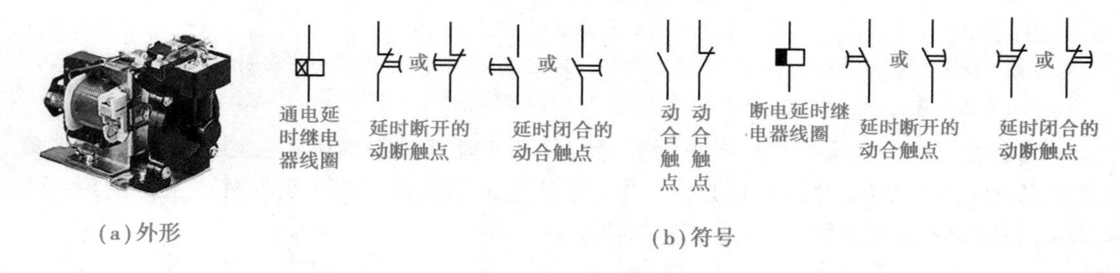

(a)外形　(b)符号

图 5-17　空气阻尼式时间继电器

2. 空气阻尼式时间继电器的结构

空气阻尼式时间继电器主要由电磁系统、触点系统、气室和传动机构四部分组成,其结构如图 5-18 所示。

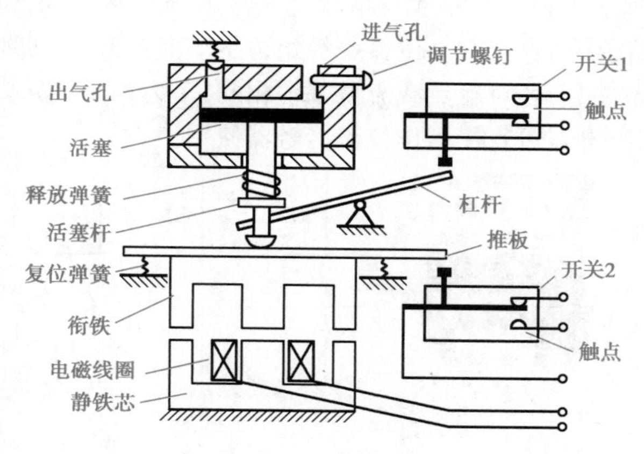

图 5-18　空气阻尼式时间继电器的结构

(1)电磁系统由电磁线圈、静铁芯、衔铁、释放弹簧和弹簧片组成。

(2)触点系统由两对瞬时触点(一常开/一常闭)和两对延时触点(一常开/一常闭)组成。

(3)气室主要由橡皮膜、活塞和壳体组成。橡皮膜和活塞可随气室进气量移动。气室上面有一颗调节螺钉,可通过它调节气室速度的大小,从而调节延时的长短。

(4)传动机构由杠杆、推板和复位弹簧组成。

3. 空气阻尼式时间继电器的工作原理

空气阻尼式时间继电器的工作原理有通电延时原理和断电延时原理两种。

(1)断电延时原理。当电路通电后,电磁线圈的静铁芯产生磁场力,使衔铁克服弹簧的反作用力而被吸合,与衔铁相连接的推板向右运动,推动推杆,压缩复位弹簧,使空气内橡皮膜和活塞缓慢向右移动,通过弹簧片使瞬时触点动作,同时也通过杠杆使延时触点做好动作准备。线圈断电后,衔铁在释放弹簧的作用下被释放,瞬时触点复位,推杆在复位弹簧作用下,带动橡皮膜和活塞向左移动,移动速度由气室进气口的节流程度决定,其节流程度可用调节螺钉完成。这样经过一段时间间隔后,推杆和活塞到达最左端,使延时触点动作。

(2)通电延时原理。将时间继电器的电磁线圈翻转180°安装,将断电延时时间继电器改装成通电延时时间继电器。其工作原理与断电延时原理相似。

4. 时间继电器的选用原则

(1)根据受控电路的需要,来决定选择时间继电器是通电延时型还是断电延时型。

(2)根据受控电路的电压来选择时间继电器吸引绕组的电压。

(3)若对延时要求高,则可选择晶体管式时间继电器或电动式时间继电器;若对延时要求不高,则可选择空气阻尼式时间继电器。

(4)根据需要选择延时时间范围内的时间继电器。

5. 时间继电器安装的注意事项

(1)保持继电器清洁,否则会增加误差影响使用效果。

(2)使用前检查电源电压、频率与时间继电器的电压、频率是否一致。

(3)根据用户对工作时间的要求选择时间继电器。

(4)如果是直流产品要注意按直流产品电路图接线并且注意电源的正负极以免接错损坏设备。

(5)不可在有振动、太阳直射、潮湿和与油类接触的地方使用。

八、主令器

主令电器是用作闭合或断开控制电路,以发出指令或作程序控制的开关电器。其作用是实现远程操作和自动控制。它包括按钮、凸轮开关、行程开关、脚踏开关、接近开关、倒顺开关、紧急开关、钮子开关等。

(一)按钮开关

按钮开关是一种结构简单、应用十分广泛的主令电器。按钮又称为按钮开关或控制按钮,是一种短时接通或断开小电流的手动控制电器。一般用于电路中发出启动或停止指令,以控制电磁启动器、接触器、热继电器等电器线圈电流的接通或断开,再由它们去控制主电路,也可用于信号装置的控制。其结构与原理图在本任务总开关已经阐述,读者可以参考本小结。

(二)行程开关

行程开关又称限位开关,用于机械设备运动部件的位置检测,是利用生产机械某些运动部件的碰撞来发出控制指令,以控制其运动方向或行程的主令电器。

行程开关从结构上可分为操作机构、触头系统和外壳三局部。行程开关的种类很多,按其头部结构可分为直动式(如 LX1、JLXK1 系列)、滚轮式(如 LX2、JLXK2 系列)和微动式(如 LXW-11、JLXK1-11 系列)三种。其图形符号如图 5-19 所示。

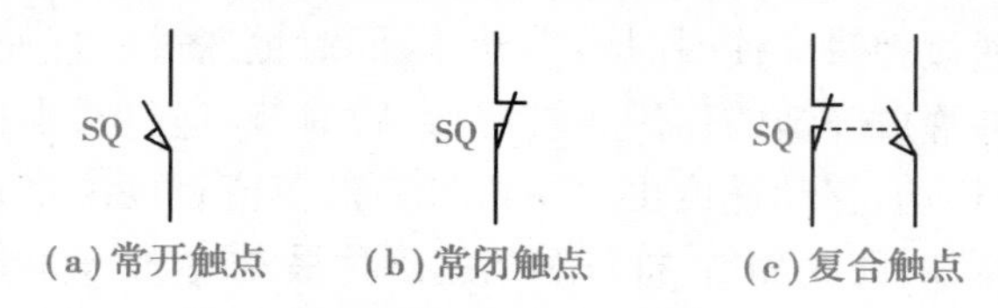

(a)常开触点　(b)常闭触点　(c)复合触点

图 5-19　行程开关图形符号

1. 直动式行程开关

直动式行程开关的外形和结构如图 5-20 所示。其作用原理与按钮相同,只是它用运动部件上的挡铁碰压行程开关的推杆。这种开关不宜用在碰块移动的速度小于 0.4 m/min 的场合。

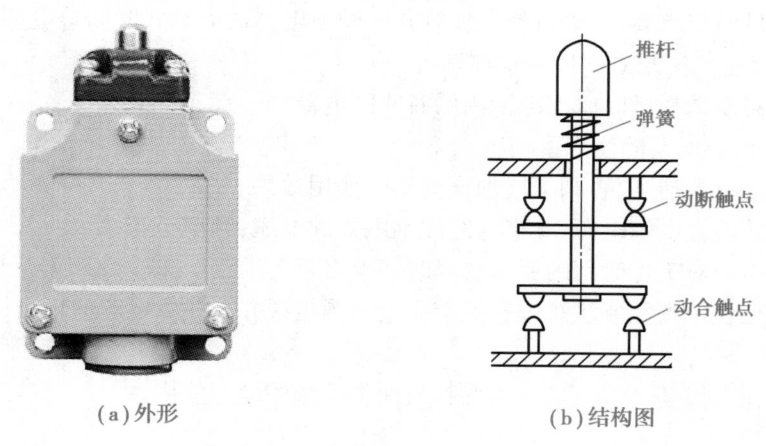

(a)外形　(b)结构图

图 5-20　直动式行程开关

2. 滚轮式行程开关

滚轮式行程开关的外形和结构如图 5-21 所示。其作用原理是滚轮式行程开关带有滚轮的撞杆可左右偏摆,可接受来自正面、左侧、右侧的机械撞击。撞杆转动时带动凸轮转动,顶下推杆,使微动开关中的触点迅速动作。当运动机械返回时,在复位弹簧的作用下,各部分动作部件复位。

3. 微动式行程开关

微动开关是行程非常小的瞬时动作开关,其特点是操作力小和操作行程短,其外形和结构如图 5-22 所示。当推杆被压下时,弹簧变形存储能量,当推杆被压下一定距离时,弹簧瞬时动作,使其触点快速切换,当外力消失时,推杆在弹簧的作用下迅速复位,触点也复位。

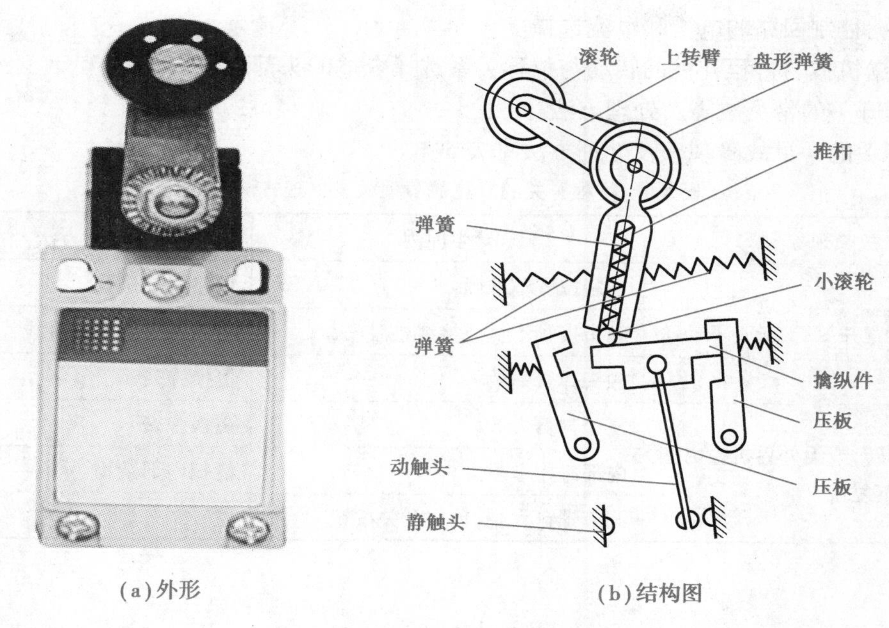

(a)外形 (b)结构图

图 5-21 滚轮式行程开关

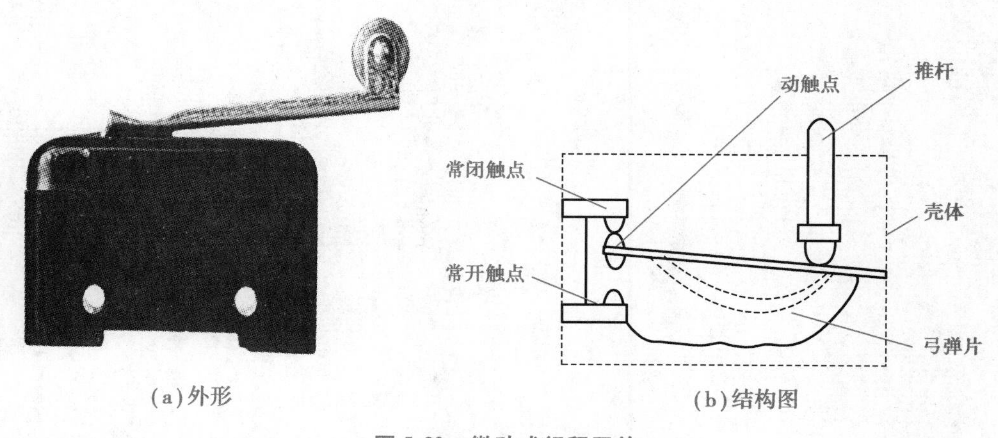

(a)外形 (b)结构图

图 5-22 微动式行程开关

4. 行程开关的型号及含义

行程开关的型号标志组成及其含义如图 5-23 所示。

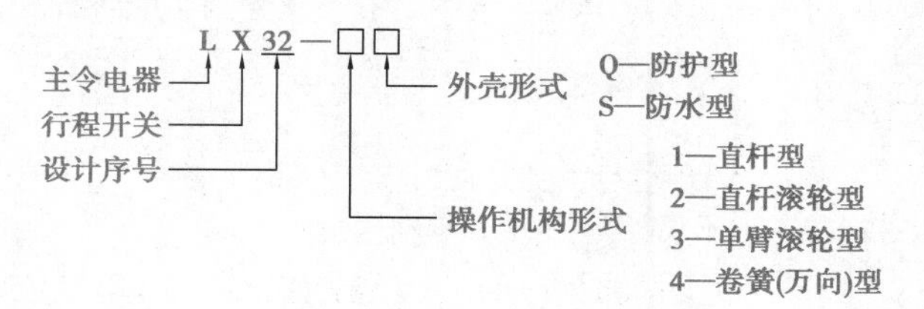

图 5-23 行程开关的型号及含义

5. 选择行程开关的注意事项

(1)根据应用场合及控制对象选择。

(2)根据安装环境选择防护形式,如开启式或保护式。

(3)根据控制回路的电压和电流选择。

(4)根据机械与行程开关的转动与位移关系选择合适的头部形式。

6. 行程开关的常见故障及处理方法

行程开关的常见故障现象及处理方法见表5-4。

表5-4　行程开关的常见故障现象及处理方法

故障现象	产生原因	处理方法
挡铁碰撞位置开关后,触头不动作	安装位置不准确	调整安装位置
	触头接触不良或接线松脱	清刷触头或紧固接线
	触头弹簧失效	更换弹簧
杠杆已经偏转,或无外界机械力作用,但触头不复位	复位弹簧失效	更换弹簧
	内部碰撞卡阻	清扫内部杂物
	调节螺钉太长,顶住开关按钮	检查调节螺钉

任务二　三相异步电机控制电路

三相异步电机作为一种工业生产中的驱动设备，具有高效、耐用、高转速、高功率、耐高温、超负荷、控制成本相对较低的特性，使其能够广泛地运用于自动控制系统、工程机械、制造业、交通运输等领域的各种场合。本任务在于通过三相异步电机控制的电路学习，了解三相异步电机回路开关设备的构成、电路送电的操作顺序及电路的工作原理。

一、典型电气控制线路

电气控制线路是按照一定的生产工艺和控制原理设计而成的，无论控制线路多么复杂，都是由基本控制线路组合而成的，学好基本控制线路是分析和设计电气控制线路的基础，掌握了这些基础知识将对电气控制线路工作原理的分析与设计有很大的帮助。

(一)电气图基本知识

由各种电器组成的自动控制系统称为继电器-接触器控制系统，简称电器控制系统。电器控制线路的表示方法有电气原理图、电气接线图、电器布置图。

1. 电气原理图

电气原理图是根据电气控制系统的工作原理、电气控制逻辑关系、电器元件连接的方法绘制的，具有结构简单、层次分明、便于研究和分析电路等优点，所以不论设计部门或者是施工现场都得到广泛使用。

电气原理图根据控制对象的不同可分主电路和控制电路(也称辅助电路)，如图 5-24(a)所示为主电路，如图 5-24(b)所示为控制电路。

主电路是将电源与电气设备(电动机或电负荷)借助于低压电器进行可靠连接的电路，涉及的常用低压电器有低压断路器、熔断器、接触器(智能控制单元)、热过载保护器、接线端子等。主电路主线路使用的 380 V 电压，为电动机提供动力电源的电路部分，可以提供大电流。

控制电路是由主令电器、接触器和继电器的线圈、各种电器的常开和常闭辅助触点、电磁阀、电磁铁等按控制要求和控制逻辑进行的组合，为主线路提供服务的电路部分。控制电路一般根据继电器的吸合线圈来定电压，有 12 V,36 V,220 V,380 V 几种，不可以提供大的电流。无论复杂或简单的控制电路，一般均是由各种典型电路组合而成的，如延时电路、联锁电路、顺控电路等。控制电路用以控制主电路中受控设备的“起动”“运行”“停止”，使主电路中的设备按设计工艺的要求正常工作。

在绘制电气原理图时，通常主电路用粗线条绘制在原理图的左边，控制电路用细线条绘制在原理图的右边，也可以将主电路和控制电路分开绘制。图 5-24 采用的是将主电路和控制电路分开绘制。在具体绘制电气原理图时采用电器元件展开图的画法，同一电器元件的各部件可以不画在一起，但需用同一文字符号标出，若有多个同类电器，则在文字符号后加上数字序号来区别,如图 5-24 所示的按钮 SB_1、SB_2 等。所有触点均按照没有施加外力作用和没有通电时的原始状态画出。画控制电路的分支线路,原则上按照动作先后顺序排列,两线交叉连接时的电气连接点须用黑点标出。看主电路时,应从电源输入端开始,顺次经过控制元器件、保护元器件到用电设备,这点与看电路原理图时有所不同。看控制电路时,要从电源的引入端,经控制元器件到构成回路,最后回到电源的另一端,应按照元器件的顺序对每个回路进行分析。

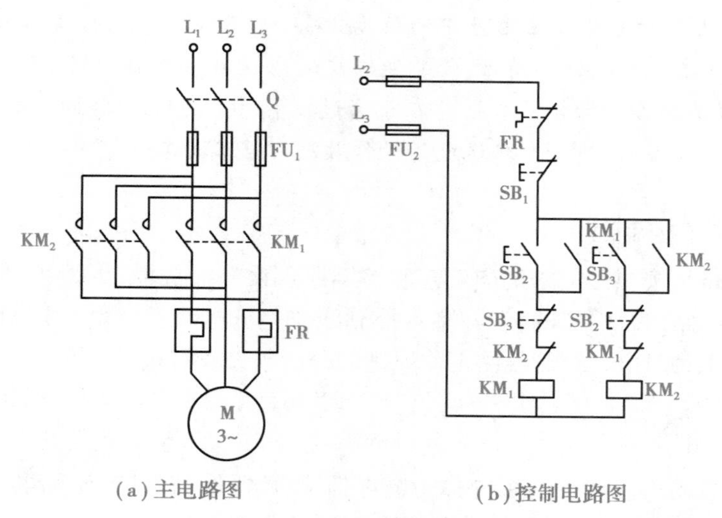

(a)主电路图 (b)控制电路图

图 5-24 电机的正反转电气原理图

2. 电气接线图

电气接线图是根据电气设备和电气元件的实际位置和安装情况绘制的,只用来表示电气设备和电气元件的位置、配线方法和接线方式,而不明显表示电气动作原理。其主要用于指导安装接线、线路的检修和故障处理等工作。电气接线图包括单元接线图、连接线图(也称互连接线图)和端子接线图三个部分。

单元接线图表示成套装置或设备中一个结构单元内部各元器件间连接关系;连接线图表示成套装置或设备内两个或两个以上单元之间的连接关系,在连接线图中,各单元之间的连接线既可用连续线表示,也可用中断线表示;端子接线图表示成套装置或设备的端子及其与外部导线连接关系,端子接线表可以和接线图组合起来绘制在一起。

看接线图时先看主电路图,再看控制电路图,根据端子标志、回路标号,从电源端顺序查下去,弄清楚电路的走向和电路的连接方法,并弄清楚每个元器件是如何通过连线构成闭合回路的。接线图中的回路标号(线号)是电气元件间导线连接的标记(且必须同原理图的标号一致),标号相同的导线原则上都可以接在一起。由于接线图多采用单线表示,因此对导线走向应加以辨别。此外,还要弄清设备内部端子板内外电路的连线,内外电路中标号相同的导线要接在端子排的同号接点上。

总之,电路原理图是电路图的核心,对一些小型化电气设备,电路结构比较简单,图相对容易,但对一些大型电气设备,由于电路结构较复杂,看图难度较大。此刻读者应按照由简到繁、由易到难、由粗到细的步骤分步看图,直到完全弄清楚元器件在设备中位置。

3. 电器布置图

电器布置图主要用来说明电路原理图中所有的电器元件、电气设备的实际位置，为电气在控制设备的制造、安装与维护、维修提供必要的资料。图 5-25 为电动机正反转控制线路电器元件布置图。电器布置图根据元器件设备的复杂程度集中绘制在一张图上或分别绘制在不同的图纸上。例如，将控制柜与操作台的电气元件布置图分别进行绘制。

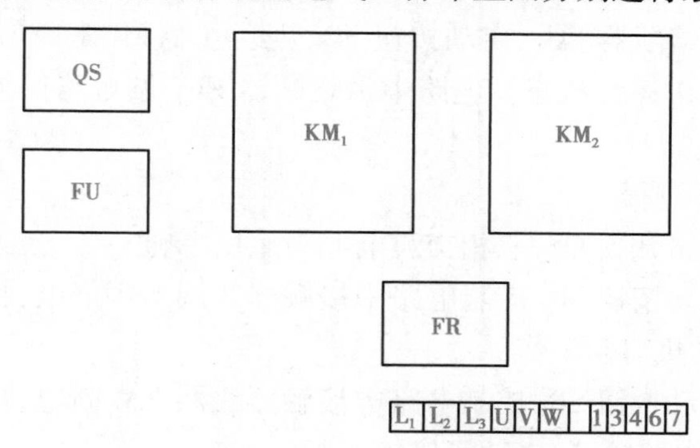

图 5-25 电动机正反转控制线路电器元件布置图

在布置图中可以不标注尺寸，但是各电器代号应与其他有关图纸和电器清单上所有的元器件代号相同，体积大和较重的元件应该安装在电气安装板的下面，发热元器件应该安装在电气安装板的下面。在电器布置图中，安装板的面积务必留有 10% 以上余量的备用面积及导线管（槽）的位置，以供改进设计时用。

（二）电动机点动控制电路

在生产过程中，当需要对生产设备进行手动调整时，例如对机具、设备的对位、对刀、定位；设备检修后，需要点动检测与机器设备的调试；要求物体微弱移动的设备；行车或吊车需要起吊各种设备；需要频繁起停，并且每次的运行时间都不是很长，一般运行的时间情况等。这时就需要电动机做短时断续工作时，操作员此刻按下按钮电动机就转动，松开按钮电动机就停止动作的电动控制，如图 5-26 所示为电动机点动电路图。

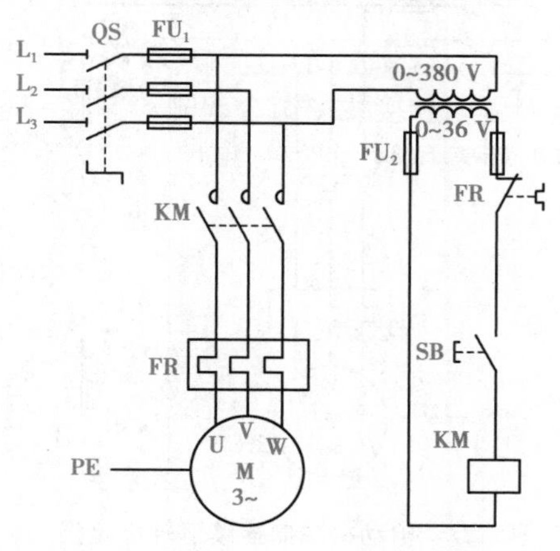

图 5-26 电动机点动电路图

1. 电动机点动电路图结构

(1)电源电路。电源电路由三相交流电 L_1、L_2、L_3 与断路开关 QS 组成,用于提供主电路的动力输送与停止工作。

(2)主电路。由熔断器 FU_1、接触器常开主触头 KM、热继电器 FR 热元件和三相异步电机 M 组成。

(3)控制电路。由熔断器 FU_2、启动按钮 SB、热继电器 FR 常闭触点,接触器线圈 KM 构成,用于控制主电路工作运行状态。电路中由熔断器 FU_2 做短路保护,热继电器 FR 做过载保护。

2. 电动机电路动作过程

(1)通电。合上断路开关 QS,三相交流电 L_1、L_2、L_3 接通。

(2)启动。按下启动按钮 SB,控制电路中接触器线圈 KM 带电,接触器常开,主触头 KM 闭合,主电路接通,电动机启动工作。

(3)停止。松开启动按钮 SB,控制电路中接触器线圈 KM 断电,接触器常开,主触头 KM 恢复初始断开状态,主电路断开,电动机停止工作。

(4)电动机工作状态描述。在上述动作过程中,如果要电动机停止工作,按下启动按钮 SB 不能松手,当松开启动按钮 SB,电动机立即停止工作。

(三)电动机单向连续运转控制电路

从上述电动机点动电路工作原理得出,电动机采用点动控制的状况往往用于一些特殊情况,在实际生产工作中往往是流水线的连续运动。而电机点动电路中,当人为松开启动按钮 SB,电机就停止工作,该状况在可持续性的工作环境中是不可取的。

如何对图 5-26 电机点动电路图结构进行改进,使点动变成连续控制,即当松开启动按钮 SB 时,控制电路依旧带电。于是在图 5-26 的控制电路图中电路启动按钮 SB 旁并联一个接触器动合辅助触点 KM,当启动按钮 SB 松开时,通过旁路接触器动合辅助触点 KM 继续给控制电路供电,具体如图 5-27 所示。

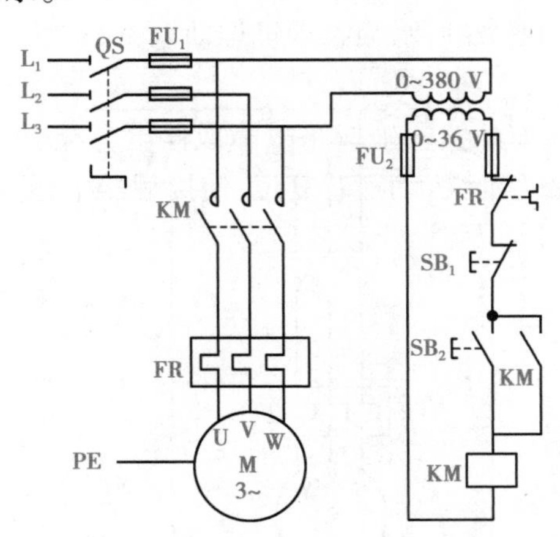

图 5-27 电动机单向连续运转电路图

1. 电动机单向连续运转电路图结构

（1）电源电路和主电路。与三相异步电机点动电路图的电源电路和主电路完全一致。

（2）控制电路。由熔断器 FU_2、停止按钮 SB_1、启动按钮 SB_2、热继电器 FR 常闭触点，接触器动合辅助触点 KM、接触器线圈 KM 构成，用于控制主电路工作运行状态。电路中由熔断器 FU_2 做短路保护，热继电器 FR 做过载保护，辅助触点 KM 起自锁功能。

（3）自锁电路。在控制电路中启动按钮 SB_2 与辅助触点 KM 并联，当松开按钮 SB_2，辅助触点 KM 自锁。

2. 电动机电路动作过程

（1）通电。合上断路开关 QS，三相交流电 L_1、L_2、L_3 接通。

（2）启动。按下启动按钮 SB_2，控制电路中接触器线圈 KM 带电，接触器主触头与辅助触点 KM 闭合，主电路接通，三相异步电动机启动工作。

（3）停止。松开启动按钮 SB_2，辅助触点 KM 自锁，控制电路中接触器线圈 KM 仍然有电，电机继续工作。如果此刻要让电机停止工作，只能按下停止按钮 SB_1，此刻控制电路回落断电，接触器线圈 KM 断电，辅助触点主触头与辅助触头 KM 恢复初始断开状态，主电路断开，三相异步电动机停止工作。

3. 自锁电路的作用

在图 5-27 电机连续运转电路中是在启动旁并联接触器动合辅助触点构成自锁电路，即松开启动按钮后，控制电路接触器线圈不会丢电。同时，该自锁控制电路不仅能保障电动机连续运转，还具有电路失压（或零压）和欠压保护功能。

（1）欠压保护。所谓的欠压保护，就是当线路电压下降到规定工作电压的某一数值时，电动机自动脱离电源而停止工作。在接触器自锁线路中欠压保护原理是在线路电压下降时，接触器线圈两端电压同步下降，接触器线圈的磁通减弱，接触器的动、静铁芯电磁吸力当减小到小于反作用弹簧拉力时，动、静铁芯释放，主触头自锁触头同时断开，切断主电路和控制电路，达到欠压保护作用。

（2）失压（或零压）保护。所谓的失压保护（也称零压保护），就是电动机正常工作运行中，因外界原因突发因素引起系统断电，系统自动切断电动机电源电路开关，当市电重新供电时，能保证电动机不能自行启动的一种保护。

当电动机在运行过程中，如突然发生线路故障或停电，此刻控制电路接触器线圈失去电压，从而导致接触器线圈电磁力消失，动铁芯复位，使接触器主触点、辅助触点同时断开，导致主电路与控制电路处于断路状态，当市电供电恢复正常时，能保证主电路电动机不能自行启动，达到保护人身和机械设备安全。

（四）电动机点动与单向连续运转控制电路

在实际生产活动中，往往电机的点动与连续运动都是必不可少的。例如，当我们调试设备时，往往系统需要点动单步工作模式。当系统正常加工运转时，系统需要连续工作模式。这就需要电路既有点动模式功能，又有连续模式功能。下面以三相异步电机点动与单向连续运转控制如图 5-28 所示电路为例。

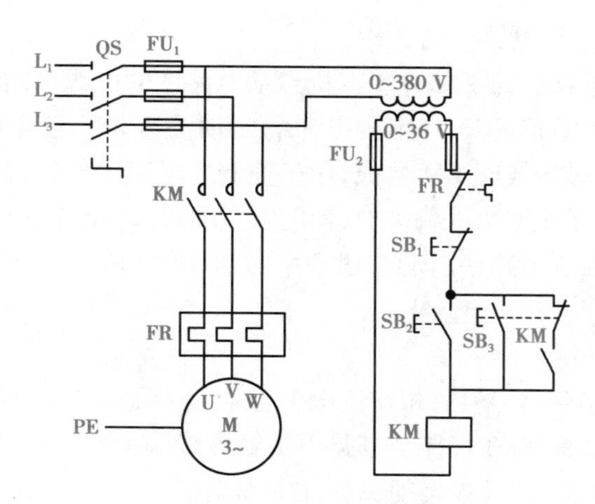

图 5-28　电动机点动与连续运转电路图

1. 电动机点动工作原理

按下启动按钮 SB_3，由于启动按钮 SB_3 与接触器动合辅助触点 KM 是连动的，当启动按钮 SB_3 闭合时，接触器动合辅助触点 KM 断开，切断 KM 自锁电路，而接触器线圈已经通过 SB_3 得电，故接触器动合主触点 KM 闭合，电机工作。当放开启动按钮 SB_3 时，按触器线圈失电，按触器动合主触点 KM 断开，恢复初始状态。

2. 电动机连续运动工作原理

按下启动按钮 SB_2，接触器动合辅助触点 KM 闭合，接触器线圈 KM 带电，接触器动合主触点 KM 闭合，电机得电工作。同时，接触器动合辅助触点 KM 闭合自锁，使得放开启动按钮 SB_2，接触器线圈 KM 仍然带电，使电动机处于连续运转的工作状态。

然而，在生产活动中，安全生产是活动的第一要素，在实际控制电路中用中间继电器 KA 来实现上述功能，如图 5-29 所示。按下 SB_2，中间继电器线圈 KA 带电，中间继电器动合触点 KA 闭合，电机为连续运动状态。按下 SB_3，接触器线圈 KM 带电，接触器动合触点 KM 闭合，电机为点动工作状态。

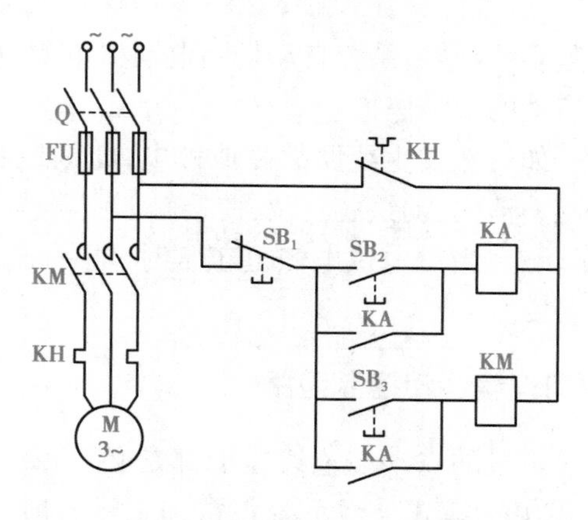

图 5-29　电动机点动与连续运转中间继电器电路图

二、电动机正反转控制电路

在实际生产活动中，生产设备反反复复地来回工作，重复加工某一个动作。例如，起重机吊起重物的目的是将重物从一个位置移动到另一个位置，必然有重物放下动作；机床加工零件时，其工作台需要往返来回不停地运动。因此，单一的运动方向是无法满足生产工艺的要求，这就需要电动机能做正、反两个方向的运动。

（一）反向开关正反转控制电路

在电动机的工作原理中，电动机是通过转子在磁场中受磁场力而运动的，因此，只要改变电动机三相电源中的任意两相的相序，达到改变磁场180°角度方向，使电动机反向运动。电动机正反转开关控制电路图如图5-30所示。

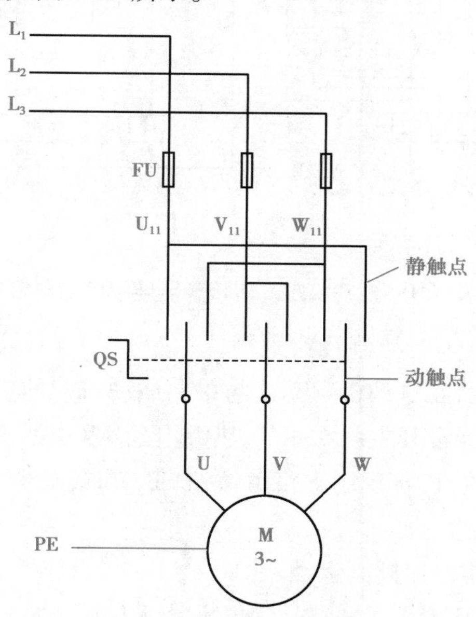

图5-30　电动机正反转开关控制电路图

1. 反向开关正反转控制电路工作原理

操作倒序开关QS处于中间“停”位置时，QS的动触点与静触点不接触，电路处于断开状态，电动机不工作；当QS处于左边顺位时，即QS的动触点与左边的静触点接触，电路按L_1→U、L_2→V、L_3→W接通，输入电动机定子绕组的电源电压相序位L_1→L_2→L_3，电动机正转；当QS处于右边顺位时，即QS的动触点与右边的静触点接触，电路按L_1→W、L_2→V、L_3→U接通，输入电动机定子绕组的电源电压相序位L_3→L_2→L_1，电动机反转。

2. 反向开关正反转控制电路注意事项

当电动机处于正常工作状态时，需要反向时，不能直接使QS忽左忽右，这样会在电路中产生很大的反向瞬时电流，使得电动机的定子绕组因瞬时电流过大而烧坏。因此，当电动机需要反向时，必须使QS开关处于中间停止位置，然后再次启动电动工作。

(二)接触器连锁正反转控制电路

在反向开关正反转控制电路中,虽然控制电路简单,但对操作频繁的电路而言,反向开关正反转控制电路劳动强度大,生产效率差。由于 QS 开关是硬接触,故人为操作不安全,易损坏电气设备,这种操作电路规定控制额定电流 10 A、功率在 3 kW 及以下的小容量电动机。

为了解决上述矛盾,在实际生产活动中,电动机的正反转是采用接触器进行控制的,如图 5-31 所示。

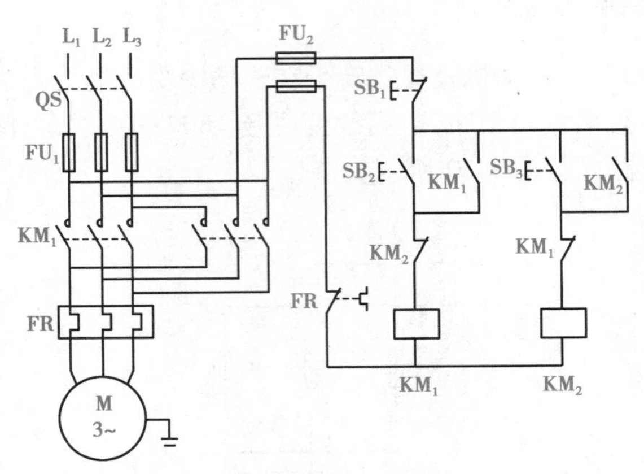

图 5-31 电动机正反转接触器连锁控制电路图

1. 电动机正反转接触器连锁控制线路结构

图 5-31 主控电路由跟前面电动机点动这与单向运动机构的主控电路完全一致,由低压断路器 QS、熔断器 FU_1、接触器常开主触头 KM、热继电器 FR 热元件和三相异步电机 M 组成。与之区别的是控制电路不同,正转控制支路由按钮 SB_2 和接触器 KM_1 组成,反转控制支路由按钮 SB_1 和接触器 KM_2 组成。

2. 电动机正反转接触器连锁控制运动状态

从主电路中可以看出,接触器 KM_1 与 KM_2 的主触点所接通的三相电源相序不同,接触器主触点 KM_1 是按 $L_1 \to L_2 \to L_3$ 接线,当按下启动按钮 SB_2,接触器 KM_1 线圈带电,接触器动合主触点和辅助触点 KM_1 闭合,电动机正向转动,接触器动合辅助触点 KM_1 自锁,使得电动机连续运动;当按下启动按钮 SB_3,接触器 KM_2 线圈带电,接触器动合主触点和辅助触点 KM_2 闭合,接触器主触点 KM_2 是按 $L_3 \to L_2 \to L_1$ 接线,相序发生改变,电动机反向转动,接触器动合辅助触点 KM_2 自锁,使得电动机连续运动。

3. 接触器连锁正反转控制电路注意事项

在生产活动中,电动机不可能同时正反转,因此,在图 5-31 控制电路图中,不允许操作人员同时按下 SB_2 和 SB_3 按钮。也就是说,接触器的 KM_1 与 KM_2 不能同时闭合。当这种情况发生时,三相电路中 L_1 相与 L_3 相电路短路。为了使这种现象避免发生,在正、反控制电路中分别串接接触器对方的一个辅助常闭触头。当一方得电动作,另一方接触器必然断开,这样就造成双方制约。人们把这种接触器双方制约的现象称为接触器连锁或互锁,实现互锁作用的接触器辅助常闭触头称为连锁触头或互锁触头,用“Δ”表示连锁符号。

（三）接触器与按钮双重连锁正反转控制电路

在上述图5-31接触器连锁控制电路中，通过对接触的连锁控制能够很好地保证电动机不同时正反转，但是该电路的缺点是如果保证工作人员不能同时按下按钮 SB_2 和 SB_3 的误操作。针对这一问题，提出如何对按键在控制电路中对按钮 SB_2 和 SB_3 进行互锁，从而实现在控制电路中既对接触器互锁，又对按钮互锁，即双重互锁。其目的是使正反转控制电路稳定可靠，保障电动机能在不同工况下正常工作，防止误操作和电器安全事故。

通过把接触器的动合辅助常闭触点接入对方的控制电路中达到接触器互锁功能，同理，如果两个启动按钮改为复合按钮，并把两个复合按钮的常闭触头中嵌入对方的控制电路中，使按钮互锁，克服接触器连锁正反控制电路操作不便的缺点。其控制电路图如图5-32所示。

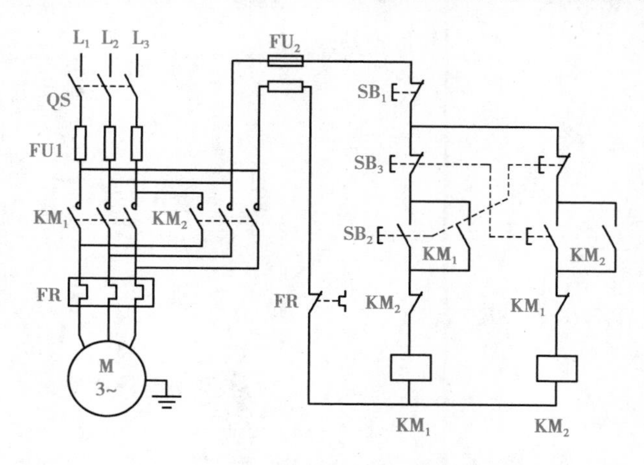

图5-32　接触器双重连锁控制电路图

1. 电路的运行分析

（1）电动机正转。

①按下启动按钮 SB_2，接触器掀起 KM_1 带电，接触器动合辅助触点 KM_1 闭合，接触器动合主触点 KM_1 闭合，电动机正转。

②接触器动合辅助触点 KM_1 断开，对接触器 KM_2 连锁，确保反转控制电路失电。

③由于启动 SB_2 为复合按钮，如果 SB_2 常开触点闭合，常闭触点就断开，相互联锁。

（2）电动机反转。

①按下启动按钮 SB_3，接触器掀起 KM_2 带电，接触器动合辅助触点 KM_2 闭合，接触器动合主触点 KM_2 闭合，电动机反转。

②接触器动合辅助触点 KM_2 断开，对接触器 KM_1 连锁，确保反转控制电路失电。

③由于启动 SB_3 为复合按钮，如果 SB_3 常开触点闭合，常闭触点就断开，相互联锁。

（3）电动机停止。

按下停止按钮 SB_1，由于停止按钮 SB_1 在控制回路主干线上，整个控制回路失电，主电路接触器动合主触点断开，电动机停止工作。

2. 注意事项

（1）在控制电路中，如果只有接触器联锁，当电动机正反转时，由一个转向变换到另一个转向，需先按停止按钮才能实现。而双重联锁正反转电路，需要变换转向时，直接按选择方向的启动按钮就可以实现逆运转，不需要经过停止。

(2)双重互锁电路是接触器联锁控制线路与按钮联锁控制线路组合在一起形成的新电路，具备操作方便，安全可靠，不会造成相间短路，克服了接触器联锁和按钮联锁的缺点，但是双重互锁电路比较复杂，连接线路容易出错，造成电路故障，读者务必注意。

任务三 项目实操训练

一、项目实操教程

（一）实训名称

电动机双重互锁控制线路安装与检修实训。

（二）实训目的

(1)能叙述电气控制系统的基础知识,熟悉常用低压电器的用途及符号。
(2)能根据电路图正确、熟练地完成控制电路的安装与调试。
(3)掌握三相电动机的正反转控制电路原理。
(4)掌握接触器联锁与按钮联锁控制方式和设计方法。
(5)了解电动机基本控制电路故障检修的一般步骤和方法。能按照电路图接线进行判断和排除简单的线路故障。
(6)能初步分析实践过程中所测量的实验数据,并得出结论,写出简洁、条理清楚、内容完善的实验报告。
(7)初步懂得查阅相关科技手册,从模仿到逐步学会使用常用的电气的器件、控制电路等,着重培养学生的电工实操爱好兴趣。
(8)培养初步的工程能力和创新意识和团结协作能力。

（三）实训器材

实训器材明细清单见表5-5。

表5-5 实训器材明细清单

序号	实训器材名称	型号	数量	备注
1	三相空气开关	NXB/3P/10 A	1个	工作电压、电流、工作环境与安装空间尺寸
2	二相空气开关	NXB/2P/10 A	1个	工作电压、电流、工作环境与安装空间尺寸
3	交流接触器	CJX2-0911/380 V	2个	检查铭牌是否符合电路要求,有无损伤
4	按钮盒	LA4-3H(3×1)	1个	熟练判断开关极性
5	热继电器	JR36-20/0.68—1.1 A	1个	明确使用条件、电流的整定值、过载检查
6	三相电动机	RDA5807PF	1片	端子检查、相序接入检查、控制电路检查
7	电工板	75 cm×60 cm×5 cm	1块	设置元器件布置图时,需要注意空间位置
8	导线	1.5 mm	若干	采用压线的方法进行导线与元器件的连接

(四)实训内容

(1)相空气开关、交流接触器、热继电器的认识与判别,并说明其符号与作用。

(2)能根据实验要求绘制电路原理图和面板布置图。

(3)绘制电动机的点动、连动、正反转、接触器互锁、按钮互锁的单元电路图,并说明其工作原理。

(4)电动机的接线和调试过程。

(5)电动机接线操作考核要点。

电动机双重互锁控制线路安装与检修操作考核评分表见表 5-6。

表 5-6 电动机双重互锁控制线路安装与检修操作考核评分表

考评项目	考评内容	配分	扣分原因	得分
电动机双重互锁控制线路安装与检修	运行操作	50	电路少一半功能或不能停止□ 扣 20 分 接线松动、露铜超标□ 每处扣 4 分 接地线少接□ 每处扣 4 分 元件或导线选择不规范□ 每处扣 4 分	
	接线工艺	20	接线不规范□ 扣 10 分 不能正确使用工具□ 扣 10 分	
	画电路图	20	画图不正确□ 每处扣 4 分	
	问答	10	回答不正确或不完整□ 每处扣 1 ~4 分	
	否定项	接线不正确,无功能□ 跳闸或熔断器烧毁或损坏设备□ 违反操作安全规范,带电接线与拆线□		
	合 计	100	通电不成功、跳闸、熔断器烧毁、损坏设备,违反安全操作规范,本项目为零分	

二、项目实操报告

电动机双重互锁控制线路安装与检修操作报告见表 5-7。

表 5-7 电动机双重互锁控制线路安装与检修操作报告

一、实训目的

续表

二、实训内容

(一)实训器材

(二)常用低压电器

1. 刀开关

文字符号和图形符号:

作用:

2. 空气断路器

文字符号和图形符号:

作用:

3. 按钮

文字符号和图形符号:

作用:

4. 行程开关

文字符号和图形符号:

作用:

续表

5. 熔断器
文字符号和图形符号：

作用：

6. 交流接触器
文字符号和图形符号：

作用：

7. 热继电器
文字符号和图形符号：

作用：

(三)电气原理图绘制
1. 三相电机点动电气原理图

2. 三相电机长动电气原理图

续表

3. 绘制电气互锁与机械互锁原理图 （注：绘制右侧相关控制回路，主电路无须绘制，并说明机械互锁和电气互锁的作用是什么。） （四）实训步骤 1. 三相电机正反转电气原理图 2. 实际接线图（实际接线实物图片）
三、实训结果分析与总结

项目六 电子产品识图与安装

知识目标

(1)了解电子产品的开发过程与安装电子产品的工作原理与特性。
(2)掌握电子产品工艺、安装、调试,以及正确处理测量数据的方法。
(3)熟悉手工焊锡常用工具的使用,基本掌握手工电烙铁的焊接技术。
(4)熟悉印制电路板设计的步骤和方法,熟悉手工制作电板的工艺流程。
(5)熟悉常用电子器件的类别、型号、规格、性能及其使用范围。
(6)能正确识别和选用常用的电子器件,并根据给定图纸在焊接技术的基础上组装一台收音机,并掌握其调试方法。

能力目标

(1)培养手工焊接技术的能力。
(2)培养现代电子线路的手工焊接工艺的能力。
(3)培养现代电子设备的装配工艺的能力。
(4)培养综合运用理论知识解决实际问题的能力。

素养目标

挖掘思政元素理论“万事万物之间的关系”。通过电路板整体与各个元器件之间构建实物,引入看待事物的全局性与局部性之间的关系,培养学生的大局观。

电子产品在人们生活中无处不在,计算机、手机、网络电视、智能家居、数码相机、商用电子、汽车电子、办公自动化、仪器仪表等,那么如何将一堆杂乱无章的电子元件组装成日常生活中的电器产品?在这些电器产品中每一个元件的功能是什么?让我们零距离与之接触,来探索它们的奥秘,见证科技走进生活。

任务一 电子技术工艺基础

学生初步接触电子产品的生产实际,使学生了解并掌握电子工艺的一般知识和技能。其最终目的是使学生掌握常用电子产品的手工焊接、装配、元器件的布局和调试技术,使学生了解常见电子产品的工作原理,培养学生的动手能力、创新意识及严谨细致的工作作风,从而提高学生的分析问题与解决问题的能力。

一、电烙铁

(一)电烙铁的结构及分类

电烙铁是常见手工焊接的主要工具,如何选择合适的电烙铁并合理使用是保证焊接电路板元器件质量的关键因素。由于电烙铁的用途与结构的不同,其电烙铁的式样各式各样。目前电子工作室常见的操作电烙铁大多数采用直热式电烙铁,它分为内热式与外热式两种。图6-1所示为典型直热式电烙铁的外形图。

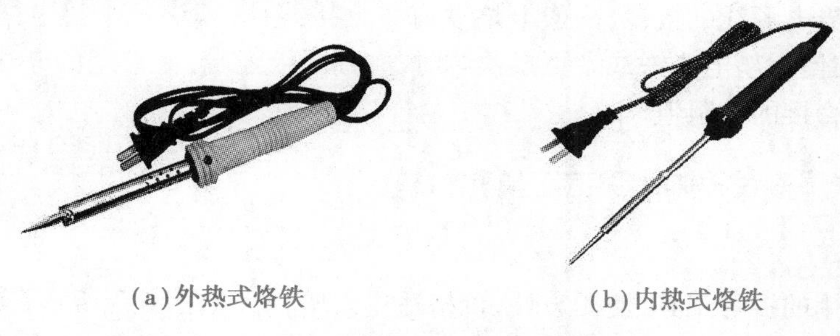

(a)外热式烙铁 (b)内热式烙铁

图6-1 直热式电烙铁外形图

直热式电烙铁其主要由发热元件、烙铁头、手柄与接线柱组成。图6-2所示为直热式电烙铁的外形结构图。

1. 发热元件

发热元件是电烙铁中将电能转换成热能转换装置,也称烙铁芯。它是镍铬发热电阻丝缠绕在云母或陶瓷等耐热、绝缘材料构成。内热式电烙铁与外热式电烙铁的主要区别在于外热式电烙铁的发热元件在传热体的外部,而内热式电烙铁的发热元件在传热体内部,也就是烙铁芯在内部发热。内热式电烙铁的能量利用效率高于外热式电烙铁。

2. 烙铁头

作为电烙铁的能量存储和传递,材料一般采用紫铜制成。在使用中常常因高温氧化和焊锡剂腐蚀变得凹凸不平,需要经常清理和修整完善。

3. 手柄

一般采用绝缘材料木材或橡胶制成,便于焊接者手工操作,如不良的手柄通常因温度过

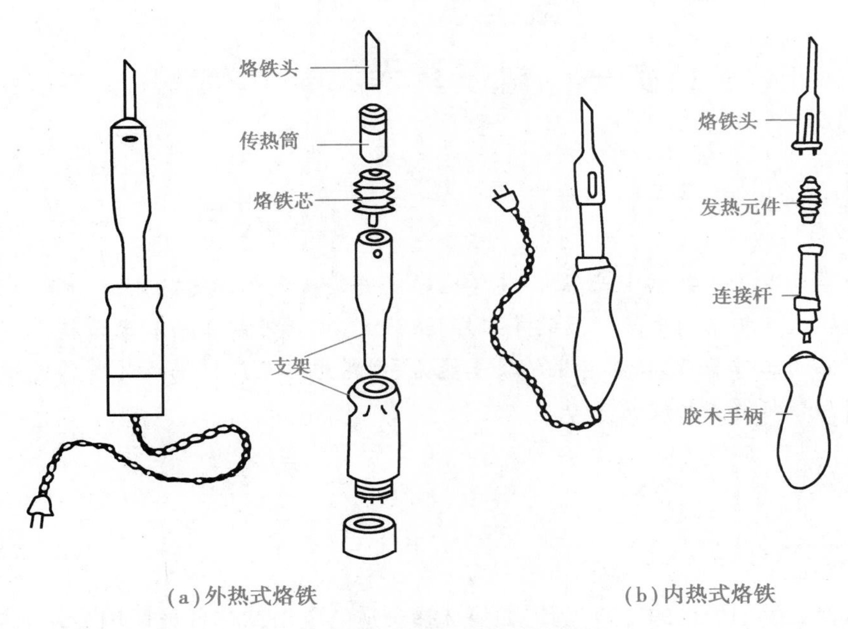

(a)外热式烙铁　　(b)内热式烙铁

图 6-2　直热式电烙铁结构图

高影响使用。

4. 接线柱

电烙铁与外界电源线的接口，一般电烙铁有 3 个接线柱，其中一个接电烙铁的金属外壳进行接地保护，在使用新电烙铁或者更换铁芯时，应判明接地端，最常用的办法是用万用表测量外壳与接线柱直接的电阻值。

(二)电烙铁焊接过程中常见的工具和材料

1. 吸锡器

吸锡器是常用的拆焊工具，使用方便、价格适中。吸锡器如图 6-3 所示，实际是一个小型手动空气泵，压下吸锡器的压杆，就排除了吸锡器腔内的空气；释放吸锡器压杆的锁钮，弹簧推动压杆迅速回到原位，在吸锡器腔内形成空气的负压力，就能够把熔融的焊料吸走。在电烙铁的加热下，用吸锡器很容易拆焊电路板上的元件。

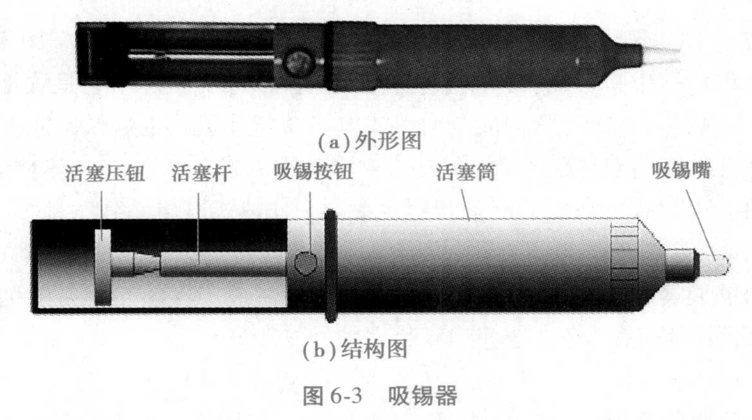

(a)外形图

(b)结构图

图 6-3　吸锡器

2. 烙铁架

当焊接间断时,烙铁架用于放置闲置烙铁,以防烙铁烫伤人或者物体。

3. 焊接材料

焊接材料通常是易熔金属,熔点应低于被焊金属。焊接材料熔化时,在被焊接金属表面形成与被焊金属连接在一起的焊点。在选择焊接材料时,要求焊接材料具有良好的流动性、附着性、一定的机械强度、良好的润湿性、宽度不大的凝固区域、熔点低、导电性好、使用方便等特点。

4. 助焊剂

由于电子设备的金属表面同空气接触后会生成一层氧化膜,温度越高,氧化越严重。这种氧化膜阻止液态焊锡对金属的侵蚀作用。而助焊剂就是用于清除氧化膜,防止氧化,增加焊锡的流动性,保证焊锡的侵蚀作用,同时也是可使焊点美观的一种化学剂。

对助焊剂的要求:熔点应低于焊接材料,表面张力、黏度、比重应小于焊接材料,残渣容易清除,不能腐蚀母板,不能产生有害气体和臭味。

通常使用助焊剂有松香和松香酒精溶液。后者是用松香粉末与酒精(无水乙醇)按照1∶3的比例配制而成,焊接效果比松香较好。另一种助焊剂是焊油膏,在电子电路的焊接中一般不使用它,因为其酸性对其具有腐蚀作用。如果确实需要使用焊油膏,焊接后应立即将焊点附近清洗干净。

(三)电烙铁操作说明

1. 电烙铁的选择

电烙铁的选择一般是根据焊接面积的大小、焊件的大小与性质和导线的粗细进行选择。焊接集成电路一般选用25 W的电烙铁;焊接CMOS电路一般选用20 W内热式电烙铁,而且电烙铁的外壳要连接地线;焊接小功率半导体管和小型元件适宜选择45 W以下的电烙铁;焊接粗导线和大型元件时可选用75 W及其以上的电烙铁。

2. 电烙铁头的选择与修整

焊接焊盘较小的时候可选择尖嘴式电烙铁头,焊接焊盘较大可用截面式电烙铁头;当焊接多脚贴片IC时可以选用刀型电烙铁头;当焊接元器件高低变化较大的电路时,可以使用弯型电烙铁头。

当电烙铁头使用一段时间后,表面会凸凹不平,而且氧化严重,这种情况下需要修整电烙铁头。一般是将电烙铁头拿下来,用粗细锉刀修整成要求的形状,通电后,待电烙铁头达到工作温度后,在木板上放些松香及一段焊锡,电烙铁头沾上锡后在松香中来回摩擦,直到电烙铁头修整面均匀镀上一层锡为止。

3. 烙铁操作规范

动作分解口诀:烙铁预热,锡线熔化,锡线拿开,烙铁拿开,锡点冷却,锡点凝固。

4. 烙铁作业温度标准范围

(1)一般焊接作业温度为(265±5) ℃。

(2)普通烙铁(30~60 W)作业温度为260~320 ℃。

(3)恒温烙铁作业温度为300~340 ℃。

5. 操作基本方法

(1)使用烙铁必须配备烙铁架、海绵、锡渣盒进行焊接作业。

(2)烙铁架中的海绵浸上足量的水,以保证随时对烙铁的清洁。

(3)将烙铁插头插入电源,打开电源开关,将温度调节开关调至操作说明书中规定的温度,预热 2 ~5 min 后对烙铁的温度进行测量,温度达到后才进行焊接作业,否则应让相关人员对烙铁进行检修或校正。

(4)在焊接过程中,烙铁头与被焊点一般保持在 45°且烙铁头要与被焊物充分接触,使被焊物的表面温度与焊锡的温度一致。如果一次焊接不牢固,需重新焊接时,应当等到焊接物的温度完全下降后,再进行第二次焊接。烙铁头必须定时用海绵清洁干净,锡渣要入锡渣盒。

(5)作业完毕,用海绵清洁烙铁头,然后镀上新锡层,再将电源按钮关闭,电源插头拔下。

(6)待烙铁冷却后,将机身及周围的污渍清洁干净。

6. 焊接作业要求

(1)焊接要牢固,锡点应圆满、光亮,不能有拉尖、毛刺现象。

(2)焊接时不能有连锡短路、冷焊、虚焊、假焊的现象。

(3)常见的焊接状态如图 6-4 所示。

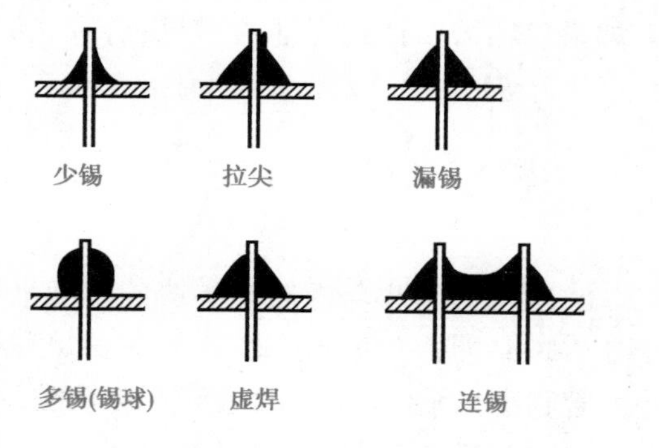

(a)常见的焊接不良状态图

(b)常见的焊接成功状态

图 6-4 焊接状态图

(四)使用电烙铁的注意事项

(1)当电源接通时,烙铁头温度一般在 200 ~400 ℃,鉴于滥用可能导致灼伤或火患,请严格遵守以下事项:

①切勿触及烙铁头附近的金属部分。

②切勿在易燃物体附近使用烙铁头。

③烙铁头极为灼热,可能引发危险事故,休息时或完工后应关掉电源。

④更换部件或装置烙铁头时,应关掉电源,并待烙铁头冷却至室温。

(2)为避免损坏电烙铁,并保持作业环境的安全,应遵守下列事项:

①切勿使用烙铁头进行焊接以外的工作。

②切勿用电烙铁敲击工作台以清除焊剂残余,这样可能严重震损电烙铁。

③切勿擅自改动电烙铁,更换部件时,应交技术员进行处理。

④切勿弄湿电烙铁,或手湿时也不能使用电烙铁。

⑤焊接时会冒烟,应有良好的通风设施或措施。

⑥使用电烙铁时,不可做任何可能伤害身体或损坏物体的动作。

⑦切勿用锉刀或刀片剔除烙铁头上的氧化物。

⑧如果烙铁头的镀锡部分含有黑色物时,可镀上新锡层,再用海绵抹净烙铁头,如此重复清理,直到彻底除去氧化物为止,然后再镀上新锡层。

⑨如果烙铁头变形或生重锈,必须替换新的。

(五)烙铁头的维护、使用、保养

(1)烙铁头温度过高会减弱烙铁头功能,因此选择尽可能低的温度。

(2)应定期使用海绵清理烙铁头。焊接后,烙铁头的残余焊剂所衍生的氧化物和碳化物会损害烙铁头,造成焊接不理想,或者使烙铁头导热功能减退。长时间连续使用烙铁时,应每周一次拆开烙铁头清除氧化物,防止烙铁头受损降低温度。

(3)若不使用电烙铁时,不可让烙铁长时间在高温状态,会使烙铁头上的焊剂转化为氧化物,致使烙铁头导热功能大为减弱。

(4)使用电烙铁后,应抹净烙铁头,镀上新锡层,以防止烙铁头引起氧化作用。

二、焊接的基本知识

(一)焊接工艺

焊接又称连接工程,是一种重要的材料加工工艺,通常在实验室里针对个性化、非标电子产品验证设计过程中使用。焊接是常见的电子元件与主板之间连接最主要的一种方法。其焊接的工作原理是利用加热或加压,或两者并用结合金属或其他热塑性材料的制造工艺。主要是借助热能或机械能,使被焊工件的材质(同种或异种)达到原子间的结合而形成永久性连接的工艺过程。目前焊接主要分为熔焊、压焊和钎焊三大类,在实验室常用的电子产品焊接工艺工程中通常采用钎焊。钎焊是使用比工件熔点低的金属材料作钎料,将工件和钎料加热到高于钎料熔点、低于工件熔点的温度,利用液态钎料润湿工件,填充接口间隙并与工件实现原子间的相互扩散,从而实现焊接的方法。钎焊按照使用焊料的熔点不同可分为硬焊(焊料熔点高于450 ℃)和软焊(焊料熔点低于450 ℃)。

采用锡铅焊料进行焊接的称为锡铅焊,简称锡焊。它是软焊的一种,除了含有大量铬与铝的合金材料不宜采用锡焊外,其他金属材料大多采用锡焊焊接。锡焊方法简便,整修焊点、拆换元器件、重新焊接容易,使用简单的电烙铁即可完成。锡焊具有成本低、易实现自动化等特点,在无线电整机装配过程中,它是使用最早、适用范围最广和在当前仍占比例最大的一种焊接方法。

随着电子技术的不断发展,焊接技术也不断更新和发展,例如,在锡焊方面大量使用机器设备的自动焊接法(如浸焊、波峰焊等),极大减轻了装配工人的劳动强度,提高了生产效率,而且能保证焊接质量,减少差错,降低成本。目前,采用环保的无锡焊接(即不使用焊料和焊剂的焊接法)在无线电整机装配中也大量推广应用(如压接焊、绕接焊等)。无锡焊接分为机器焊接与手工焊接两种。无锡焊接法适用范围受到一定条件的限制,在实验室尚未采用。本项目主要介绍锡铅焊接的基本知识、操作方法与要求。

(二)焊接的基本知识

在常用的电路板装配过程中的焊接是指将组成整板电子产品的各种元器件,通过导线、印制导线或接点等,采用焊接的方法将其牢固地连接在一起的过程。

1. 焊接技术的重要性

电子产品主板焊接点的数量与产品使用的元器件数量有直接关系。使用的元器件越多,焊点也就越多,有些大型的电子设备可多达上百万个焊点,就是装配的常用楼宇声光控开关也达几十个焊点,每个焊点的质量都关系着电子产品的成功与否,因此每个焊点都应该具有一定的机械强度和良好的电气性能,为达到这个目的,每位学生都应十分重视焊接的练习,正确地掌握焊接技术要领,学会熟练地进行焊接操作。

2. 焊接点的形成过程及必要条件

将加热熔化成液态的锡铅焊料,借助焊剂的作用,熔入被焊接金属材料的缝隙,在焊接物表面处,形成金属合金,并使其连接在一起,就得到牢固可靠的焊接点。

熔化的焊锡和被焊接的金属材料相互接触时,如果在接合界面上不存在任何杂质,那么焊锡中锡和铅的任何一种原子会进入被焊接的金属材料的晶格而生成合金。被焊接的金属材料与焊锡生成合金的条件取决于以下几点。

(1)被焊接金属材料应具有良好的可焊性。可焊性是指被焊接的金属材料与焊锡在适当的温度和助焊剂的作用下良好结合的性能。铜具有良好的导电性与机械强度,且是易于焊接的金属材料,常用元器件的引线、导线及接点等多采用铜制金属材料。除铜外,其他金属如金、银、铁、镍等都能与焊锡中的锡或铅及合金反应形成金属化合物,它们之间具有一定的可焊性。但它们可能因成本高、机械强度不够或者导电性能差等因素,所以一般使用较少。

为了便于焊接,常在较难焊接的金属材料和合金上镀上可焊性较好的金属材料,如锡、铅、金、银等,也可以在焊接时采用较强的有机酸助焊剂,但焊接好后要彻底清洗。

(2)被焊接金属材料表面要清洁。为使焊接良好,被焊接的金属材料与焊锡应保持清洁接触。金属与空气相接触就要生成氧化膜,轻度氧化膜可通过焊剂来消除,氧化程度严重时,单凭焊剂无法消除,须采用化学方法(如酸洗)或机械的方法去清洗。

(3)助焊剂的使用要适当。助焊剂是一种略带酸性的易熔物质,它在加热熔化时可以熔解被焊接的金属物表面上的氧化物和污垢,使焊接界面清洁,并帮助熔化的焊锡流动,从而使焊料与被焊接的金属物牢固地结合。助焊剂的性能一定要适合于被焊接金属材料的焊接性能。适当使用助焊剂能保证焊接质量。

(4)焊料的成分与性能要适应焊接要求。焊接材料的成分及性能应与被焊接金属材料的可焊性、焊接的温度及时间、焊点的机械强度相适应,以达到易焊与焊牢的目的,并应注意焊接材料中的不纯物对焊接的不良影响。

(5)焊接要具有一定的温度。热能是进行焊接不可缺少的条件。在锡焊时,热能的作用是使焊锡向被焊接金属材料扩散并使焊接金属材料上升到焊接温度,以便与焊锡生成金属合金。

(6)焊接的时间。焊接的时间是指在焊接全过程中,进行物理和化学变化所需要的时间。它包括被焊接金属材料达到焊接温度时间、焊锡的熔化时间、助焊剂发挥作用及生成金属合金时间几个部分。焊接时间要掌握适当,过长易损坏焊接部位及器件,过短则达不到焊接要求。

3. 对焊接点的基本要求

采用焊接的方法进行连接的接点称为焊接点。一个高质量的焊接点不但要具有良好的电气性能和一定的机械强度,还应有一定的光泽和清洁的表面。

(1)具有良好的导电性。一个良好的焊接点应是焊料与金属被焊物面互相扩散形成金属化合物,而不是简单地将焊料依附在被焊金属物面上。焊点良好,才能有良好的导电性。

(2)具有一定的强度。锡铅焊料的主要成分锡和铅这两种金属强度较弱。为了增加强度,在焊接时通常根据需要增大焊接面积,或将被焊接的元器件引线、导线先行网绕、绞合、钩接在接点上,再进行焊接。因此,采用锡焊的焊接点,一般都是一个被锡铅焊料包围的接点。

(3)焊接点上的焊料要适当。焊接点上的焊料过少,不仅机械强度低,而且表面氧化层逐渐加深,容易导致焊点直白。焊接点上的焊料过多,会浪费焊料,并容易造成接点相碰和掩盖焊接缺陷。正确的焊接点上,焊料使用应适当。

(4)焊接点表面应有良好的光泽。良好的焊接点有特殊的光泽和良好的颜色,不应有凸凹不平和颜色及光泽不均的现象。这主要与焊接因素及焊剂的使用有关。如果使用消光剂,则对焊接点的光泽不作要求。

(5)焊接点不应有毛刺、空隙。这对高频、高压电子设备极为重要。高频电子设备中高压电路的焊接点如果有毛刺,则易造成尖端放电。

(6)焊接点表面要清洁。焊接点表面的污垢,尤其是焊剂的有害残留物质,如不及时清除,会给焊接点带来隐患。

以上介绍的是对焊接点的基本要求。合格的焊接点与焊料、焊剂及焊接工具(如电烙铁)的选用、焊接操作技术、焊接点的清洗都有着直接关系。

(三)焊料与焊剂的选用

正确选用焊料与焊剂,是保证焊接质量和做好焊接工作的重要内容,也是焊接人员应具备的一项基础知识,下面分别予以介绍。

1. 焊料的选用

要使焊接良好,就必须使用适合于焊接目的与要求的焊料。常用的锡铅焊料由于锡铅的比例及其他金属成分的含量不同分为多种牌号,各种牌号具有不同的焊接特性,要根据焊接点的不同要求去选用,选用的主要依据如下。

(1)被焊接金属材料的焊接性能。被焊接金属材料的焊接性能系指金属的可焊性,即被焊接金属在适当的温度和焊剂的作用下,与焊料形成良好合金的性能,锡铅焊料中锡和铅这两种金属,在焊接过程中究竟是哪一种与焊接的金属材料生成合金,这取决于被焊金属材料,铜、镍和银等在焊接时能与焊料中的锡生成锡铜、锡镍与锡银合金,金在焊接中能与焊料中的铅生成铅金合金。也有的金属能与焊料中的锡铅两种金属同时生成合金,达到焊接的目的。由于生成的合金是金属化合物,因此焊料与被焊接金属材料之间有很强的亲和力。

(2)焊接温度。不同成分的焊料,其熔点也不相同。在焊接时,焊接的熔点要与焊接温度相适应,焊接温度与被焊接器件和焊剂有直接的关系,即焊接温度最高不能超过被焊接器件、印制线路板焊盘或接点等所能承受的温度,最低要保证焊剂能充分活化起到助焊作用,使焊料与被焊接金属材料形成良好的合金。在选择焊料时,焊接温度是很重要的依据。

(3)焊接点的力学性能与导电性能。焊接点的力学性能及导电性与焊料中锡和铅的含量有一定的关系。使用含锡量为61%的共晶锡焊料形成的焊接点,其力学性能如抗拉强度、冲击韧性和抗剪强度等都较好。一般焊接点对导电性能要求不严格。由于焊料的电导率远低于金、银、铜甚至铁等其他金属,因此应注意有大电流流经焊接部位时由于焊接点的电阻增大而引起电路电压下降及发热的问题。含锡量较大的焊料,其导电性能较好。

2. 焊剂的选用

能否正确选用焊剂直接决定着焊接质量的高低。选用焊剂时优先考虑的因素是被焊接金属材料的性能及氧化、污染情况,其他如焊接点的形状、体积等都是次要因素,下面介绍如何以金属的焊接性能为依据选用焊剂。

(1)铅、金、银、铜、锡等金属,焊接性能较强。为减少焊剂对金属材料的腐蚀,在焊接这几种金属时,多使用松香作助焊剂,由于松香块或松香酒精溶液在焊接过程中使用不便,因此在焊接时,尤其是在手工焊接时都采用松香焊锡丝,常用的HISnPb39焊丝就适用于此类金属材料的焊接。

带有锡层(镀锡、热浸锡或热浸锡铅焊料)的金属材料也属于焊接性能好的金属,同样适合选用松香系焊剂。

(2)铅、黄铜、青铜、铍铜及带有镍层的金属焊接性能较差,如仍使用松香作焊剂,则焊接较为困难,在焊接这几种金属时,应选用有机助焊剂,如常用的中性焊剂或活性焊锡丝。活性焊锡丝的丝芯由盐酸乙胺盐加松香制成,焊接时能减小焊料表面的张力,促进氧化物起还原作用。活性焊锡丝的焊接性能比一般焊锡丝好,最适合用于开关、接插件等热塑性塑料的焊接。需要注意的是焊后要清洗干净。

(3)焊接半密封器件,必须选用焊后残留物无腐蚀性的焊剂,以防腐蚀性焊剂渗入被焊件内部产生不良影响。

焊剂的选用还应从焊剂性能对焊接物面的影响,如焊剂的腐蚀性、导电性及焊剂对元器件损坏的可能性等方面考虑。

(四)手工焊接

手工焊接是锡铅焊接技术的基础。它适用于一般结构的电子产品,也适用于小批量生产的小型化产品。具有特殊要求的高可靠性产品,目前有部分还在采用手工焊接。同时,手工焊接还适用于某些焊接结构复杂,机器无法完成的工作,以及某些对温度特别敏感的电气元件。目前大规模的机械焊接产品中,个别产品也可能需要人工手工补焊。因此,目前还没有一种完全可以代替手工焊接的机器。

1. 手工焊接的正确操作姿势

焊接加热发出的化学物质对人体是有害的,如果操作时鼻子距离烙铁头太近,则很容易将有害气体吸入。一般电烙铁离鼻子的距离应不小于30 cm,通常以40 cm为宜。

(1)电烙铁握法。电烙铁的握法通常有正握法、反握法和握笔法三种。如图 6-5 所示。正握法适用于中等功率电烙铁或者带弯头电烙铁的操作。反握法动作稳定,适合长时间操作,不易疲劳。握笔法一般多在操作台上焊接印制板等焊件时采用。

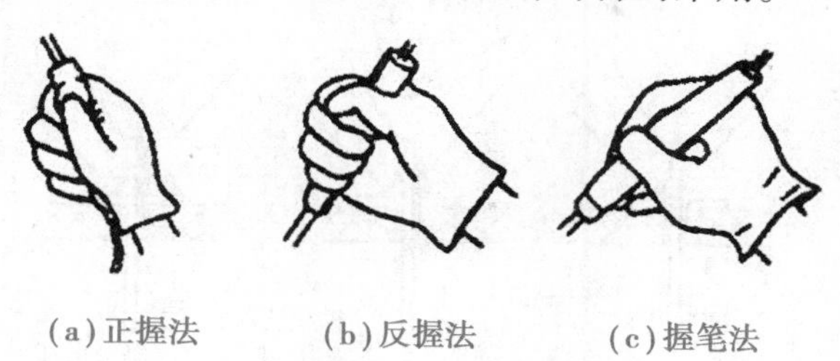

(a)正握法　(b)反握法　(c)握笔法

图 6-5　电烙铁的握法

(2)焊锡丝的拿法。焊锡丝一般有两种拿法,如图 6-6 所示,即连续焊接和断续焊接时焊锡丝的拿法。焊接时可将成卷的焊锡丝拉直 30 cm 左右,或者截成 30 cm 左右,用左手的拇指和食指轻轻捏住焊锡丝,端头留出 3 ~ 5 cm,借助其他手指的配合送焊锡丝向前送进。

(a)连续锡焊时焊锡丝的拿法　(b)断续锡焊时焊锡丝的拿法

图 6-6　焊锡丝的拿法

2. 焊接前的准备

在适用电烙铁前,应先检查电烙铁的外观,查看电烙铁是否完好。同时使用万用表电阻挡测量电源线插头的两端,查看是否有开路或短路现象。需要注意,电源线绝缘层不应有损坏现象。经过检查一切正常后,方可加温备用。如果是新电烙铁或更换新的烙铁头,或者是经过一段长时间的使用,已经有腐蚀或严重氧化现象的,要先用锉刀把烙铁头按需要的角度锉好,去掉损坏部分及氧化层之后,再搪锡备用。

3. 焊接步骤

一般接点的焊接,宜使用带松香的管形焊锡丝。操作时要一手拿焊锡丝,一手拿电烙铁。其步骤如图 6-7 所示。

(1)清洁烙铁头、准备施焊。焊接前要将烙铁头放在松香或湿布上擦洗,以擦洗掉烙铁头上的氧化物及污物,并借此观察烙铁头的温度是否适宜。在焊接过程中烙铁头上出现氧化物及污物应及时清洗。

(2)加热焊接点。将烙铁头放置在焊接点上,使焊接点升温。如果烙铁头上带有少量焊料(在清洗烙铁头时带上),可以使烙铁头的热量较快传到焊接点。

(3)熔化焊料。在焊接点达到适当的温度时,应及时将焊锡丝放置到焊接点上熔化。

(4)移动焊锡。在焊接点上的焊锡丝开始熔化后,应将依附在焊接点上的烙铁头根据焊锡点的形状移动,以使熔化的焊料在焊剂的帮助下流满焊接点,并渗入被焊接物面的缝隙。在焊接点的焊料适量后,应立刻拿开焊锡丝。

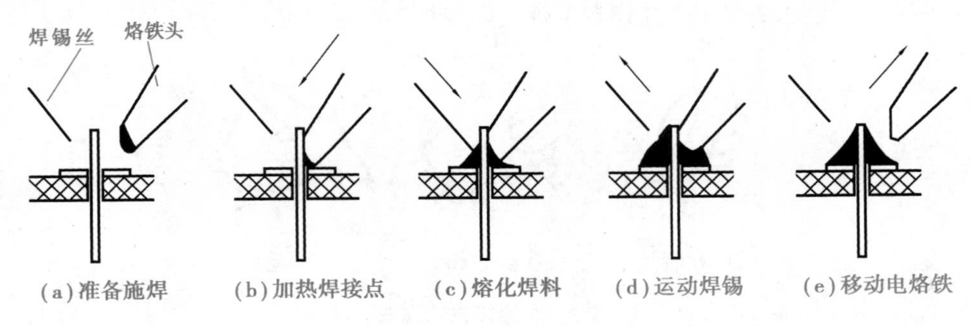

图 6-7 手工焊接五步法

(5)移动电烙铁。在焊接点上的焊料接近饱满,焊剂尚未完全挥发,也就是焊接点上的温度适当、焊锡最光亮、流动性最强的时刻,迅速拿开电烙铁。正确的方法是烙铁头沿焊接点水平方向移动,在将要离开焊接点时快速往回带一下,然后迅速离开焊接点。这样才能保证焊接点的光亮、圆滑、不带毛刺。

以上过程对于一般焊点而言,焊接时间为 2 ~3 s,因此,上述各步骤之间的停留时间对保证焊接质量至关重要,手工焊接五步法具有普遍性,其操作要领只有通过实践才能逐步掌握。

4. 焊接注意事项

在焊接过程中,除应严格按照焊接步骤操作外,还应注意以下几个方面。

(1)焊接头的温度要适当。一般松香熔化较快又不冒烟时的温度较为适宜。

(2)焊接的时间要适当。从加热焊接点到焊料熔化并流满焊接点,一般应在几秒钟内完成。

(3)焊料和焊剂使用要适量。

(4)防止焊接点上的焊锡任意流动,在焊接操作上,开始时焊料要少些,待焊料流入焊接点空隙后再补充焊料,并迅速完成焊接。

(5)焊接过程中不要触动焊点,否则焊接点要变形,出现虚焊现象。

(6)不应烫伤周围的元器件及导线。

(7)及时做好焊接后的清除工作,焊接完毕后,应将剪掉的导线及焊接时掉下的锡渣等及时清除,防止落入产品内带来隐患。

5. 焊接质量评定

(1)标准焊接点。

①锡点面平滑、光泽且与焊接的零件有良好的润湿。

②零件轮廓容易分辨。

③焊接部件的焊点有顺畅边接的边缘,呈凹面状。

④通透孔被锡完全浸润填充,锡点面润锡良好。

⑤要有引脚,而且引脚的长度要为 1 ~1.2 mm。标准焊点如图 6-8 所示。

(a)单面板
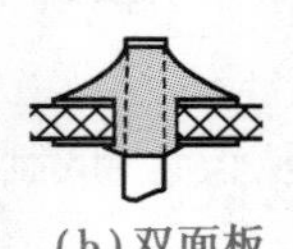
(b)双面板

图 6-8　标准焊点

(2)不标准焊接点。各种不标准焊点如图 6-9 所示。

①虚焊。看似焊住,其实没有焊住。主要由焊盘与引脚脏污或助焊剂和加热时间不够造成。

②短路。引脚间被多余的焊锡所连接造成短路,或操作人员因使用镊子、竹签等操作不当而引起引脚与引脚触碰短路,也包括残余锡渣使引脚与引脚短路。

③少锡。焊锡点太薄,不能将元件、焊盘充分覆盖,影响连接的牢固度。

④多锡。元件引脚完全被覆盖,看不见引脚是否引出,不能确定电气连接情况。

⑤空洞。焊点表面有气泡、针孔,容易引起虚焊。

⑥拉尖。焊点表面有突起,呈线状尖角,主要由于电烙铁移出速度太慢、焊料太多引起。

⑦引脚太长、太短。

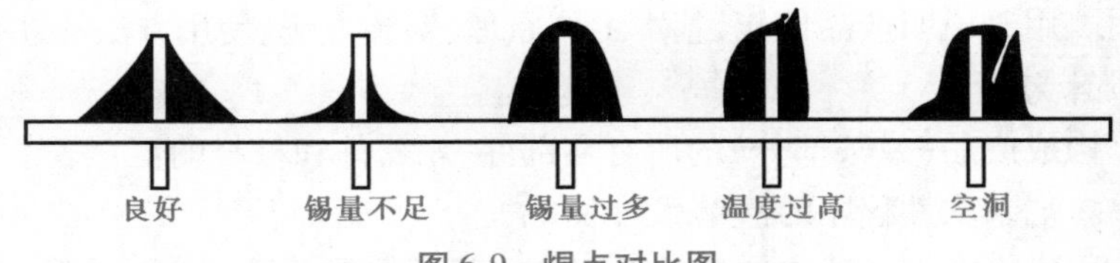

图 6-9　焊点对比图

三、电子装配工艺

(一)技术文件

技术文件是产品研究、设计、试制与生产实践经验积累所形成的一种技术资料。它主要包括设计文件、工艺文件两大类。

1. 技术文件的特点

(1)标准化。标准化是电子产品技术文件的基本要求,电子产品技术文件要求全面、严格执行国家标准或企业标准。

①完整性。指成套性和签署完整性,即产品技术文件以明细表为单位齐全且符合有关标准化规定,签署齐全。

②正确性。指编制方法正确、符合有关标准,贯彻实施标准内容正确,贯彻实施相关标准准确。

③一致性。指填写一致性、引证一致性、文物一致性。

(2)管理严格。技术文件一旦通过审核签署,生产部门必须完全按相关的技术文件进行工作,操作者不能随便更改,技术文件的完备性、权威性和一致性得以体现。

①作为生产企业的员工应妥善保管好电子产品的技术文件,不能丢失。

②要保持技术文件的清洁,不要在图纸上乱写乱画。

③对于企业的技术文件未经允许,不能对外交流,要注意做好文件保密工作。

2. 设计文件

设计文件是产品从设计、试制、鉴定到生产的各个阶段的实践过程中形成的图样及技术资料。

(1)设计文件的作用。

①用来组织和指导企业内部的产品生产。生产部门的工程技术人员是依据设计文件给出的产品信息,编制指导生产的工艺文件。

②产品的制造、维修和检测需要查阅设计文件中的图纸和数据。

③产品使用人员和维修人员根据设计文件提供的技术说明和使用说明,便于对产品进行安装、使用和维修。

(2)设计文件的种类。

1)文字性设计文件。

①产品标准或技术条件。这是对产品性能、技术参数、试验方法和检验要求等所作的规定。

②技术说明。其主要内容应包括产品技术参数、结构特点、工作原理、安装调整和维修等内容。

③使用说明。用于说明产品性能、基本工作原理、安装方法、使用方法和注意事项。

2)表格性设计文件。

①明细表。构成产品(或某部分)的所有零部件、元器件和材料的汇总表。

②软件清单。记录软件程序的清单。

③接线表。用表格形式表述电子产品两部分之间的接线关系的文件。

(3)电子工程图。

①电气原理图。电气原理图是用电气制图的图形符号的方式画出产品各元器件之间、各部分之间的连接关系,用以说明产品的工作原理。例如,常见的收音机电气原理图6-10所示。

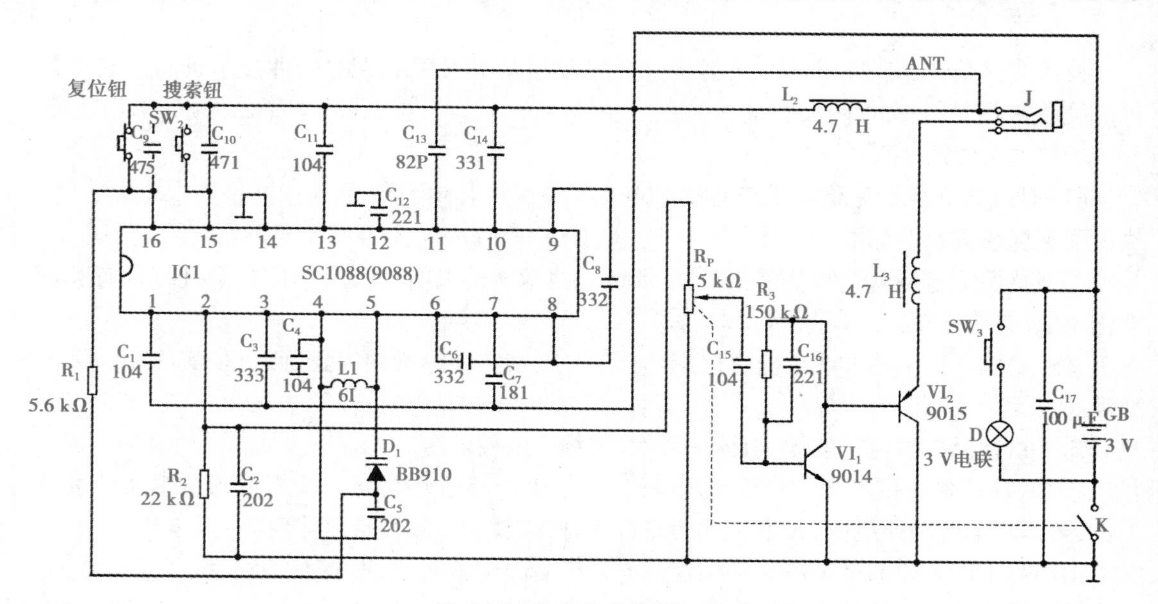

图6-10 收音机电气原理图

②方框图。方框图是用一个个方框表示电子产品的各个部件或功能模块，用连线表示它们之间的连接，进而说明其组成结构和工作原理。图 6-11 为收音机原理是原理图的简化示意图。

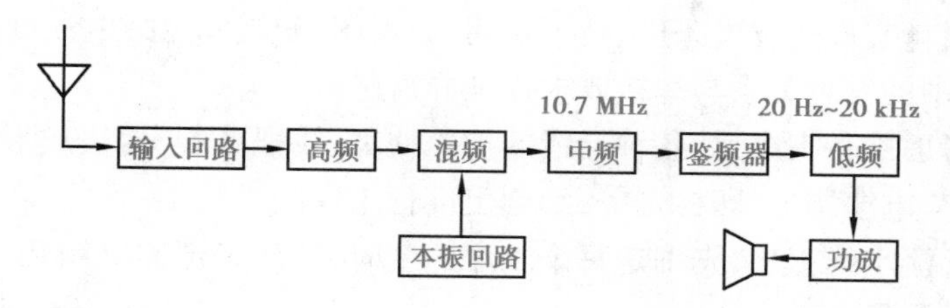

图 6-11 收音机原理简化方框图

③印制电路板图。印制电路板图是用于指导工人装配焊接印制电路板的工艺图。印制电路板图一般分成两类：画出印制导线的和不画出印制导线的印制板图。

不画出印制导线的印制板图如图 6-12(a)所示。将安装元器件的板面作为正面，画出元器件的图形符号及其位置，未画出印制导线，用于指导装配焊接。

画出印制导线的印制电路板图如图 6-12(b)所示。在这张图里，印制导线按照印制板的实物画出，并在安装位置上画出了元器件。

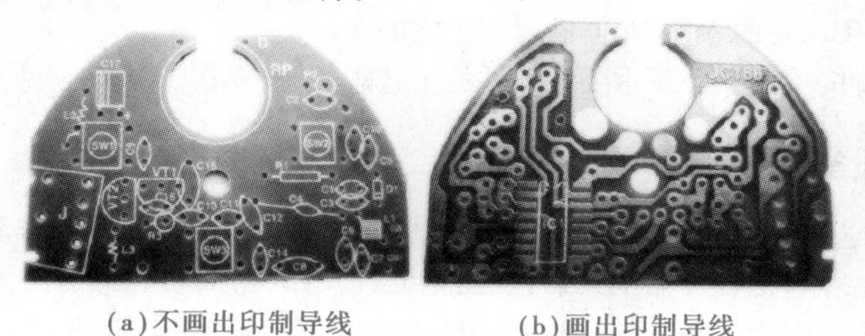

(a)不画出印制导线　　(b)画出印制导线

图 6-12 印制电路板图

3. 工艺文件

工艺文件是根据设计文件、图纸及生产定型样机，结合工厂实际(如工艺流程、工艺装备、工人技术水平和产品的复杂程度)而制定的文件，它以工艺规程(即通用工艺文件)和整机工艺文件的形式，规定了实现设计图纸要求的具体加工方法。

工艺文件是指将组织生产实现工艺流程、方法、手段及标准用文字及图表的形式来表示，用来指导产品制造过程的一切生产活动，使之纳入规范有序的筑道，是指导生产操作，编制生产计划，调动劳动组织，安排物资供应，进行技术检验，工装设计与制造，工具管理，经济核算等的依据。

工艺文件要做到正确、完整、一致、清晰，能切实指导生产，保证生产稳定进行，是产品制造过程中的法规。它是带强制性的纪律性文件，不允许用口头的形式来表达，必须采用规范的书面形式，任何人不得随意修改，违反工艺文件属违纪行为。

(1)工艺文件的作用。工艺文件的作用主要有：组织生产，建立正常的生产秩序；指导技术，保证产品质量；编制生产计划，考核工时定额；调整劳动组织；安排物资供应；工具、工装和模具管理；经济考核的依据；巩固工艺纪律；产品转厂生产时的交换资料；各厂之间进行资料交流。

(2)工艺文件的编制方法。编制工艺文件以保证产品质量、稳定生产为原则,可按以下方法进行。

①仔细分析设计文件的技术条件、技术说明、原理图、安装图、接线图、线扎图及有关的零部件图,将这些图中的安装关系与焊接要求仔细弄清楚。

②编制时先考虑准备工序,如各种导线的加工处理、线把扎制、地线成形、器件焊接浸锡、各种组合件的装焊、电缆制作、印标记等,编制出准备工序的工艺文件。

③考虑总装的流水线工序,先确定每个工序的工时,然后确定需要用几个工序,要仔细考虑流水线各工序的平衡性。

(3)编制工艺文件的要求。

①编制的工艺文件要做到准确、简明、统一、协调,并注意吸收先进技术,选择科学、可行、经济效果最佳的工艺方案。

②工艺文件中所采用的名词、术语、代号、计量单位要符合现行国家标准或行业标准规定。

③工艺附图要按比例绘制,并注明完成工艺过程所需要的数据(如尺寸等)和技术要求。

④尽量引用部颁通用技术条件和工艺细则及企业的标准工艺规程。

⑤易损或用于调整的零件、元器件要有一定的备件。

⑥编制关键件、关键工序及重要零部件的工艺规程时,要指出准备内容、装联方法。

(二)电子设备组装工艺

整机装配工艺过程即为整机的装接工序安排,就是以设计文件为依据,按照工艺文件的工艺规程和具体要求,把各种电子元器件、机电元件及结构件,将它们有序地装接在电路板、机壳、面板等指定位置上,以实现一定功能的完整的电子产品的过程。

1. 电子设备组装内容

整机工艺装配工艺过程根据产品的复杂程度、产量大小等方面的不同而有所区别。但总体来看有装备准备、部件装配、整件调试与包装入库等几个环节,整机装配工艺过程如图6-13所示。

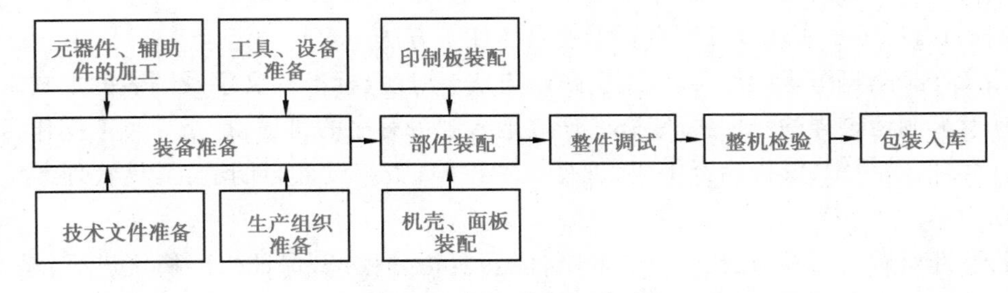

图6-13 整机装配工艺过程

2. 电子设备组装级别

在组装电子设备过程中,按照组装级别来分,根据组装单位的大小、尺寸、复杂程度和特点的不同,整机装配按照元件级、插件级、插箱板级和箱、柜级顺序进行。电子设备的组装级别见表6-1。

表 6-1　电子设备组装级别划分表

组装级别	特点
元件级	组装级别最低，其特点是结构不可分割。主要用在通用电路元件、分立元件、集成电路
插件级	用于组装和互联电子元件。如装有元件的电路板及插件
插箱板级	用于安装和互联的插件或印制电路板部件
箱、柜级	通过电缆及连接器互联插件或插箱，并通过电源电缆送电构成独立的、有一定功能的电子仪器、设备和系统

根据上述电子设备组装级别，整机装配顺序如图 6-14 所示。整机装配的一般原则是先轻后重、先小后大、先铆后装、先装后焊、先里后外、先上后下、先平后高、易损坏易破碎后装，上道工序不得影响下道工序。

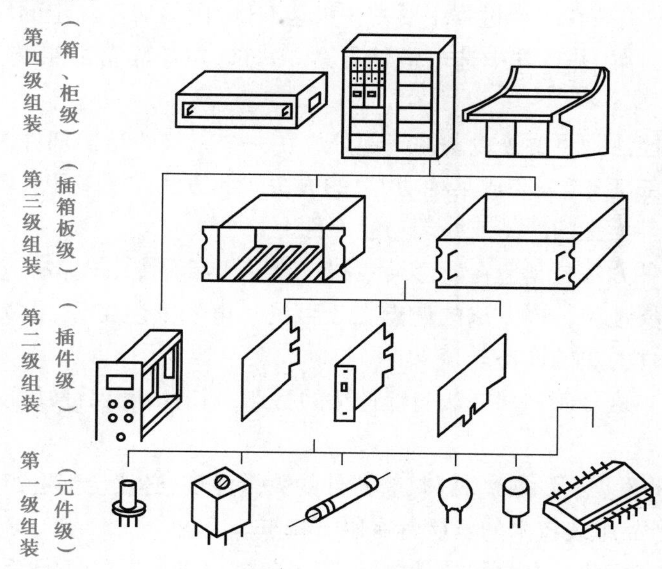

图 6-14　整机装配顺序

3. 整机装配的基本要求

(1) 整机装配前，对组成整机的有关零部件或组件必须经过调试、检验，不合格的零部件或组件不允许投入生产线。检验合格的装配件必须保持清洁。

(2) 装配时要根据整机的结构情况，应用合理的安装工艺和经济、高效、先进的装配技术，使产品达到预期的效果，满足产品在功能、技术指标和经济指标等方面的要求。

(3) 严格遵守装配的一般顺序，防止前后顺序颠倒，注意前后工序的衔接。

(4) 装配过程中，不得损伤元器件和零部件，避免碰伤机壳、元器件和零部件的表面涂敷层，不得破坏整机的绝缘性。保证安装件的方向、位置、极性的正确，保证产品的电性能稳定，并有足够的机械强度和稳定度。

(5) 小型机大批量生产的产品，其整机装配在流水线上按工位进行。每个工位除按工艺要求操作外，要求工位的操作人员熟悉安装要求和熟练掌握安装技术，保证产品的安装质量，严格执行自检、互检与专职调试检查的“三检”原则。装配中每一个阶段的工作完都要进行检查,分段把好质量关,提高产品一次通过率。

4. 电子设备的组装特点与方法

(1)组装特点。电子设备的组装在电气上是以印制电路板为支撑主体的电子元器件的电路连接,在结构上是以组成产品的钣金硬件和模型壳体,通过紧固件由内到外按一定顺序的安装。电子产品属于技术密集型产品,组装电子产品的主要特点。

①组装工作由多种基本技术构成,如元器件的筛选与引线成形技术、线材加工处理技术、焊接技术、安装技术、质量检验技术等。

②装配质量在多数情况下难以定量分析,如对于焊接质量的好坏通常通过目测来判断,刻度盘、旋钮等装配质量多以手感判断。因此,掌握正确的安装工操作是十分必要的。

③装配者必须进行训练或挑选,不得随意上岗,否则由于缺乏相关知识和技术水平而可能产生次品。

(2)组装方法。组装在生产过程中要占去大量时间,因为对于给定的应用和生产条件,必须研究几种可能的方案,并在其中选取最佳方案。目前,电子设备的组装方法从组装原理上可以分为:

①功能法。功能法是将电子设备的一部分放在一个完整的结构部件内,该部件能完成变换或形成信号的局部任务(去完成某种功能)的方法。此方法广泛应用在真空器件的设备上,也适用于以分立元件为主的产品或终端功能部件上。

②组件法。这种方法是制造在外形尺寸和安装尺寸都有统一规格的各种部件,这时部件的功能完整退居次要地位。该方法的优点在于可统一电气安装工作,提高安装规范化,大多用于组装以集成器件为主的设备。

③功能组件法。这是兼顾功能法与组件法的特点,制造出既保证功能完整性又有规范化的结构尺寸的组件。

(3)组装技术的发展。随着新材料、新器件的大量涌现,必然会促进组装工艺技术有新的进展。目前,电子产品组装技术的发展具有以下特点。

①连接工艺的多样化。在电子产品中,实现电气连接的工艺主要是手工和机器焊接。但如今,除焊接外,压接、绕接、胶接等连接工艺也越来越受到重视。压接可用于高密度接线端子的连接,如金属或非金属零件的连接,采用导电胶也可实现电气连接。

②连接设备的改进。采用手动、电动、气动成形机或集成电路引线成形模具等小巧、精密、专用的工具与设备,使组装质量有了可靠的保证。采用专用剥线钳或自动剥线捻线机来对导线端头进行处理,可克服伤线和断线等缺陷。采用结构小巧、温度可控的小型焊料槽或超声波搪锡机,提高了搪锡质量,同时也改善了工作环境。

③检测技术的自动化。采用可焊接性测试来对焊接质量进行自动化检测,它预先测定引线可焊接性水平,达到要求的元器件才能够安装焊接。采用计算机控制的在线测试仪对电气连接的检查,可以根据预先设置的程序,快速、正确地判断连接的正确性和装连后元器件参数的变化,避免人工检查效率低、容易出现错检或漏检的缺点。采用计算机辅助测试(Computer Aided Test,CAT)来进行整机测试,测试用的仪器仪表已大量使用高精度、数字化、智能化产品,使测试精度和速度大大提高。

④新工艺、新技术的应用。目前焊接材料方面,采用活性氢化松香焊丝代替传统使用的普通松香焊丝;在波峰焊和搪锡方面,使用了高氧化焊料;在表面防护处理上,采用喷涂 501-3 聚氨酯绝缘清漆及其他绝缘清漆工艺;在连接方面,使用氟塑料绝缘导线、镀膜导线等新型连接导线,这些对提高电子产品的可靠性和质量起了极大的作用。

(4)整机装配工艺过程。整机组装的过程因设备的种类、规模不同,其构成也有所不同,但基本过程大同小异,具体如下。

①准备。装配前对所有装配件、紧固件等从配套数量和质量合格两个方面进行检查和准备,同时做好整机装配及调试的准备工作。在该过程中,元器件分类是极其重要的。处理好这一工作是避免出错和迅速装配高质量产品的首要条件。在大批量生产时,一般多用流水作业法进行装配,元器件的分类也应落实到各装配工序。

②安装焊接。包括各种部件的安装、焊接等内容,包括即将介绍的各种工艺,都应在装连环节中加以实施应用。

③调试。调试整机包括调试和测试两部分,各类电子整机在总装完成后,一般最后都要经过调试,才能达到规定的技术指标要求。

④检验。整机检验应遵照产品标准(或技术条件)规定的内容进行,通常有生产过程中生产车间的交收实验、新产品的定性、产品的定期实验(又称例行实验)。其中,例行实验的目的主要是考核产品质量和性能是否稳定正常。

⑤包装。包装是电子产品总装过程中保护和送货产品及促进销售的环节。电子产品的包装,通常着重于方便运输和储存两个方面。

⑥入库。入库或出产合格的电子产品经过合格的论证,就可以入库储存或直接出厂,从而完成整个总装过程。

(三)印制电路板插件

1. 元器件加工(成形)

(1)元器件安装方法。成形元器件的安装方式分为卧式和立式两种。卧式安装美观、牢固、散热条件好、检查辨认方便;立式安装节省空间、结构紧凑,只在电路板安装面积受限不得已时采用,有些元器件本来就是直插型的另当别论。

(2)元器件引脚成形的要求。集成电路的引脚一般用专用设备成形,双列直插式集成电路引脚之间的距离也可利用平整桌面或抽屉边缘进行手工操作来调整。元件成型过程中,要求元器件的安装形尺寸准确,形状符合要求,以便后续的插入工序能顺利进行;成形后的元器件标注面应朝上、朝外,使得整机美观,便于检修;成形时不能损坏元器件、刮伤引脚的表面镀层,当引脚受到轴向拉力和额外的扭力时,弯折点离引脚根部要保持一定距离。

①安装在镀通孔中的组件从元器件的本体球状连接部分或引线焊接部分到元器件引线折弯处的距离至少相当于一个引线的直径或厚度或 0.8 mm 中的最大者,元器件的封装保护距离最小值 d 见表 6-2。

表 6-2 元器件的封装保护距离最小值 d

引线的直径 D 或者厚度 T	封装保护距离最小值 d					
	塑封二极管	电阻	玻璃二极管，瓷封装电阻、电容，金属膜电容	电解电容	功率半导体器件封装类型	
					TO-220 及以下	TO-247 及以上
$D(T)\leqslant 0.8$ mm	0.8 mm	1.0 mm	2.0 mm	3.0 mm	2.0 mm	3.0 mm
0.8 mm$<D(T)<$1.2 mm	$\geqslant D(T)$	2.0 mm	3.0 mm	4.0 mm	—	—
1.2 mm$\leqslant D(T)$	$\geqslant D(T)$	3.0 mm	4.0 mm	—	—	—

②成形时元器件引线折弯后引线的伸展方向有发生改变，根据其元器件的直径或厚度，引线内侧的折弯半径 R 见表 6-3。

表 6-3 元器件的折弯内径 R

引线直径或厚度	引线内侧的折弯半径
$D<$0.8 mm	1.0 mm
0.8 mm$\leqslant D\leqslant$1.2 mm	2.0 mm
$D>$1.2 mm	$2D$

③引线折弯后折弯部分的引线与原来未折弯部分引线的夹角见表 6-4。

表 6-4 元器件的折弯角度 ω

折弯类型	折弯角度 ω
变向折弯	90°
非变向折弯	120°、135°、150°

(3)元器件引脚成形的方法。直插式(DIP)器件在插装之前需要对引脚整形，目前元器件引脚的成形方式有手工成形和模具成形两种方式。采用模具加工元器件的引脚方法效率高，引脚的一致性好。而手工成形主要针对某些特殊元器件的引脚成形、或个人电子爱好者及学生电工实训练习等，学生实验室通常采用尖嘴钳加工。持取元件时要求持取元器件的本体，不允许直接持取元器件的引脚，避免引脚受到污染。如果直接持取必须有戴指套。元器件成形的形状通常有 U 形、F 形、直角形和异形。元器件引脚成形状如图 6-15 所示。

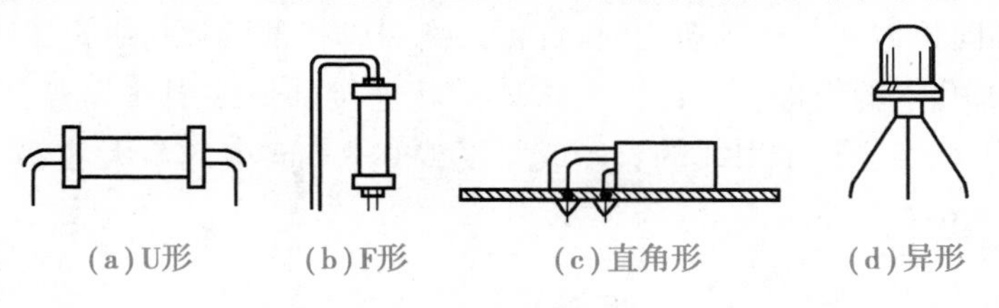

(a)U形　(b)F形　(c)直角形　(d)异形

图 6-15 元器件引脚成形形状

2. 元器件装配标准

（1）电阻的装配标准。电阻的装配根据电阻的种类及外形所采用的插装的要求不同，对于1/2 W、1/4 W、1/8 W 的碳膜电阻采用电阻平贴 PCB 板，如图 6-16(a)所示。对于 1 W 的电阻，预先成形 $h=(7\pm2)$ mm；对于 2 W、3 W 的电阻，预先成形 $h=(12\pm2)$ mm，如图 6-16(b)所示。对于 4 W 以上的电阻，预先成形 $h\geqslant15$ mm（注意：散热套管的上部必须夹紧，以保证良好的散热效果），如图 6-16(c)所示。

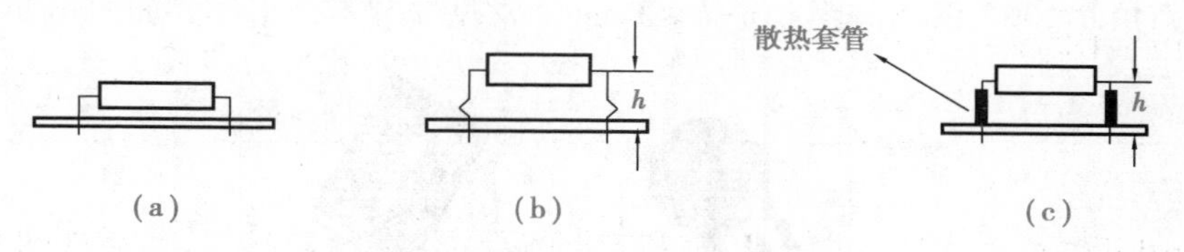

图 6-16　电阻元器件装配

在装配电阻元件时需要对引出线弯曲成形后再进行安装时，弯曲点与引出线根部之间的距离不应太小，一般大于 5 mm，弯曲半径应大于 2 倍的引出线直径。弯曲成形时，首先应使用工具固定电阻器引出线，然后再对引线施力弯曲。应避免对引出线根部施加不当外力，使电阻器内部结构受损，影响电阻器的可靠应用。图 6-17 为电阻引脚成形的常见方法。

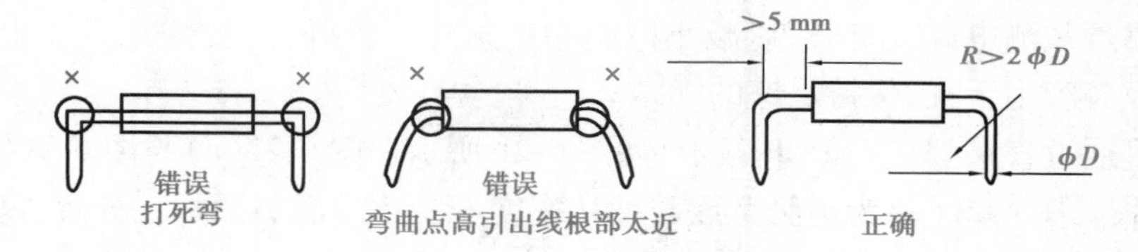

图 6-17　电阻引脚成形的常见方法

（2）电容的装配标准。常见的独石电容、瓷片电容、金膜电容、铝电解电容均要求插装到底（卧式安装例外），平贴 PCB 板，元件两引脚间距对应于 PCB 板两焊盘间距，PCB 焊点面出脚一般以 2.0 mm 为标准（特殊机型要求除外），在装配过程中，采用插装方式将电容器的引脚直接插入连接孔中，通常适用于较粗大的电容器，如图 6-18 所示。在安装前，需要在电路板上预留合适的连接孔，并根据电容器的引脚间距和尺寸进行设计。插装式安装需要注意引脚长度和角度，以免引脚过长、过短或者弯曲，影响电路质量和可靠性。

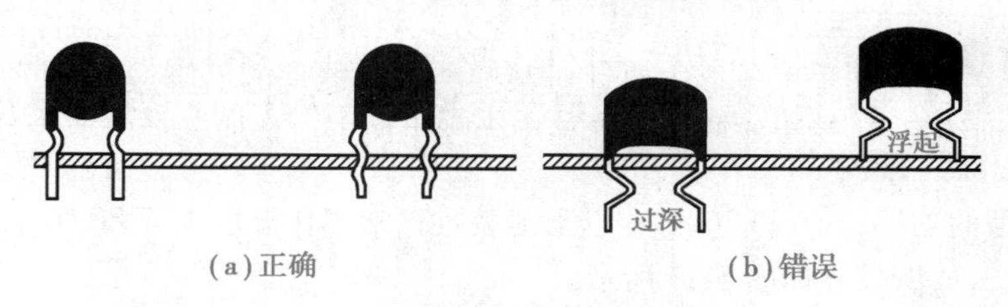

图 6-18　电容插装式

针对瓷介电容 $h\leqslant5$ mm；薄膜电容 $h\leqslant7$ mm；$\phi<10$ mm 的电容 $h\leqslant7$ mm。如图 6-19 所示，电解电容 $\phi\geqslant10$ mm 的电容应紧贴 PCB 板，其目的节省电路板面积，提高电路的可靠性和稳定性。在安装前，需要确保电路板表面平整、清洁，以免影响电容器的粘贴效果和质量。同时，需要根据电容器的尺寸和规格选择合适的粘贴方式和贴合工艺。

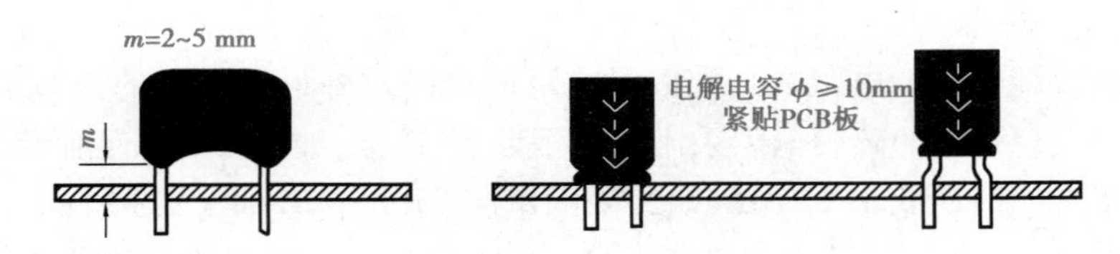

图 6-19 电容立式安装

同时歪斜角 $\theta \leqslant 30^\circ$,两引脚距差 $a-b \leqslant 3$ mm。常见安装不合格样式如图 6-20 所示。

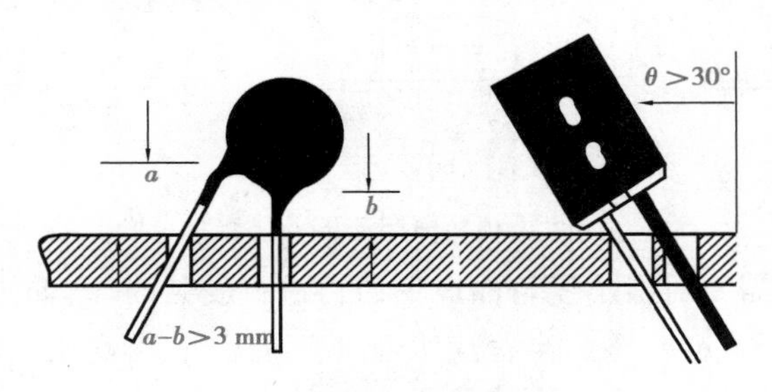

图 6-20 电容安装不合格样式

(3)电感的装配标准。在安装电感器时,首先要选择合适的安装位置。一般来说,电感器应该尽可能靠近被测电源或负载,以减小电路中的损耗。此外,还要注意避免电感器与其他电子元件或设备产生干扰,保持足够的间距。

电感器可通过直接焊接在 PCB 板上,如图 6-21 所示。图 6-21(a)与图 6-21(b)安装时完全插贴 PCB 板。图 6-21(c)为引脚宽度与插孔宽度不一致时需要预加工处理。同时,在进行电感器的引线连接时,需要注意引线长度应适当,过长的引线会增加电路中的损耗,过短的引线则可能导致安装不到位;引线的截面积符合要求,过小会引起过热甚至短路;在连接时需要确认引线与电路的连接端是否正确。

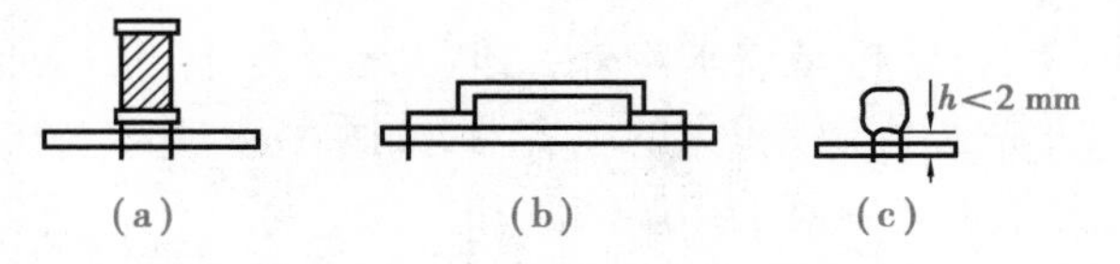

图 6-21 电感安装不合格样式

(4)二极管的装配标准。对非功率二极管(267−04 以下封装且正常工作温度小于 80 ℃),如 DO−35、DO−41,要求贴板成型插装,成型尺寸 A<1 mm、B<1 mm、弯折内径 R 见表 6-3,L 等于 PCB 的焊盘孔距。具体如图 6-22 所示。

对立式成型的功率二极管(267−04 以下封装且正常工作温度大于 80 ℃),要求抬高板面插装,D 见表 6-2,成型尺寸如图 6-23 所示。

(5)三极管的装配标准。

根据组件的安装方法,三极管可以采用垂直安装和水平安装。当工作频率不高时,采用垂直安装和水平安装都可以。当工作频率高时,最好采用水平安装的部件,引脚尽可能短,以防止寄生电容影响电路。三极管的安装如图 6-24 所示。

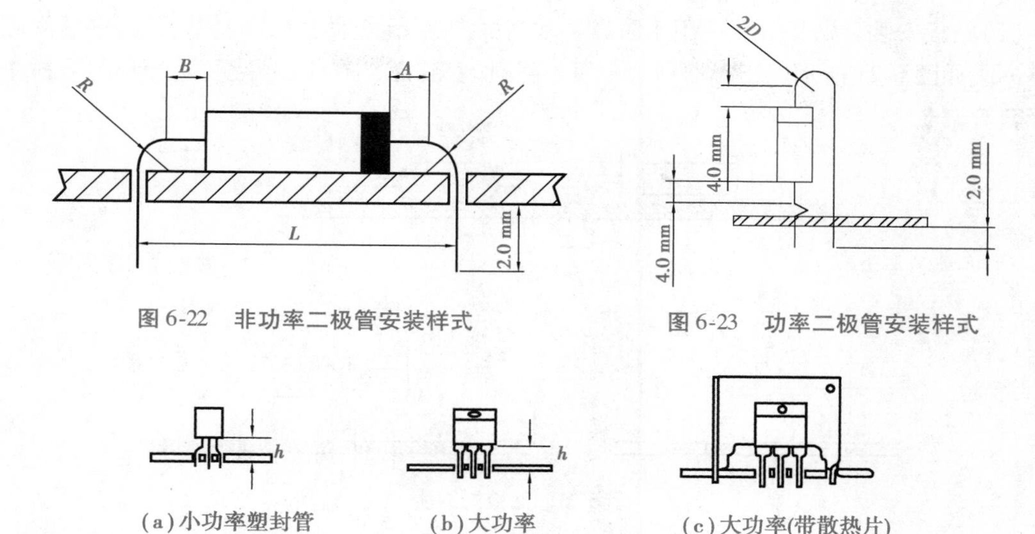

图 6-22　非功率二极管安装样式

图 6-23　功率二极管安装样式

(a)小功率塑封管　(b)大功率　(c)大功率(带散热片)

图 6-24　三极管安装样式

(6)集成块 IC 的装配标准。集成芯片的手工焊接中,通常采用完全插贴 PCB 式进行安装,在安装的过程中,首先注意集成芯片的引脚标识符的正确认识,一般集成芯片封面有一圆点标识符或者在芯片上端有半圆截面标识符,使圆点标识符或半圆截面标识符朝上,从芯片的左端逆时针方向进行芯片引脚读数。对要求较高的 IC 芯片,不要用手抓芯片,以防止静电损坏芯片。

3. 元器件安装的技术要求

(1)安装工序合理。即先轻后重、先小后大、先铆后装、先装后焊、先里后外、先平后高,上道工序不得影响下道工序。

(2)元器件的标准方向与图纸完全一致,且元器件的极性不能错乱。图纸未标识的采用从左到右、从上到下,易于辨识。

(3)接线要整齐、美观,在电气性能许可的条件下减小布线面积。

(4)接线的放置要可靠、稳固和安全。导线的连接、插头与插座的连接要牢固,连接线要避开锐利的棱角、毛边,避开高温元件,防止损坏导线绝缘层。

(5)元件的引线不得与外壳相碰,要保证 1 mm 左右的安全间隙,元器件的引线直径与 PCB 板焊盘孔径应有 0.2 ~0.4 mm 的合理间隙。

(6)PCB 板上的同一元器件高度一致,不同元器件高度符合工艺规定要求。

(7)IC 集成芯片防止静电,故尽量在等电位工作台上安装,功率大的发热元件不允许贴板安装。

4. 元器件装配方法

元器件在 PCB 板上的安装通常有手工安装和机械安装两种。通常手工安装适用于简单易行的实验室个件的仿真设计,存在误装、效率低的缺点。而机械安装速度快,误装率低,对工艺要求较严,往往用在批量生产元器件中。目前安装的形式有以下方式。

(1)贴板安装。贴板安装适用于防震要求高的产品,元器件紧贴印制基板面,安装间隙小于1 mm,如图6-25所示。当元器件为金属外壳时,安装面又有印制导线,应加垫绝缘衬垫或绝缘套管。

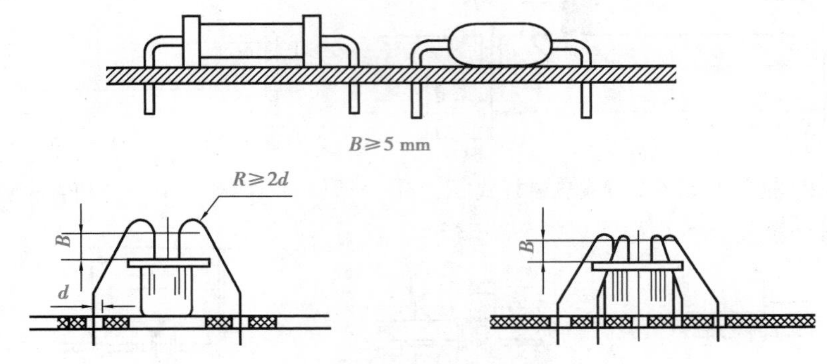

图6-25 贴板安装法

(2)悬空安装。悬空安装如图6-26所示,该方式适用于发热元器件的安装。元器件距印制基板要有一定的距离,安装距离一般为3~8 mm。

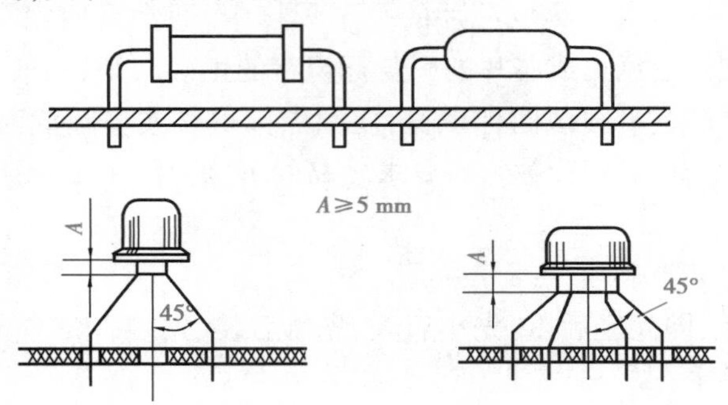

图6-26 悬空安装法

(3)垂直安装。垂直安装如图6-27所示,该方式适合元器件安装密度较高的场合。元器件垂直于印制基板面,但大质量、细引线的元器件不适宜采用这种方式。

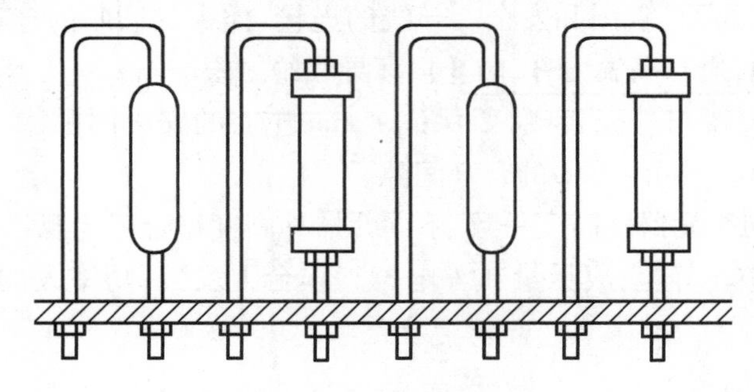

图6-27 垂直安装法

(4)埋头安装。埋头安装如图6-28所示,该方式可以提高元器件的防震能力,降低安装高度。由于元器件的壳体埋于印制基板的嵌入孔内,因此,又称为嵌入式安装。

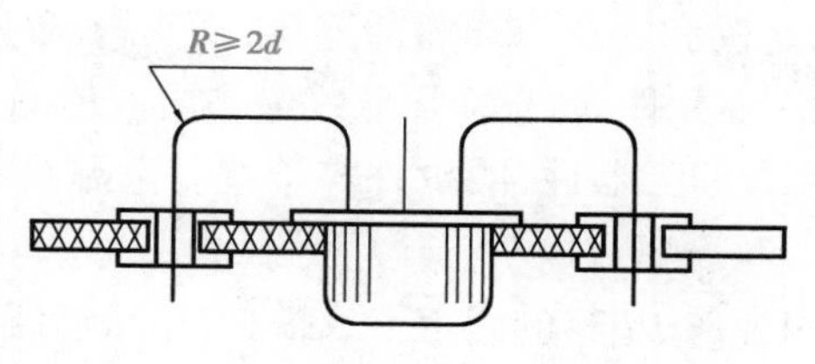

图 6-28　埋头安装法

(5)限制高度的安装。限制高度安装如图 6-29 所示。元器件的安装高度一般在图纸上是标明的,通常的处理方法是垂直插入后,在朝水平方向弯曲。对大型元器件要特殊处理,以保证有足够的机械强度,经得起振动和冲击。

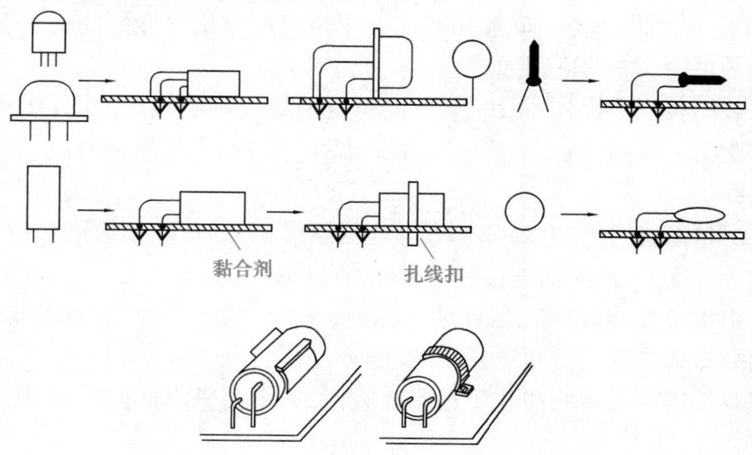

图 6-29　限制高度安装法

(6)支架固定安装。支架固定安装如图 6-30 所示。这种安装方式适合质量较大的元器件,如小型继电器、扼流圈、变压器等。一般用金属支架在印制基板上将元件固定。

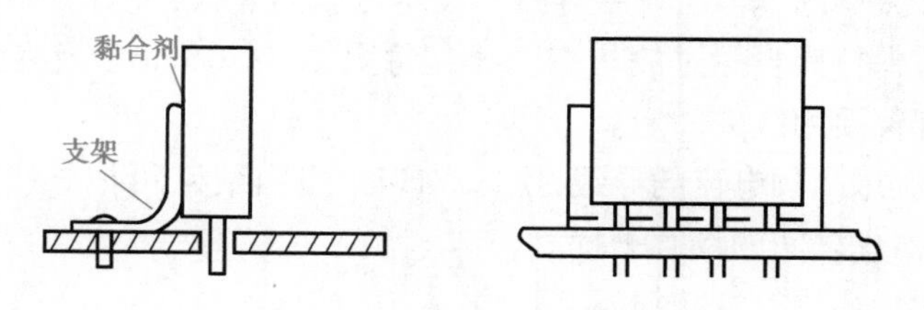

图 6-30　支架固定安装法

(四)连接工艺

1. 整机装配中的接线工艺要求

导线的作用是用于电路中的信号和电能传输,接线是否合理对整机性能影响较大。如果接线不符合工艺要求,轻则影响电路信号的传输质量,重则使整机无法正常工作,甚至会发生整机毁坏。整机装配时接线应满足以下要求:

(1)接线要整齐、美观,在电气性能许可的条件下减小布线面积。如对低频、低增益的同向接线尽量平行靠拢,分散的接线组成整齐的线扎。

(2)接线的放置要可靠、稳固和安全。导线的连接、插头与插座的连接要牢固,连接线要避开锐利的棱角、毛边,避开高温元件,防止损坏导线绝缘层。传输信号的连接线要用屏蔽线导线,避开高频和漏磁场强度大的元器件,减少外界干扰。电源线和高电压线连接一定要可靠、不可受力。

(3)接线的固定可以使用金属、塑料的固定卡或搭扣,单根导线不多的线束可用胶黏剂进行固定。

2. 接线工艺

(1)配线。配线是根据接线表要求准备导线的过程。配线时需考虑导线的工作电流、线路的工作电压、信号电平和工作频率等因素。

(2)布线原则。整机内电路之间连接线的布置情况与整机电性能的优劣有密切关系,因此要注意连接线的走向。布线原则如下。

①为减小导线间相互干扰,不同用途、不同电位的导线不要扎在一起,要相隔一定距离,或走线相互垂直交叉。例如,输入与输出信号线、低电平与高电平的信号线、交流电源线与滤波后的直流馈电线等。

②连接线要尽量短,使分布电感和分布电容减至最小,尽量减小或避免产生导线间的相互干扰和寄生耦合。高频、高压的连接线更要注意此问题。

③从线扎中引出分支接线到元器件的接点时,线扎应避免在密集的元器件之间强行通过。线扎在机内分布的位置应有利于分线均匀。

④与高频无直接连接关系的线扎要远离高频回路,不要紧靠回路线圈,防止造成电路工作不稳定。

⑤电路的接地线要妥善处理。接地线应短而粗,地线按照就近接地原则,避免采用公共地线,防止通过公共地线产生寄生耦合干扰。

(3)布线方法。

①为保证导线连接牢固,美观,水平导线布设尽量紧贴底板,竖直方向的导线可沿框边四角布设。导线弯曲时保持其自然过渡状态。线扎每隔 20 ~ 30 cm 以及在接线的始端、终端、转弯、分叉、抽头等部位要用线夹固定。

②交流电源线、流过高频电流的导线,应远离印制电路底板,可把导线支撑在塑料支柱上架空布线,以减小元器件之间的耦合干扰。

③一般交流电源线采用绞合布线。

3. 整机装配中的机械安装工艺要求

整机装配的机械安装工艺要求在工艺设计文件、工艺规程上都有明确规定,它是指进行机械安装操作中应遵循的最基本要求。其基本要求如下。

①严格按照设计文件和工艺规程操作,保证实物与装配图一致。

②交给该工序的所有材料和零部件均应经检验合格后方可进行安装,安装前应检查其外观、表面有无伤痕,涂敷有无损坏。

③安装时机械安装件的安装位置要正,方向要对,不歪斜。

④安装中的机械活动部分,如控制器、开关等,必须保证其动作平滑自如,不能有阻滞现象。

⑤当安装处是金属面时，应采用钢垫圈，以减小连接件表面的压强。仅用单一螺母固定的部件，应加装止动垫圈或内齿垫圈防止松动。

⑥用紧固件安装接地焊片时，要去掉安装位置上的涂漆层和氧化层，保证接触良好。

⑦机械零部件在安装过程中不允许产生裂纹、凹陷、压伤和可能影响产品性能的其他损伤。

⑧工作于高频率、大功率状态的器件，用紧固件安装时，不许有尖端毛刺，以防尖端放电。

⑨安装时勿将异物掉入机内，安装过程中应随时注意清理紧固件、焊锡渣、导线头以及元件、工具等异物。

⑩在整个安装过程中，应注意整机面板、机壳或后盖的外观保护，防止出现划伤、破裂等现象。

任务二 电工电子电路设计与制作

通过电子技术电路图的识别，掌握实践电子设备的制作、装调及电子电路故障的查找与排除等过程，培养学生的实践操作技能、创新创业精神和团队协作能力，以期达到工程人员应具备的素质。

一、整机电路图与电路分析

电路图是电子产品加工的指导文件，了解并掌握电路图纸的识别方法是后期电子产品检修、升级换代的基础，同时也是指导学生学习电工电子技术实践的必修课程。

电路图有模拟电路图和逻辑电路图两种。模拟电路图是用各种图形符号表示电阻器、电容器、开关、晶体管等实物，用线条把元器件和单元电路按工作原理的关系连接起来说明模拟电子电路工作原理，这种图长期以来就一直被称为电路图。逻辑电路图是用各种图形符号表示门、触发器和各种逻辑部件，用线条把它们按逻辑关系连接起来，它是用来说明各个逻辑单元之间的逻辑关系和整机的逻辑功能的数字电子电路工作原理。该任务从电工电子运用的角度出发，主要阐述模拟电路图，也就是我们常称呼的电路图。

1. 电路图的作用

要想看懂电路图，首先必须认识电子元器件的特点、类别、功能和输入输出特性等，其次电路图中纵横交错、形式变化多端的电子元器件从什么地方开始认识，怎样认识它们之间的联系规律，这就是认识单元电路的作用。因此，针对初学者应首先熟悉常用的基本单元电路，然后再学会分析和分解电路，看懂一般的生活常识电路图是不难的。

2. 电路图的特点

(1)电路图兼顾整体与局部。既是一幅完整的电子产品对象电路图，又是一幅基本单元电路之间的互相联系的局部电路图。

(2)用图形符号并按工作顺序排列，详细表示系统中电路元器件的全部基本组成和单元电路连接的关系，而不考虑其组成项目的实体尺寸、形状或实际位置的一种简图。

(3)元器件与连接线是电路图的主要元素，无论是概略图、电路图、接线图等都是以元器件与连接线中信号作为描述的对象。

(4)同类电子型的电子设备电路图有相似之处，不同电子型的电子设备电路图变化大。

(5)电路图中各单元电路图的有一定的规律，一般电源电路分布在电路图的右下方，输入信号在电路图的左侧，负载在电路图的右侧，各级放大电路从左到右的顺序排列，各单元电路相对集中在一起。

3. 整机电路图识图方法与技巧

在整机电路图的识图工程中，人们首先考虑的是整机的功能，从功能的角度去寻找各个功能模块单元电路之间的相互联系。具体常见的方法如下。

(1)熟悉整机的构成。通过采用框图原理可以直观了解整机电路各个单元电路之间的相互关系,即相互之间是如何连接的,特别是在控制电路中,可以了解控制信号的传输过程、控制信号的来源及所控制的对象,在整机电路图中找到它们的位置,并标明单元电路的类型。

(2)分析整机信号的传输过程。了解整机电路的信号传输过程主要是看框图中的箭头指向。箭头所指的路径表示信号传输的路径,箭头的方向指出信号的传输方向。

(3)在一般情况下,可以借助整机电路的内电路开关引脚作为单元电路的连接点,明确哪些是单元电路的输入引脚,哪些是单元电路的输出引脚,哪些是单元电路电源引脚,哪些是系统整机电源引脚,当开关引脚引线的箭头指向整机电路(或单元电路)外部时是输出引脚,箭头指向内部时是输入引脚,并对它们进行标注,如图 6-31 所示。

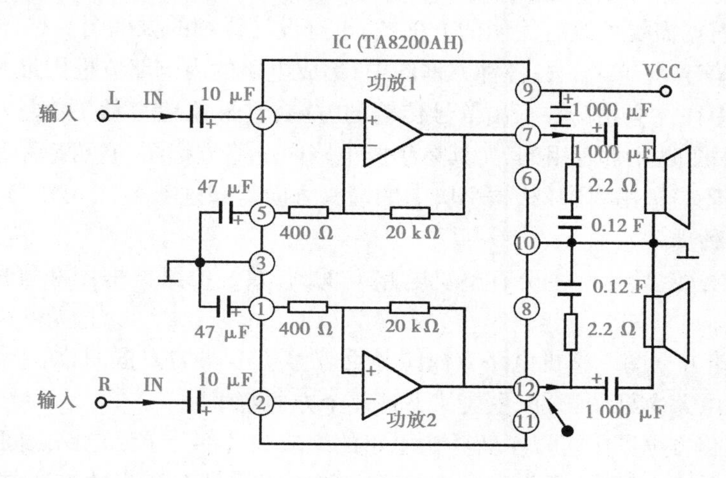

图 6-31　典型的音频放大电路

二、方框图知识点及电路图分析

方框图是一种采用方框与连接线来表示电路工作原理和构成概况的电路图。从根本上来说是一种电路原理图,只不过该电路图除了方框和连接线外,就几乎没有其他电气单元符号。传统的电路图上详细绘制了电路图的全部电气元件符号和它们的连接方式。而方框图只是简单地将电路按功能划分为几大模块,将每一个模块用一个方框进行描述(也称为单元电路模块),方框之间用连接线阐述方框之间的关系。在整机识图工程中,通过方框图可以简洁、直观了解整机电路中各个单元电路之间的相互关系,即相互之间是如何连接的,又能一目了然地看清信号的走势以及各个模块的功能。当然,方框图只能体现电路的大致工作原理。而传统的电路图除了详细表明电路图的工作原理之外,还可以用来作为采集电器元件与制作电路实物图的依据。

在分析一个具体电路的工作原理之前,或者在分析集成电路的应用电路之前,先分析该电路的方框图是必要的,它有助于分析具体电路的工作原理。

1. 方框图的功能

(1)能整体概括整机的大量信息。方框图粗略表达了某复杂电路(可以是整机电路、系统电路和功能电路等)的组成情况,通常是给出这一复杂电路的主要单元电路的位置、名称,以及各部分单元电路之间的连接关系,如前级和后级关系等信息。

(2)能从整体框架描述信号传输方向。方框图表达了各单元电路之间的信号传输方向,从而使识图者能了解信号在各部分单元电路之间的传输次序。根据方框图中所标出的电路名称,识图者可以知道信号在这一单元电路中的处理过程,为分析具体电路提供了指导性的信息。

2. 方框图的特点

(1)方框图简明、清楚,可一目了然地看出电路的组成和信号的传输方向、途径,以及信号在传输过程中受到的处理过程等。例如,过程信号是得到了衰减还是受到了放大。

(2)方框图比较简洁,逻辑性强,因此方框图便于记忆,同时方框图所包含的信息量大,这就使得方框图成为框架式指导设计指南。

(3)方框图根据需要可以有简明的方框图,也有设计详细的方框图。越详细的方框图,为识图提供的有益信息就越多。在各种方框图中,集成电路的内电路方框图最为详细。

(4)方框图中往往会用箭头标出信号传输的方向,它形象地表示了信号在电路中的传输方向,这一点对识图是非常有用的,尤其是集成电路内电路方框图,它可以帮助识图者了解某引脚是输入引脚还是输出引脚(根据引脚上的箭头方向得知这一点)。

3. 方框图的种类

方框图的种类较多,目前主要有整机电路方框图、系统电路方框图和集成电路方框图三种类型方框图。

(1)整机电路方框图。整机电路方框图是反映整机电路的方框图,属于最复杂的一种方框图。关于整机电路方框图识别,主要从下列几个方面着手。

①从整机电路方框图中可以了解整机电路的组成和各部分单元电路之间的相互关系。

②在整机电路方框图中,通常在各个单元电路之间用带有箭头的连线进行连接,通过图中的这些箭头方向,还可以了解信号在整机各单元电路之间的传输途径。

③针对某些比较复杂的整机电路方框图,可以用一张方框图表示整机电路结构情况,也可以将整机电路方框图分成几张。

④并不是所有的整机电路在图册资料中都给出整机电路的方框图,但是同类型的整机电路其整机电路方框图基本上是相似的,所以利用这一点,可以借助于其他整机电路方框图了解同类型整机电路组成等情况。

⑤整机电路方框图不仅是分析整机电路工作原理的有用资料,更是故障检修中逻辑推理、建立正确检修思路的依据。

(2)系统电路方框图。一个整机电路通常由许多系统电路构成,系统电路方框图就是用方框图形式来表示系统电路的组成等情况,它是整机电路方框图下一级的方框图,往往系统方框图比整机电路方框图更加详细。图 6-32 所示是收音机系统电路方框图。

(3)集成电路方框图。集成电路内电路方框图是一种常见图。由于集成电路十分复杂,因此在许多情况下用内电路方框图来表示集成电路的内电路组成情况更利于识图。从集成电路的内电路方框图中可以了解到集成电路的组成、有关引脚作用等识图信息,这对分析该集成电路的应用电路是十分有用的。图 6-33 所示是 LA1816 集成电路方框图。

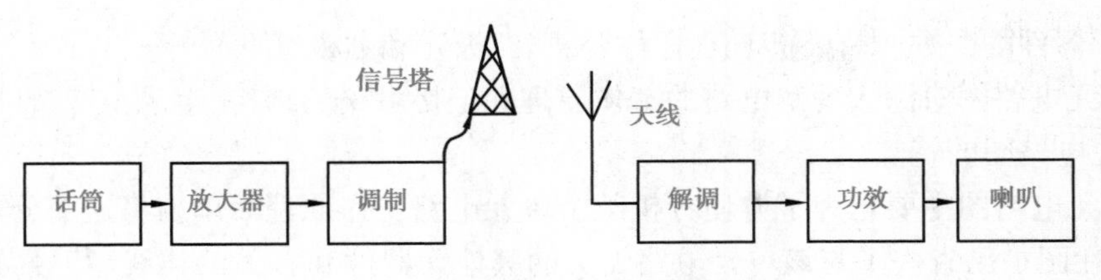

图 6-32　收音机系统电路方框图

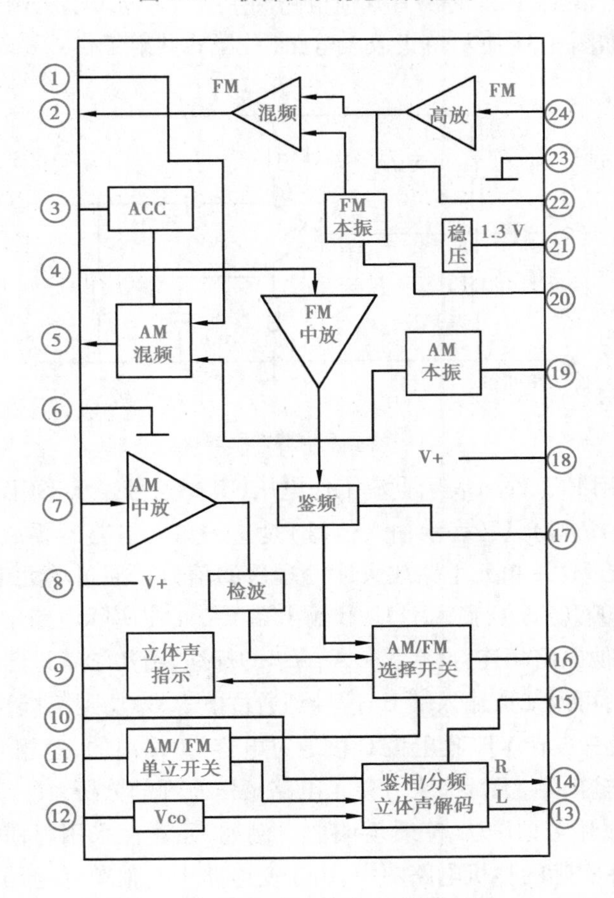

图 6-33　LA1816 集成电路方框图

三、单元电路图及电路图分析

整机电路图与单元电路图是一个相对的概念，两者之间有时候是可以相互转化的，只是规模的大小与功能模块的划分的相对性而言。因此，单元电路图可以看作是一个最小功能的模块，也可以是几个模块组成一个功能模块，故单元电路模块是学习整机电子电路工作原理过程中，首先遇到具有完整功能的电路图，这一电路图概念的提出完全是为了方便后续电路工作原理的分析。

1. 单元电路图的功能

(1)单元电路图主要用来讲述电路的工作原理。

(2)单元电路图能够完整地表达某一功能模块电路的结构和工作原理，有时还全部标出电路中各元器件的参数，如标称阻值、标称容量、二极管和三极管型号等。

（3）单元电路图对深入理解电路的工作原理和记忆电路的结构、组成很有帮助。

2. 单元电路图的特点

（1）单元电路图主要是为了方便分析某个单元电路工作原理而单独将这部分电路画出的电路，所以在图中已省去了与该单元电路无关的其他元器件和有关的连线、符号，这样单元电路图就显得比较简洁、清楚，识图时没有其他电路的干扰。单元电路图中对电源、输入端和输出端已经加以简化，如图6-34所示单级放大电路（分压式共射工作点稳定电路）。

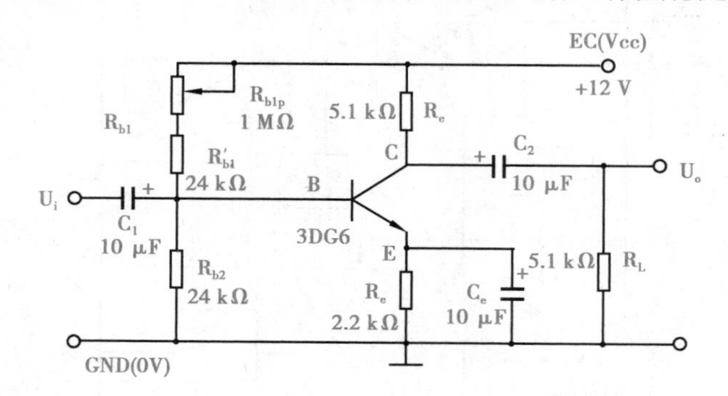

图6-34 单极放大电路图

电路图6-34中，用EC（Vcc）表示直流工作电压（其中正号表示采用正极性直流电压给电路供电，地端接电源的负极）；U_i（表示输入信号）是这一单元电路所要放大或处理的信号；U_o（表示输出信号）是经过这一单元电路放大或处理后的信号。通过单元电路图中的这样标注可方便地找出电源端EC（Vcc）、输入端 U_i 和输出端 U_o，而在实际电路中，这三个端点的电路均与整机电路中的其他电路相连，没有Vcc、U_i、U_o 的标注，给初学者识图造成了一定的困难。

单级放大电路中，可以知道输入端 U_i 信号是通过电容 C_1 加到三极管 VT_1 基极b；输出端 U_o 可以知道信号是从三极管 VT_1 集电极C极通过电容 C_2 输出的，这相当于在电路图中标出了放大器的输入端和输出端，无疑大大方便了电路工作原理的分析。

（2）单元电路图采用习惯画法，一看就明白。例如，元器件采用习惯画法，各元器件之间采用最短的连线，而在实际的整机电路图中，由于受电路中其他单元电路中元器件的制约，有关元器件画得比较乱，有的在画法上不是常见的画法，有的个别元器件画得与该单元电路相距较远，这样电路中的连线很长且弯弯曲曲，造成识图和电路工作原理理解的不便。

（3）单元电路图只出现在讲解电路工作原理的书刊中，实用电路图中是不出现的。对单元电路的学习是学好电子电路工作原理的关键。只有掌握了单元电路的工作原理，才能去分析整机电路。

3. 单元电路图方法

在日常场景的电子产品中由许多功能模块构成，使得整机电路图中的各种功能单元电路繁多，然而许多单元电路图本身的工作原理就十分复杂，若在整机电路中直接进行分析就显得比较困难，此刻非常有必要通过对整机电路图进行功能细分，以某一功能模块作为单元电路图，通过单元电路图分析，再去分析整机电路图就显得比较容易，因此单元电路图的识图也是为整机电路分析服务的。目前单元电路的种类繁多，而各种单元电路的具体识图方法有所不同,这里只对常见具有一定共同性问题的单元电路图识图方法进行阐明。

(1)有源单元电路识图方法。所谓有源电路就是需要直流电压(受控电压源除外)才能工作的电路,例如放大器电路,如图6-35(a)所示。对有源电路的识图首先分析直流电压供给电路,此时将电路图中的所有电容器看成开路(电容器具有隔直特性),将所有电感器看成短路(电感器具有通直特性),进行电路图简化,如图6-35(b)所示。直流电路的识图方向一般是先从右向左,再从上向下。

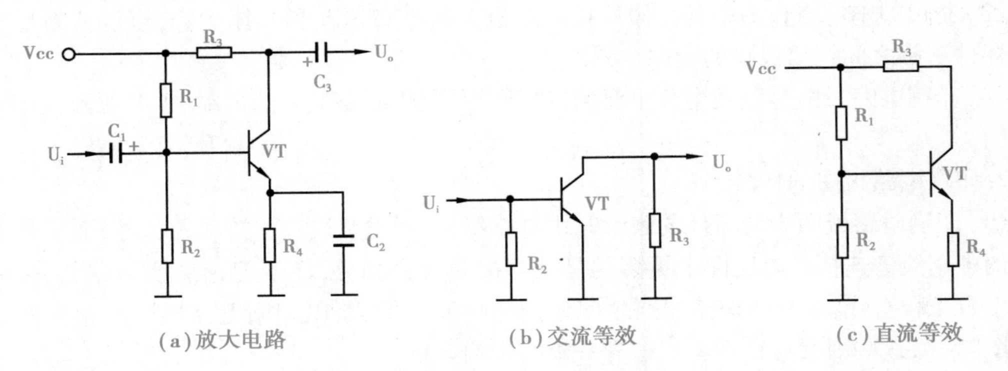

图6-35　直流电流分析示意图

(2)信号传输过程分析。信号传输过程分析就是信号在该单元电路中如何从输入端传输到输出端,信号在这一传输过程中受到了怎样的处理(如放大、衰减、控制等)。信号传输的识图方向一般是从左向右进行。例如,彩色电视机的场扫描电路可以根据信号流程划分为场同步电路、场振荡电路、场激励电路和场输出电路。

(3)元器件作用分析。根据元器件的电路符号或实物图比较容易找到所需的电路单元图,元器件作用分析就是电路中各元器件起什么作用,主要从直流和交流两个角度去分析。例如,在对家庭彩色电视机电路进行识图时,通过电源变压器可识别出电源电路,通过行激励变压器可识别出行激励电路,通过扬声器可识别出伴音电路,通过大规模集成电路和晶体振荡器可识别出微处理器电路。再如,在对电磁炉电路进行识图时,通过谐振线圈(线盘)可识别出功率变换电路,通过大限流电阻可识别出同步控制电路,通过风扇可识别出散热系统,通过蜂鸣器可识别出蜂鸣器电路。

(4)电路故障分析。电路故障分析就是当电路中元器件出现开路、短路、性能变劣后,对整个电路工作会造成什么样的不良影响,使输出信号出现什么故障现象(如没有输出信号、输出信号小、信号失真、出现噪声等)。在确定了有问题的单元电路后,还可以在该单元电路中采用局部替代法,用确认良好的元器件将怀疑有问题的元器件替代下来,逐步缩小故障的怀疑范围,最终找到故障点。总之,只有在搞懂电路工作原理之后,元器件的故障分析才会变得比较简单。

四、印刷电路板图及分析

印刷电路板图是用以表示电路图中各元器件在实际电路板上的具体方向、空间位置、体积大小的。印刷电路板图将电原理图和实际电路板之间沟通起来。由于在实际的电路中,考虑到信号的干扰等因素,故印刷电路板图不像电子原理图中元器件的排列那样有规律,所以读起来不如原理图方便。

1. 印刷电路板图的主要作用

(1)印刷电路板图与实际电路图中的元器件一一对应,所以通过印刷电路板图可以非常便捷地在电路原理图中找到以之对应的元器件个体单元。

(2)通过印刷电路板图非常便于实物图的装配与维修工作,印刷电路图是电路原理图与实际电路板之间连接桥梁,没有印刷电路板图将影响装配工作进度和维修思路。

(3)通过印刷电路板图中各元器件在电路板上的分布情况和具体位置,可以清晰地查找各元器件引脚之间铜箔线路的走向。

(4)印刷电路板图是一种十分重要的修理数据,它将线路板上的情况 1∶1 地画在印刷电路板图。

2. 印刷电路板图的特点

(1)印刷电路板图中元器件的表示时用电路符号,用铜箔线路连接各元器件,而不是电路原理图中用线条连接。电路图中更多的是从功能模块去划分,便于理论讲解,印刷电路板图必须结合工程实践,故有些铜箔线路之间还用跨导通连接,所以印刷电路板图看起来比电路原理图“乱”,这些因素对初学者识图有一定的影响。

(2)印刷电路设计的效果必须考虑实际工作场景,保障功能的实现,故线路板上的元器件排列、分布是从实际因素出发,而不像电路原理图强调工作原理和各器件之间的规律,因此印刷电路板图的识图不如电路原理图识图方便。

(3)在电路板上的铜箔线路分布与走向相对电路原理图较“乱”,而且经常遇到并行排列几条铜箔线路,给观察铜箔线路的走向造成一定的困难。

(4)印刷电路板图上的各种引线绘画形式没有固定的规律,这些无规律的引线的给识图造成不便。

3. 印刷电路板图的识图方法和技巧

印刷电路板图是通向电子实体的必经之路,怎样采取采用一些行之有效的方法和技巧,以提高认识印刷电路板图速度,解决印刷电路板图比较“乱”的问题,目前比较常用的方法如下。

(1)在某一功能的单元电路图中,尽管元器件的分布、排列在印刷电路板图没有什么规律而言,但同一个单元电路中的元器件是相对集中的。

(2)在电路图中往往某些元器件具有一定独特的外形特征,根据它们的外形特征去查找相应的这些特征元器件。例如,外形比较容易辨别的集成电路、功率放大管、开关件、变压器等。

(3)对于电路图中的 IC 集成电路芯片型号是唯一的,根据集成电路上的型号,可以非常方便地查找到某个具体的集成电路。

(4)在电子电路中,常见一些比较有特征的经典单元电路,根据这些特征可以方便地找到它们。例如,桥式整流电路中的二极管比较多,大功率的放大管上有散热片,滤波电容的容量最大、体积最大等。

(5)在电路中找某个比较常见的元器件时,通过找单元电路中主控元器件间接找到它们。例如,当在电路中查询某个电容或电阻元件时,如果电路图复杂,就不要在电路图中硬生生地直接去找,因为电路中的电容器与电阻器这种常规元件非常多,找起来很困难,此时建议读者采用间接方法查找,首先找到与它们相关联的三极管或集成电路,再寻找相应元件。

(6)在设计电子产品时,为了屏蔽干扰信号,线路板上大面积铜箔线路是地线,一块线路板上的地线是相连的,某些元器件的金属外壳是接地的。找地线时,上述任何一处共地线都可以作为地线使用。在一些设备的各层线路板之间,设备中的各层线路板的地线是相连接的,当各层线路板之间的接插件没有接通时,各层之间的地线是共地的,在检修时要注意这一点。

(7)在印刷电路板图与实际线路板对照过程中,观察线路板上元器件与铜箔线路连接情况、观察铜箔线路走向时,要求两者的识图方向必须一致。同时注意线路板的翻转不能过于频繁,防止线路板上的引线折断。

任务三 项目实操训练

一、项目实操教程

(一)实训名称

电子电路综合实训。

(二)实训目的

(1)熟悉常见的所组装电子电路图的工作原理与安装工艺。

(2)练习常用工具、仪器仪表的使用,掌握常见元器件的参数含义鉴别及使用。

(3)掌握基本的焊接技术,能按照电路图接线与查线,对所设计的电子产品能继续实验操作,能进行判断和排除简单的线路故障。

(4)能初步分析实践过程中所测量的实验数据,并总结出结论,写出简洁、条理清楚、内容完善的实验报告。

(5)初步懂得查阅相关科技手册,从模仿到逐步学会使用常用的电子元器件、集成电路等。

(6)培养学生的工程能力和创新意识,以及严谨、踏实、科学的工作作风,提高解决工程实际问题的能力与素养。

(三)实训器材

实训器材明细清单一(收音机器材)见表6-5。

表6-5 实训器材明细清单一(收音机器材)

序号	实训器材名称	型号	数量	备注
1	万用表	DT9208A	1块	根据工作操作环境选择合理的测量工具
2	电烙铁	I型(尖型)	1把	掌握手工焊接的工艺技术
3	电阻	四环、五环电阻	若干	通过色环读数与表测量数字在误差允许范围内
4	电容	瓷介铝电解电容	若干	能通过外观判读电容的极性,通过万用表检测电容充放电以及电容的大小
5	晶振	32.768 kHz	1片	能了解晶振在振荡电路中的作用,以及振荡电路的接法
6	芯片	RDA5807PF	1片	能简要说明芯片集成电路方框图,以及该芯片的主要特点和引脚功能
7	轻触开关	6 mm×6 mm×5 mm	5个	焊接开关时,需要确认开关的具体控制模式,并与其电路要求相符合
8	耳机插座	3.5 mm	1个	先焊上导线再装到机壳上,放上平垫后拧紧螺帽

续表

序号	实训器材名称	型号	数量	备注
9	电池盒	AA×2	1个	先装上弹簧,焊上导线再插进去
10	尼龙轧带	3 mm×60 mm	1条	

实训器材明细清单二(调光电路器材)见表6-6。

表6-6　实训器材明细清单二(调光电路器材)

序号	实训器材名称	型号	数量	备注
1	万用表	DT9208A	1块	根据工作操作环境选择合理的测量工具
2	电烙铁	I型(尖型)	1把	掌握手工焊接的工艺技术
3	电阻	470 Ω、2 kΩ	2只	通过色环读数与表测量数字在误差允许范围内
4	电容	0.068 μF/400 V	1只	能通过外观判读电容的极性,通过万用表检测电容充放电以及电容的大小
5	双向晶闸管V1	BTA16	1只	引脚电极测量判断
6	双向触发二极管V1	DB3	1只	用万用表检测时应选择电阻挡,避免用电流或电压挡进行测量,可能会损坏万用表或二极管
7	电位器RP	470 kΩ	1只	焊接开关时,需要确认开关的具体控制模式,并与其电路要求相符合
8	白炽灯	100 W	1只	注意灯座上导线的安装,放上平垫后拧紧螺帽,防止安装漏电而引发触电
9	实验板		1块	注意实验板上导线布线规律

(四)实训内容

1. 收音机组装实训

(1)电阻的识别与测量,电位器测量,电容参数读取、质量鉴别,IC集成电路的引脚判断。

(2)元器件引脚成形、装配,手工焊接。

(3)收音机的基本调频接收电路与发射电路的工作原理。

(4)收音机的组装和调试过程。

(5)收音机组装操作考核要点见表6-7。

2. 晶闸管交流调光电路实训

(1)电阻值、电位器测量,电容参数读取、质量鉴别,晶闸管的引脚电极测量判断。

(2)元器件引脚成型、装配,手工焊接。

(3)晶闸管交流调光电路的组装和测试过程。

(4)晶闸管交流调光电路的检修。

(5)晶闸管交流调光电路操作考核要点见表6-8。

表 6-7 收音机组装操作考核评分表

考评项目	考评内容	配分	扣分原因	得分
收音机组装	电路安装	55	电路安装不正确、不完整□ 一处不符合扣 5 分 元器件不完好,有损坏□ 一处不符合扣 3 分 布线层次不合理、主次不分□ 一处不符合扣 5 分 布线不规范(不满足布线美观、横平竖直、接线牢固、无虚焊、焊点符合要求)□ 一处不符合扣 2 分 不按图接线□ 一处不符合扣 5 分	
	调试	45	完全无声□ 扣 25 分 只有“沙沙”声,收不到电台□ 扣 20 分 声音失真□ 扣 10 分 收台少、灵敏度差□ 扣 5 分 声音微弱□ 扣 5 分 杂音□ 扣 5 分	
	否定项		给定的任务,无法选择合理的工具□ 给定的调试,不会调试方法与步骤□ 违反操作安全规范,导致自身或工具处于不安全状态□	
	合 计	100	无法选择合适工具,违反安全操作规范,导致自身或工具处于不安全状态,本项目为零分	

表 6-8 晶闸管交流调光电路操作考核评分表

考评项目	考评内容	配分	扣分原因	得分
晶闸管交流调光电路	晶闸管的测试	15	判断晶闸管的电极不正确□ 一处错误扣 5 分	
	电路安装	55	电路安装不正确、不完整□ 一处不符合扣 5 分 元器件不完好,有损坏□ 一处不符合扣 3 分 布线层次不合理、主次不分□ 一处不符合扣 5 分 布线不规范(不满足布线美观、横平竖直、接线牢固、无虚焊、焊点符合要求)□ 一处不符合扣 2 分 不按图接线□ 一处不符合扣 5 分	
	调试	10	通电调试不成功 扣 10 分	
	白炽灯亮度变化的观察	20	调节 RP,观察白炽灯亮度的变化,操作不正确	
	否定项		给定的任务,无法选择合理的工具□ 给定的测量不会测量方法与步骤□ 违反操作安全规范,导致自身或工具处于不安全状态□	
	合 计	100	无法选择合适工具,违反安全操作规范,导致自身或工具处于不安全状态,本项目为零分	

二、项目实操报告册

收音机组装实训报告见表6-9。

表6-9 收音机组装实训报告

一、实训目的

二、实训内容

（一）实训器材

（二）收音机工作原理图

（三）收音机电路原理图

（四）元件值测量

元件名称	测量值	元件名称	测量值	元件名称	测量值
电阻 R_1		电感 L_3		电容 C_3	
电感 L_1		电容 C_1		电容 C_4	
电感 L_2		电容 C_2		电容 C_5	

续表

(五)安装调试

元件的安装	
收音机调试	

(六)收音机面板焊点的常见缺陷

(七)焊接过程图、成品图(2~5 张)

续表

(八)焊接组装实物图
三、实训结果分析与总结

晶闸管交流调光电路实训报告见表6-10。

表6-10　晶闸管交流调光电路实训报告

一、实训目的
二、实训内容 (一)实训器材

续表

(二)晶闸管交流调光电路原理图   (三)调光电路的工作原理   (四)电源正半轴时对电容充电路径图   (五)简述对电容充电的工作原理

续表

(六)电容放电,触发双向导通晶闸管时电流路径图

(七)简述电容放电,触发双向导通晶闸管时的工作原理

(八)测试电路及参数测量

测量参数元件	测量值/V
测量灯泡最亮时两端交流电压	
测量灯泡最暗时两端交流电压	

(九)组装实物图

三、实训结果分析与总结

参考文献

[1] 谢兴仪. 安全用电[M]. 北京:人民教育出版社,1982.
[2] 吴新辉,汪祥兵. 安全用电[M]. 4 版. 北京:中国电力出版社,2021.
[3] 袁周,黄志坚. 电力生产事故的人因分析及预防[M]. 北京:中国电力出版社,2004.
[4] 任晓丹,刘建英. 电力安全生产与防护[M]. 北京:北京理工大学出版社,2013.
[5] 杨瓅,韩宏亮,向婉芹. 电力生产安全技术[M]. 2 版. 重庆:重庆大学出版社,2023.
[6] 熊静雯,宋卫国. 电力企业安全生产[M]. 北京:化学工业出版社,2015.
[7] 杨文学,林建军. 电力安全技术[M]. 2 版. 北京:中国电力出版社,2019.
[8] 蔡镇坤,张珍玲,曾小春. 图解触电急救与意外伤害急救[M]. 2 版. 北京:中国电力出版社,2011.
[9] 温渡江. 防触电事故[M]. 北京:中国电力出版社,2015.
[10] 肖俊武. 电工电子实训[M]. 3 版. 北京:电子工业出版社,2012.
[11] 姜力维. 人身触电事故防范与处理[M]. 北京:中国电力出版社,2012.
[12] 杨清德,杨兰云. 触电急救与意外伤害急救常识[M]. 2 版. 北京:中国电力出版社,2013.
[13] 刘玄毅,陈化钢. 高电压技术[M]. 北京:中国水利电力出版社,1993.
[14] 赵文中. 高电压技术[M]. 3 版. 北京:中国电力出版社,2007.
[15] 苏群,万军彪. 高电压技术实训教程[M]. 北京:中国电力出版社,2010.
[16] 乔占俊. 电力系统过电压及电气绝缘防护[M]. 北京:煤炭工业出版社,2012.
[17] 屠志健,张一尘. 电气绝缘与过电压[M]. 北京:中国电力出版社,2005.
[18] 周峥嵘,王猛. 电工实训指导[M]. 成都:西南交通大学出版社,2018.
[19] 易铭,张乐银,陈孝玉. 电工与电子技术[M]. 西安:西北工业大学出版社,2019.
[20] 罗庚兴,田亚娟. 中级维修电工技能实训教程[M]. 北京:北京师范大学出版社,2010.
[21] 赵远东,吴大中. 电路理论与实践[M]. 2 版. 北京:清华大学出版社,2018.
[22] 元增民. 电工学:电工技术[M]. 2 版. 北京:清华大学出版社,2016.
[23] 梁红卫,张富建. 电工理论与实操:上岗证指导[M]. 北京:清华大学出版社,2018.
[24] 梁红卫,张富建. 电工理论与实操:入门指导[M]. 北京:清华大学出版社,2018.
[25] 全国安全生产教育培训教材编审委员会. 低压电工作业[M]. 修订版. 徐州:中国矿业大学出版社,2015.
[26] 广东省安全生产宣传教育中心. 电工安全技术[M]. 广州:广东经济出版社,2009.
[27] 张富建. 焊工理论与实操:电焊、气焊、气割入门与上岗考证[M]. 北京:清华大学出版社,2014.
[28] 徐建俊. 电工考工实训教程[M]. 北京:清华大学出版社,2005.

[29] 广州市红十字会,广州市红十字培训中心. 电力行业现场急救技能培训手册[M]. 北京:中国电力出版社,2011.
[30] 张小红. 电工技能实训[M]. 北京:高等教育出版社,2015.
[31] 修胜全,贾春兰. 维修电工中级工技能训练[M]. 北京:高等教育出版社,2015.
[32] 吴清红. 电工基本技能[M]. 3 版. 北京:中国劳动社会保障出版社,2022.
[33] 曾祥富,邓朝平. 电工技能与实训[M]. 3 版. 北京:高等教育出版社,2011.
[34] 徐君贤. 电机与电器制造工艺学[M]. 2 版. 北京:机械工业出版社,2016.
[35] 中华人民共和国建设部. 施工现场临时用电安全技术规范:JGJ 46—2005[S]. 北京:中国建筑工业出版社,2005.
[36] 中华人民共和国住房和城乡建设部. 低压配电设计规范:GB 50054—2011[S]. 北京:中国计划出版社,2012.
[37] 中华人民共和国国家质量监督检验检疫总局, 中国国家标准化管理委员会. 安全标志及其使用导则:GB 2894—2008[S]. 北京:中国标准出版社,2009.
[38] 仇超. 电工实训[M]. 3 版. 北京:北京理工大学出版社,2015.
[39] 陈雅萍. 电工技能与实训[M]. 2 版. 北京:高等教育出版社,2009.
[40] 秦祖铭,朱奎林. 电工基本实训[M]. 成都:西南交通大学出版社,2009.
[41] 杨健平,李锦蓉. 电工电子技术基础与技能[M]. 北京:国家行政学院出版社,2018.
[42] 朱新芬. 电工电子基础实践教程[M]. 北京:清华大学出版社, 2017.
[43] 王许,廖益龙,李元会. 电力安全技术[M]. 西安:西北工业大学出版社,2019.

附录1　电气安装规范(电气施工图识图及施工步骤)

一、设备订货图功用

设备订货(简称“原理图”或“展开图”)和安装接线图(简称“接线图”或“二次接线图”)分别表示电气设备主回路(一次回路)及控制回路(包括控制、操作信号、测量、保护等装置)的电气原理和接线情况。看图时,应先弄清原理图,再看按电气元件实际排列情况的接线图。

电气安装方面主要关注:主要设备容量、盘箱柜台编号、尺寸、电气元件安装位置及组合方式、端子出线根数及去向。

它也是电气施工图审图,管线表、控制屏安装等图纸自审的核心依据。

二、设备订货图构成

(1)图纸目录。

(2)说明书(以文字形式介绍系统组成、主要设备位置及安装要求,目的是建立系统构成框架)。

(3)设备表(*重要——提供设备型号、规格、数量)。

(4)传动性能表。

(5)配电系统图(*重要——多采用单线图表示各设备连接的关系和电气负荷的分配状况,而不表示线路的走向和设备的安装位置),即电气识图/系统接线图。

(6)单体设备控制图。

(7)盘箱柜台设备布置及端子出线图(*重要——提供管路核对),即电气识图/母联端子出线图。

三、电气施工图构成

电气施工图的构成为:①图纸目录;②说明书;③材料表;④管线表;⑤电气配管、桥架安装、电缆沟走向、高低配布置示意图;⑥照明安装施工图;⑦防雷接地示意图。

四、电气施工图识图及施工步骤

电气施工图是电气设备安装的基础，一般有电气平面布置图、防雷接地和照明平面图，它表示电气设备在建筑平面上的布置情况。看图时要结合系统订货图和管线表，弄清楚图上的管线从何而来，采用哪种敷设方式，使用多大截面积的导线，电气设备的安装地点和安装形式，设备的电气连接方式，线路的走向、埋件、预留孔洞、电源进线、馈出线、防雷接地的安装等。

要注意施工图说明提出的施工要求。主要示意建筑物结构，结构不同，安装方式不同。识图时，要特别关注立柱编号，有时图纸不止一张，根据立柱编号，要将图纸组合起来看。

(一)安装图的读图

(1)电气识图/主抽设备布置图。
(2)电气识图/三层电气设备布置安装图。
(3)电气识图/高配室电气设备安装断面图。
(4)电气识图/二层平台桥架布置及风机电缆走向图。
(5)电气识图/二层电缆夹层桥架布置及电缆走向图。
(6)电气识图/一层电气设备布置安装图。

(二)施工前的准备工作

施工前的准备工作主要有:①技术准备;②组织准备;③供应准备;④施工场地准备。

(三)电气施工的一般程序

1. 准备阶段

电气设备安装前的施工准备阶段是安装工程中的一项极为重要的工作，它不但关系到安装工作的顺利进行，同时也影响到安装质量。因此，在施工前必须做好熟悉图纸、查看现场、图纸自审工作。

2. 电气施工图识图及施工步骤

(1)技术准备。熟悉、审核电气工程文件说明及图纸，了解电气安装工程与土建、给排水、通风、采暖、仪控、消防相关联部分的内容，在建设单位、设计单位和施工单位三方参加的图纸自审、会审会议上，提出要求(如电气线路的敷设位置、电气设备的布置、预留孔洞等是否合理，各种管道设备与电气敷设是否有交叉、与规范矛盾等问题)。此外还要确定土建与电气施工配合时限要求(网络图)，确定施工方案，编制施工预算等。

(2)熟悉施工图。施工图是设计人员对工程施工的书面语言表达，为顺利圆满完成施工，必须要看懂施工图，认识图中各种符号的含义，理解设计人员的设计意图。由于电气工程一般是伴随建筑工程进行的，因此有必要了解一些常用的建筑知识及其表示的图例。

(3)施工图识图。参阅订货图(如设备表、配电系统图及二次接线图)了解系统组成，并校核管线表、参阅土建施工平面布置图和必要的施工规范及设计附图、施工说明等。初步建立施工现场立体模型。

(4)阅读施工图说明。施工图说明主要介绍电气工程设计与施工的特点,补充图纸的设计依据、技术指标、线路敷设和设备安装及加工的技术要求等。施工人员熟悉施工说明中的内容以后,才有助于进一步理解施工图。

(5)管线表。设计人员为简化平面图文字,按图面所采用的标准方式提供管线表,注明管路编号、电缆型号、规格、长度、何处来、何处去、管径等。当工程项目需要敷设线路、穿管时,即可依据此表敷设。

(6)加工件。对于某些标准的电气构件或安装方式(如设备的安装构架、防护板、网等),设计人员往往提供国标图集编号和页号。看图时,应对照电气样本和安装部位的建筑状况进行综合考虑。对于工程中较为重要或特殊的安装部位(如与各管道设备的交错情况),仅用平面图较难。

附录2 电气管路敷设相关规范

一、线管敷设工艺流程

1. 明管敷设

管路敷设→预制加工管弯、支架、吊架→测定盒、箱及固定点位置→支架、吊架固定→盒箱固定→管路敷设连接→变形缝处理→地线连接。

2. 暗管敷设

管路预制加工→测定盒箱位置→稳住箱盒→管路连接→变形缝处理→地线连接。

二、电线管材查验

检查PVC线管无裂纹,表面无划伤;钢管无压扁、内壁光滑,镀锌钢管镀层覆盖完整,表面无锈斑。

三、PVC穿线管明敷设规范

(一)适用范围

本工艺标准适用于室内线路管材敷设安装(不得在40 ℃以上易受机械冲击、碰撞摩擦等场所敷设)。

(二)施工准备

1. 材料要求

(1)凡所使用的阻燃型(PVC)塑料管,其材质均应具有阻燃、耐冲击性能,其氧指数不应低于27%的阻燃指标,并应有检定检验报告单和产品出厂合格证。

(2)阻燃型塑料管、其外壁应有间距不大于1 m的连续阻燃标记和制造厂厂标。管里外应光滑,无凸棱、凹陷、针孔、气泡;内外径尺寸应符合国家标准,管壁厚度应均匀一致。

(3)所用阻燃型塑料管附件及明配阻燃型塑料制品,如各种灯头盒、开关盒接线盒、插座盒、管箍等,必须使用配套的阻燃型塑料制品。

2. 主要工具

(1)记号笔、水平尺、钢卷尺、钢直尺、吊线锤。

(2)羊角锤、手锯、锯条、平锉。

(3)弯管器、弯管弹簧(简称“弯簧”)、手电钻、钻头、开孔器。

(4)绝缘手套、工具袋、工具箱、人字梯。

3. 按照设计图加工

按照设计图加工好支架、吊架、抱箍、铁件及管弯。

阻燃塑料管敷设与煨弯对环境温度的要求:阻燃塑料管及其配件的敷设,安装和煨弯制作,均应在原材料规定的允许环境温度下进行,其温度不宜低于-15 ℃。管径在25 mm及其以下可以用冷煨法。

(1)使用手扳弯管器煨弯,将管子插入配套的弯管器内,手扳一次煨出所需的弯度。

(2)将弯簧插入 PVC 管内需煨弯处,两手抓住弯簧两端头,膝盖顶在被弯处,用手扳逐步煨出所需弯度,然后抽出弯簧(当弯曲较长管时,可将弯簧用铁丝或尼龙线拴牢上一端,待煨完弯后抽出)。

4. 测定盒、箱及管路固定点位置

(1)按照设计图测出盒、箱、出线口等准确位置。测量时,应使用标准尺杆,划线定位。

(2)根据测定的盒、箱位置,把管路的垂直点水平线标出,按照要求标出支架、吊架固定点具体尺寸位置。

5. 管路固定方法

无论采用何种固定方法,均应先固定两端支架、吊架,然后拉直线固定中间的支架、吊架。

6. 管路敷设

(1)断管。小管径可使用剪管器,大管径可使用手锯,断口后将管口锉平齐。

(2)敷管时,先将管卡一端的螺丝(栓)拧紧一半,然后将管敷设于管卡内,逐个拧紧。

(3)支架、吊架位置正确、间距均匀、管卡应平正牢固;埋入支架应有燕尾,埋入深度不应小于 120 mm,用螺栓穿墙固定时,背后加垫圈和弹簧垫用螺母牢固。

(4)管水平敷设时,高度应不低于 2 m,垂直敷设时,不低于 1.5 m(1.5 m 以下应加保护管保护)。

(5)如无法加装接线盒时,应将管直径加大一号。

(6)支架、吊架及敷设在墙上的管卡固定点及盒、箱边缘的距离为 150 ~ 300 mm,管路中间距离见附表 1-1。

7. 配线与管道间最小距离

配线与管道间最小距离见附表 1-1。

附表 1-1 配线与管道间最小距离

管道名称		配线方式	
		穿管配线	绝缘导线明配线
		最小距离/mm	
蒸汽管	平行	1 000(500)	1 000(500)
	交叉	300	300
暖、热水管	平行	300(200)	300(200)
	交叉	100	100
通风、上下水 压缩空气管	平行	100	200
	交叉	50	100

注:表内有括号者为管道下边的数据。

8. 管路连接

(1)管口应平整光滑。管与管、管与盒(箱)等器件应采用插入法连接,连接时采用杯疏对接。

(2)管与管之间采用套管连接时,套管长度宜为管外径的1.5～3倍,管与管的对口应位于套管中平齐。

(3)管与器件连接时,插入深度宜为管外径的1.1～1.8倍。

9. 管路敷设

(1)配管及支架、吊架应安装平直、牢固、排列整齐、管子弯曲处、无明显折皱、凹扁现象。

(2)弯曲半径和弯扁度应符合规定。

10. PVC管与钢管连接

PVC管引出地面一段,可以使用一节钢管引出,须制作合适的过渡专用接箍,并把钢管接箍埋在混凝土中,钢管外壳做接地或接零保护。

11. 管路入盒连接

管路入盒、箱一律采用端接头与内锁母连接,要求平整、牢固。方管管口采用端帽护口,防止异物堵塞管路。

四、相关质量标准

(1)管路连接时,配管及其支架、吊架应平直、牢固、排列整齐;管子弯曲处,无明显折皱、凹扁现象。

(2)盒、箱设置正确,固定可靠,管子插入盒、箱时,使用杯疏对接。采用端接与内锁母时,应拧紧盒壁不松动(检查方法:观察和尺量检查)。

(3)管路保护应符合以下规定:穿过变形缝处有补偿装置,补偿装置能活动自如;穿过建筑物和设备基础处,应加保护管;补偿装置平正,管口光滑、内锁母与管子连接可靠;加套保护管在隐蔽工程纪录中标示正确(检查方法:观察检查和检查隐蔽工程记录)。

(4)允许偏差项目。硬质(PVC)塑料管弯曲半径安装的允许偏差和检验方法应符合附表1-2规定。

附表1-2　硬质(PVC)塑料管弯曲半径安装的允许偏差和检验方法

<table>
<tr><th>序号</th><th colspan="3">项目</th><th>弯曲半径或允许偏差</th><th>检验方法</th></tr>
<tr><td rowspan="3">1</td><td rowspan="3">管子最小弯曲半径</td><td colspan="2">暗配管</td><td>≥6D</td><td rowspan="3">尺量检查及检查安装记录</td></tr>
<tr><td rowspan="2">明配管</td><td>管子只有一个弯</td><td>≥4D</td></tr>
<tr><td>管子有两个弯以上</td><td>≥6D</td></tr>
<tr><td>2</td><td colspan="3">管子弯曲处的弯曲度</td><td>≤0.1D</td><td>尺量检查</td></tr>
<tr><td rowspan="4">3</td><td rowspan="4">明配管固定点间距</td><td rowspan="4">管子直径/mm</td><td>156～20</td><td>30 mm</td><td rowspan="4">尺量检查</td></tr>
<tr><td>25～30</td><td>40 mm</td></tr>
<tr><td>40～50</td><td>50 mm</td></tr>
<tr><td>65～100</td><td>60 mm</td></tr>
<tr><td rowspan="2">4</td><td colspan="2" rowspan="2">明配管水平、垂直敷设任意2 m段内</td><td>平直度</td><td>3 mm</td><td>接线、尺量检查</td></tr>
<tr><td>垂直度</td><td>3 mm</td><td>吊线、尺量检查</td></tr>
</table>

注:D为管子外径。

(5)成品保护。

①施工用人字梯时,不得碰撞墙、门,更不得靠墙面立人字梯;人字梯脚应有包扎物,既防划伤地板,又防滑倒。

②搬运物件及设备时不得砸伤管路及盒、箱。

③应注意的质量问题。

④管路敷设出现垂直与水平超偏、管卡间距不均匀、固定管卡前未拉线、造成水平误差;用卷尺测量有误,应使用水平仪复核,让始终点水平,然后划线固定管卡。

五、PVC 穿线管暗敷设规范

(一)范围

本工艺标准适用于一般建筑内的照明系统,在模拟墙体(混凝土结构内及砖混结构采用模拟墙体代替)暗配管敷设工程(不得在高温场所及顶棚内敷设)。

(二)施工准备

1. 材料要求

(1)凡所使用的阻燃型(PVC)塑料管,其材质均应具有阻燃、耐冲击性能,其氧指数不应低于27%的阻燃指标,并应有检定检验报告单和产品出厂合格证。

(2)阻燃型(PVC)塑料管其外壁应有间距不大于1 m的连续阻燃标记和制造厂厂标,管里外应光滑,无凸棱、凹陷、针孔、气泡;内外径尺寸应符合国家统一标准,管壁厚度应均匀一致。

(3)所用阻燃型(PVC)塑料管附件及暗配阻燃型塑料制品,如各种灯头盒、开关盒、接线盒、插座盒、端接受能力头、管箍头,必须使用配套的阻燃型塑料制品。

(4)阻燃型塑料灯头盒、开关盒、接线盒均应外观整齐,开孔齐全,无劈裂损坏等现象。

2. 主要工具

(1)记号笔、水平尺、钢卷尺、钢直尺、吊线锤。

(2)羊角锤、手锯、锯条、平锉。

(3)弯管器、弯管弹簧(简称“弯簧”)、手电钻、钻头、开孔器。

(4)绝缘手套、工具袋、工具箱、人字梯。

3. 作业条件

施工时,根据电气设计图要求与模拟墙上画出的水平线,安装管路和盒箱。

(三)画线定位

(1)根据设计图要求,在模拟墙体确定盒、箱位置进行画线定位,按画出的水平线用小线和水平尺测量出盒、箱准确位置并标出尺寸。

(2)根据设计图灯位要求进行测量后,标注出灯头盒的准确位置尺寸。

(3)根据设计图要求,需要稳埋开关盒的位置,进行测量确定开关盒准确位置尺寸。

(四)加工弯管

阻燃塑料管敷设与煨弯对环境温度的要求如下:阻燃塑料管及其配件的敷设、安装和煨弯制作,均应在原材料规定的允许环境温度下进行,其温度不宜低于-15 ℃。

断管:小管径可使用剪管器,大管径可使用手锯,断口应锉平,铣光。

使用手扳弯管器煨弯,将管子插入配套的弯管器,手扳一次煨出所需弯度。

(五)管路连接

(1)管路连接应使用套箍连接(包括端接头接管)。用小刷子蘸配套供应的塑料管黏合剂,均匀涂抹在管外壁上,将管子插入套箍,管口应到位。黏合剂性能要求黏接后 1 min 内不移位,这样黏性保持时间长,并具有防水性。

(2)管路垂直或水平敷设时,每隔 1 m 距离应有一个固定点,在弯曲部位主尖以圆弧中心点为始点距两端 300～500 mm 处各加一个固定点。

(3)管进盒、箱,一管一孔,先接端接头,然后用内锁母固定在盒、箱上,在管孔上用顶帽型护口堵好管口,最后用纸或泡沫塑料块堵好盒子口。

(4)扫管穿带线。经过扫管后确认管路畅通,及时穿好带线,并将管口、盒口、箱口堵好,加强成品配管保护,防止出现二次堵塞管路现象。

(六)质量标准

(1)安装电工和电气调试人员等应按有关要求持证上岗。

(2)安装和调试用各类计量器具应检定合格,使用时应在有效期内。

(七)主控项目

(1)金属穿线管和线槽必须接地(PE)或接零(PEN)可靠。

(2)金属穿线管不做设备的接地导体,当设计无要求时,金属穿线管全长不少于两处与接地(PE)或接零(PEN)干线连接。

(3)金属穿线管严禁对口熔焊连接,镀锌和壁厚不大于 2 mm 的钢导管不得套管熔焊连接。

(八)一般项目

(1)室外导管的管口应设置在盒、箱内。在落地式配电箱内的管口,箱底无封板的,管口应高出基础面 50～80 mm。所有管口在穿入电线、电缆后应做密封处理。

(2)电缆导管的弯曲半径不应小于电缆最小允许弯曲半径。

(3)进入落地式柜、台、箱、盘内的导管管口,应高出柜、台、箱、盘的基础面 50～80 mm。

(4)明配的导管应排列整齐,固定点间距均匀,安装牢固;在终端、弯头中点或柜、台、箱、盘等边缘的距离 150～500 mm 范围内设有管卡,中间直线段管卡间的最大距离应符合附表 1-3 的规定。

附表 1-3 中间直线段管卡间的最大距离

敷设方式	导管种类	导管直径/mm				
		15~20	25~32	32~40	50~65	65 以上
		管卡间最大距离/m				
支架或沿墙明敷	刚性绝缘导管	1.0	1.5	1.5	2.0	2.0

(5)线槽应安装牢固,无扭曲变形,紧固件的螺母应在线槽外侧。

(九)应注意的质量问题

(1)埋盒、箱有歪斜;暗盒、箱有凹进、凸出墙面现象;盒、箱破口;坐标超出允许偏差值。对于稳埋盒、箱应先用吊线锤找正坐标后再固定稳埋;暗装盒子口或箱口,应与墙面平齐,不出现凹凸墙面的现象。

(2)管子煨弯处的凹扁度过大及弯曲半径小于 $6D$(D 为管子直径)。煨弯应按要求进行操作,其弯曲半径应大于 $6D$。

(3)管路不通,朝上管口未及时堵好,或造成杂物落入管中。应在立管时,随时堵好管口,其他工种作业时,应注意不要碰坏已经敷设完毕的管路,避免造成管路堵塞。

(十)质量控制

(1)钢管进入配电箱、接线盒、开关盒、灯头盒时,管口平齐、光滑无毛刺。

(2)管路畅通,钢管弯曲半径不小于 $6D$(D 为钢管外径),弯曲处无明显折皱,弯扁度不大于 $0.1D$,弯度不小于 900 mm。

(3)暗配钢管保护层不小于 15 mm;明配管排列整齐有序,管路间的间隙控制在 3~5 mm,固定支架位置合理,间距均匀,管路固定牢固。

(4)管路敷设完毕,箱盒位置标高正确,整个设备墙体内同一标高的盒子高度基本一致。

(5)连接紧密,接地良好,管子支架、吊架设置合理。

(6)线路进入电气设备和器具的管口位置正确,成排设备的电源明配管排列整齐。

(十一)质量标准

(1)金属的导管必须接地(PE)或接零(PEN)可靠,镀锌的钢导管、可挠性导管不得熔焊跨接接地线,以专用接地卡跨接的两卡间连线为铜芯软导线,截面积不小于 4 mm^2。

(2)电缆导管的弯曲半径不应小于电缆最小允许弯曲半径应符合如下规定:①聚氯乙烯绝缘电力电缆,最小允许弯曲半径 $10D$;②交联聚氯乙烯绝缘电力电缆,最小允许弯曲半径 $15D$;③多芯控制电缆,最小允许弯曲半径 $10D$。

(3)室内进入落地式柜、台、箱、盘内的导管管口,应高出柜、台、箱、盘的基础面 50~80 mm。暗配的导管,埋设深度与建筑物、构筑物表面的距离不应小于 15 mm;明配的导管应排列整齐,固定点间距均匀,安装牢固。在终端、弯头中点或柜、台、箱、盘等边缘的距离 150~500 mm 范围内设有管卡,中间直线段管卡间的最大距离应符合如下规定:

①壁厚大于 2 mm 刚性钢导管:1.5(15~20)、2.0(25~32)、2.5(32~40)、2.5(50~65)、3.5(65 以上)。

②壁厚不大于 2 mm 刚性钢导管:1.0(15~20)、1.5(25~32)、2.0(32~40)。

③刚性绝缘导管:1.0(15~20)、1.5(25~32)、1.5(32~40)、2.0(5~65)、2.0(65 以上)。

(十二)线管配线注意事项

(1)穿线管的绝缘强度应不低于 500 V,导线最小截面积规定为:铜芯线 1 mm^2,铝线芯 1.5 mm^2。

(2)线管内导线不应有接头,也不准穿入绝缘已损坏并包缠绝缘带导线。

(3)管内导线一般不应超过 10 根,不同电压等级和进入不同电能表的导线也不应穿在同一根管内。

(4)除直流回路导线和接地线外,不得在钢管中穿单根导线,以免形成涡流。

(5)线管转弯时,不应有直角急弯,必须按规定转弯和拐角。线管敷设时,尽量减少转角或弯曲,转角越多,穿线越困难,后面的维修也较困难。

附录3 安装调试技能基本实训步骤

一、技术准备

1. 熟悉、核对施工文件说明及图纸资料

了解安装工程(如线路的敷设位置、设备的布置、预留孔洞等是否合理,各种管道设备与电气敷设是否有交叉、与规范矛盾等问题),确定施工方案。

2. 熟悉施工图

现场作业人员必须熟悉安装施工作业图纸。施工图是设计人员对工程施工的书面语言表达,为顺利圆满完成施工,必须要看懂施工图,认识图中各种符号的含义,理解设计人员的设计意图。由于工程一般是伴随建筑工程进行的,所以有必要了解一些常用的建筑知识及其表示的图例。

施工图识图:必须参阅订货图(如设备表、配电系统图及二次接线图)了解系统组成,并校核管线表、参阅设备施工平面布置图和必要的施工规范及设计附图、施工说明等。初步建立施工现场立体模型。

3. 阅读施工图说明

施工图说明主要介绍工程设计与施工的特点,用来补充图纸的设计依据、技术指标、线路敷设和设备安装及加工的技术要求等。现场作业人员熟悉施工说明中的内容以后,才有助于进一步理解施工图。

4. 管线表

管线表作为设计人员为简化平面图文字,是按图面所采用的标准方式提供管线表,注明管路编号、电缆型号、规格、长度、何处来、何处去、管径等。现场作业人员必须熟练掌握各种管线的型号及使用,当工程项目需要敷设线路、穿管时,即可依据此表敷设。

5. 现场加工件

对于某些标准的电气构件或安装方式(如设备的安装构架、防护板、网等),参考国家相关安装标准、工艺标准接规范,确保安装准确达标。

现场作业人员看图时,应对照电气样本和安装部位的设备状况进行综合考虑。对于工程中较为重要或特殊的安装部位(如与各管道设备的交错情况),仅用平面图较难表明电气装置安装部位及电气线路的空间走向时,常采用局部剖视图来补充。看图时,应弄清工程的建筑构造,工艺装置、管网分布、电气线路和设备的布局情况。

6. 熟悉规范

安装前,应参阅国家标准相关施工及验收规范,以保证安装工程符合规范要求,符合安全、可靠、方便、经济、美观的工作原则。

7. 技术关键

平面图只能反映设备的平面布置情况,不能反映线路、设备的立体布置情况。现场作业人员结合电气安装图、配电系统图、接线图等,逐渐在头脑中建立一个电气施工的立体概念。

8. 综合

结合以上技术要求，现场作业人员还应熟悉设备构架图。由于配电箱、管线、桥架、开关、接线盒、灯头盒等设备的敷设都与设备构建结构有着密切的关系（其布置与设备平面图和立面有关；线路走向与设备的梁、柱、门、顶板、墙面等位置有关；安装方法与墙的结构、墙体材料等有关；安装顺序与设备构建的进度有关；暗敷设备的预埋方式、位置、走向与设备结构密切相关），所以现场作业时必须熟练了解设备构架及作业现场等状况，确保电气安装工程的顺利进行，避免造成许多重复用工和不必要的浪费。

二、组织准备

现场施工前一般应先组织施工管理小组，并根据电气安装项目配备人员（如人员技术等级的搭配，施工人员工种的搭配），向参加现场作业人员进行技术说明，使现场作业人员充分了解工程内容、施工方案、施工方法和安全施工的条例、措施。必要时还应组织前期技术培训。

三、供应准备

应按照设计或工程预算提供的材料，并根据施工要求，准备施工设备和机具等。施工前应检查落实设备、材料等物资准备情况。

四、安装防护准备

（1）未经安全培训和安全考试不合格者严禁上岗。

（2）电工人员必须持电气作业许可证上岗。

（3）饮酒后不准上岗。

（4）上岗前必须穿戴好劳动保护用品（如电工胶鞋、电工手套、安全防护帽、安全带），否则不准许上岗。

（5）检修电气设备时，须参照其他有关技术规程，如不了解该设备规范注意事项，不允许私自操作。

（6）正确掌握电工工具使用方法，所有绝缘工具，应妥善保管，严禁他用，并应定期检查、校验。

（7）必须熟练掌握触电急救方法，有人触电应立即切断电源，按触电急救方案实施抢救。